"十二五"职业教育国家规划教材
经全国职业教育教材审定委员会审定

高等职业院校教学改革创新示范教材·网络开发系列

网站设计与网页制作项目教程（第2版）

主　编　何福男　密海英
副主编　芮文艳　曹彦婷
参　编　陈园园　杨小英　陈桂珍
　　　　陈德阳　黄国建　李建中
　　　　范锋华　徐建锋　张　峰

电子工业出版社
Publishing House of Electronics Industry
北京·BEIJING

内 容 简 介

本书通过江苏仕德伟网络科技股份有限公司的"我的 E 站"这个项目为读者全程展示了网站设计与网页制作的基本知识,让没有网页制作基础的读者可以很轻松地开发制作出自己心目中的网站。

本书按照网站开发的一般流程,主要介绍了网站前期策划、站点结构的创建、网页界面设计、图片的简单处理、图像和文字的应用、列表的应用、表格的应用、模板的应用、表单的应用、CSS 样式的应用、DIV+CSS 标准布局、多媒体与 Flash 应用、JavaScript 基本应用、站点的创建和上传、网站兼容性测试、文档书写等内容。

本书免费提供书中所有素材,另外还有针对全国计算机信息高新技术考试之高级网页制作员考试的网页制作技能强化综合练习题 8 套,技能强化训练全部素材均为原创作品。以上资源可登录华信教育资源网(www.hxedu.com.cn)下载。本书是专门为高等职业教育计算机类专业、艺术设计类专业和电子商务类等专业编写的网站设计与网页制作课程的专业教材,也可作为高级网页制作员的培训材料。

未经许可,不得以任何方式复制或抄袭本书之部分或全部内容。
版权所有,侵权必究。

图书在版编目(CIP)数据

网站设计与网页制作项目教程/何福男,密海英主编. —2 版. —北京:电子工业出版社,2014.8
高等职业院校教学改革创新示范教材·网络开发系列 "十二五"职业教育国家规划教材
ISBN 978-7-121-24021-8

Ⅰ.①网… Ⅱ.①何… ②密… Ⅲ.①网站-设计-高等职业教育-教材②网页-制作-高等职业教育-教材 Ⅳ.①TP393.092

中国版本图书馆 CIP 数据核字(2014)第 182410 号

策划编辑:左 雅
责任编辑:左 雅　　特约编辑:朱英兰
印　　刷:涿州市京南印刷厂
装　　订:涿州市京南印刷厂
出版发行:电子工业出版社
　　　　　北京市海淀区万寿路 173 信箱　邮编　100036
开　　本:787×1 092　1/16　印张:18　字数:461 千字
版　　次:2011 年 1 月第 1 版
　　　　　2014 年 8 月第 2 版
印　　次:2014 年 8 月第 1 次印刷
印　　数:4 000 册　定价:38.00 元

凡所购买电子工业出版社图书有缺损问题,请向购买书店调换。若书店售缺,请与本社发行部联系,联系及邮购电话:(010)88254888。
质量投诉请发邮件至 zlts@phei.com.cn,盗版侵权举报请发邮件至 dbqq@phei.com.cn。
服务热线:(010)88258888。

前　　言

随着前端开发工程师、前端设计师、前端架构师和用户体验设计师等新兴职业的出现，为网站前端设计和开发领域注入了新的生命和活力。随着用户对应用的体验的要求越来越高，前端领域面临的挑战越来越大，问题也越来越突出。其中最突出的问题便是缺少复合型的前端人才。从知识体系上讲，复合型的前端人才需要掌握和了解的知识非常之多，甚至可以用"庞杂"二字来形容。这导致一名出色的前端开发人才需要很长的时间来成长，因此行业对此类人才的需求极其迫切。前端开发人才的从业前景较好。

本书是一本注重综合能力提升的整合式书籍，将 Dreamweaver、Photoshop、Flash 等多个实用软件的应用贯穿于项目开发过程中，有助于培养学生的问题解决能力、工具选择和使用能力。本书本以职业活动为导向，以企业的经典网站为项目，将学生引入网站设计职业岗位，再通过完成小型实际商业网站的开发制作，使学生完成从需求分析、整体设计、站点创建与设置、网页设计制作、网站调试、网站推广到文档书写的完整过程。本书重在岗位技能训练，与职业资格、技能证书相挂钩，加入大量技能训练题目，学生学完可直接考证，为初次就业打下基础。同时又将 HTML、CSS、响应式设计等必要的专业知识教给学生，为后续学习和发展打好基础。

全书按照一个网站开发的流程将"我的 E 站"这个大项目分解成 10 个子项目，将交流能力、问题解决能力等五大职业通用能力与站点设置、界面设计、模板创建、网页布局、网站测试等岗位技能有机融合在相应的项目之中。学生除了要完成案例网站"我的 E 站"的制作，还要制作一个实践项目。

全书以整体式项目教学为主，共分为 10 个子项目，遵照网站建设的流程设置。每个项目分解为多个项目任务，而每个项目任务分别采用任务驱动、案例教学等高效的教学方法，并按照如下思路安排学习内容："项目引入"→"项目展示"→"能力要求"→"任务实施"→"归纳总结"→"项目训练"。每个子项目结束前还有小结及技能训练，本书免费提供的素材中还赠送与考证挂钩的 8 套技能训练，可以提高学生的操作技能。一些文档的书写也以附录的形式提供给读者参考。

本书第 1 版自 2011 年出版以来，受到全国广大读者（包括学生、教师和自学者）的广泛好评。本书适用于高职高专院校的教育教学，符合产业与技术发展的新趋势，内容、结构和体系新颖，具有特色，在国内同类教材中具有一定的水平和质量。非常高兴《网站设计与网页制作项目教程（第 2 版）》在多方努力下出版了，并荣幸地获评"'十二五'职业教育国家规划教材"。

第 2 版更加顺应了行业需求，以培养复合型网站设计与网页制作人才为目的进行修订，综合了网页美工设计、动画交互设计、网页标准布局、移动互联网站开发设计，以及时下流行的 HTML5、CSS3 等新技术，以适应企业不断发展的需求。在第 1 版的基础上做了大量的修订和扩展，主要涵盖如下几个方面。

- 项目采用合作企业的真实网站；

- 软件版本采用比较成熟的 CS5 版本，图像处理软件由 Fireworks 改为 Photoshop；
- 替换表格布局为 DIV+CSS 标准网页布局；
- 新增 HTML 及 CSS 基础知识，简单介绍 HTML5 和 CSS3 新技术；
- 新增浏览器兼容性测试内容；
- 新增移动互联网站开发内容；
- 配备丰富的教学资源，开设网络课程教学。

本书由苏州工业职业技术学院何福男、密海英任主编，苏州工业职业技术学院芮文艳、苏州农业职业技术学院的曹彦婷任副主编，苏州工业职业技术学院陈园园、杨小英及苏州农业职业技术学院的陈桂珍参编，由江苏仕德伟网络科技股份有限公司提供书中项目，由陈德阳、黄国建、李建中、范锋华、徐建锋以及张峰等企业专家给予编写指导，共同完成了本书的结构、章节设计及编写。

本书提供所有书中用到的教学资源、项目素材及技能强化综合练习题的全部素材，可登录华信教育资源网（www.hxedu.com.cn）免费下载。其他教学材料可以参考网络课程，地址为 http://eol.siit.edu.cn:85/eol/homepage/course/layout/page/index.jsp?courseId=10443。

由于作者水平有限，书中难免存在疏漏与不足之处，敬请广大读者批评指正。

编　者

目 录 CONTENTS

子项目 1　网站建设基础知识与整体流程 ··· 1
　项目任务 1.1　了解网站建设的基础知识 ·· 1
　　　1.1.1　认识网页和网站 ·· 2
　　　1.1.2　了解网页制作技术 ··· 3
　　　1.1.3　了解网页制作常用工具 ·· 4
　项目任务 1.2　熟悉网站建设的整体流程 ··· 11
　　　1.2.1　网站前期策划 ··· 11
　　　1.2.2　制作裁切网站设计稿 ·· 16
　　　1.2.3　规划与建立站点 ·· 17
　　　1.2.4　实现网页结构 ··· 17
　　　1.2.5　使用 CSS 样式美化首页 ·· 18
　　　1.2.6　创建并应用网页模板 ·· 18
　　　1.2.7　测试与发布网站 ·· 18
　　　1.2.8　更新与维护网站 ·· 18
　　　1.2.9　网站项目总结 ··· 19
　1.3　小结 ·· 19

子项目 2　"我的 E 站"前期策划 ·· 20
　项目任务 2.1　"我的 E 站"项目立项 ··· 20
　　　2.1.1　分析"我的 E 站"需求说明书 ··· 21
　　　2.1.2　组建项目团队 ··· 22
　项目任务 2.2　撰写"我的 E 站"项目策划书 ·· 22
　　　2.2.1　分析确定网站逻辑结构图 ··· 23
　　　2.2.2　设计网站界面原型 ··· 24
　　　2.2.3　撰写项目策划书 ·· 28
　2.3　小结 ·· 30

子项目 3　"我的 E 站"前期准备 ·· 31
　项目任务 3.1　设计网站 LOGO ··· 31
　　　3.1.1　分析 LOGO 设计思想与设计原则 ··· 32
　　　3.1.2　介绍网站常用图片格式 ··· 33
　　　3.1.3　新建文档 ··· 34

	3.1.4 制作LOGO	35
	3.1.5 保存文档	37
项目任务3.2	美化图像素材	38
	3.2.1 批量处理图像	41
	3.2.2 调整图像属性	43
	3.2.3 美化加工图像	46
	3.2.4 应用特殊文字	49
项目任务3.3	设计制作网站界面	51
	3.3.1 设置页面大小	53
	3.3.2 规划首页内容	53
	3.3.3 设计首页版式	54
	3.3.4 确定配色方案	54
	3.3.5 制作网站首页效果图	56
	3.3.6 制作网站子页效果图	70
项目任务3.4	裁切网站设计稿	73
	3.4.1 分析切片的原则	75
	3.4.2 创建首页切片	75
	3.4.3 编辑首页切片	78
	3.4.4 命名首页切片	79
	3.4.5 导出首页切片	79
	3.4.6 裁切子页设计稿	81
项目任务3.5	制作网站中的动画	83
	3.5.1 了解Flash基本概念	84
	3.5.2 熟悉Flash中的基本操作	87
	3.5.3 掌握Flash中的基本动画形式	90
	3.5.4 制作网站首页banner	95
3.6 小结		101
3.7 技能训练		101
	3.7.1 裁切网站设计稿	101
	3.7.2 Flash动画设计	102
	3.7.3 Flash交互界面开发	108
子项目4 实现网页结构		113
项目任务4.1	创建本地站点	113
	4.1.1 规划目录结构	114
	4.1.2 熟悉Dreamweaver工作区	115
	4.1.3 新建本地站点	115
	4.1.4 管理本地站点	117
项目任务4.2	设置首页文字段落与图片	119

4.2.1	掌握 HTML 基本概念	120
4.2.2	熟悉 HTML 基本结构	122
4.2.3	插入文本与段落	124
4.2.4	添加图像	125
4.2.5	插入特殊符号	126

项目任务 4.3　创建首页中列表 127

4.3.1	创建无序列表	128
4.3.2	创建有序列表	128
4.3.3	创建自定义列表	129

项目任务 4.4　插入首页表格 130

4.4.1	创建表格	131
4.4.2	编辑表格	132
4.4.3	了解嵌套表格	134
4.4.4	熟悉表格标签	135

项目任务 4.5　插入首页表单 137

4.5.1	认识表单	138
4.5.2	创建表单	140
4.5.3	添加表单对象	141

项目任务 4.6　设置网站的超链接 142

4.6.1	熟悉文档位置和路径	143
4.6.2	设置文本和图像超链接	144
4.6.3	设置图像映射链接	145
4.6.4	设置锚记链接	145
4.6.5	设置特殊链接	146

4.7　小结 148
4.8　技能训练 148

4.8.1	建立站点	148
4.8.2	编写 HTML 代码结构	148

子项目 5　使用 CSS 样式美化首页

项目任务 5.1　引用 CSS 样式表 150

5.1.1	初识 CSS	151
5.1.2	熟悉样式表种类和 CSS 选择器	151
5.1.3	在页面中引入 CSS 样式表	154
5.1.4	熟悉 CSS 样式代码编写规则	155

项目任务 5.2　设置页面元素的样式 159

5.2.1	设置字体颜色样式	160
5.2.2	设置背景效果	165

		5.2.3	设置链接样式	168
		5.2.4	设置列表样式	169
		5.2.5	设置数据表格样式	170
		5.2.6	设置表单样式	171
	项目任务 5.3		使用 DIV+CSS 布局首页	174
		5.3.1	插入 DIV	175
		5.3.2	熟悉盒模型	177
		5.3.3	CSS 布局网页	178
	5.4	小结		188
	5.5	技能训练		189
		5.5.1	使用 CSS 布局技术完成网页	189
		5.5.2	使用列表和 CSS 制作菜单	189
子项目 6	创建并应用网页模板			191
	项目任务 6.1		创建并应用网页模板	191
		6.1.1	创建模板	192
		6.1.2	制作模板页面	193
		6.1.3	插入可编辑区域	198
		6.1.4	应用模板	199
	项目任务 6.2		添加多媒体元素	203
		6.2.1	插入多媒体元素	204
		6.2.2	应用行为	208
		6.2.3	运用 JavaScript 实现 banner 效果	210
	6.3	小结		212
	6.4	技能训练		212
子项目 7	"我的 E 站"测试与发布			213
	项目任务 7.1		常见 IE 中 BUG 及其修复方法	213
		7.1.1	div 的垂直居中问题	213
		7.1.2	margin 加倍的问题	215
		7.1.3	浮动 IE 产生的双倍距离	217
		7.1.4	IE 与最小（min-）宽度和高度的问题	218
		7.1.5	页面的最小宽度	219
		7.1.6	DIV 浮动 IE 文本产生 3 像素的 BUG	219
		7.1.7	float 清除浮动	220
		7.1.8	高度不适应	224
	项目任务 7.2		站点的测试与调试	226
		7.2.1	检查站点范围的链接	226
		7.2.2	改变站点范围的链接	228

　　　　7.2.3　清理 HTML ··· 228
　　　　7.2.4　清理 Word 生成的 HTML ··· 229
　　　　7.2.5　同步 ··· 229
　　　　7.2.6　生成辅助功能报告 ··· 230
　　　　7.2.7　站点测试指南 ·· 230
　　项目任务 7.3　网站的发布 ·· 231
　　　　7.3.1　站点的上传 ·· 232
　　　　7.3.2　申请空间 ·· 234
　　7.4　小结 ··· 235
　　7.5　技能训练 ·· 235
子项目 8　网站宣传推广与维护 ·· 236
　　项目任务 8.1　网站宣传推广 ··· 236
　　　　8.1.1　网站宣传推广方式 ··· 237
　　　　8.1.2　网站宣传推广计划 ··· 240
　　　　8.1.3　提出合理的网站推广建议 ·· 241
　　项目任务 8.2　网站维护 ··· 243
　　　　8.2.1　网站维护的重要性 ··· 243
　　　　8.2.2　网站维护的基本内容 ·· 244
　　　　8.2.3　网站维护基本流程 ··· 246
　　8.3　小结 ··· 246
子项目 9　"我的 E 站"项目总结 ·· 247
　　项目任务 9.1　文档的书写与整理 ·· 247
　　项目任务 9.2　网站展示、交流与评价 ·· 248
　　9.3　小结 ··· 250
子项目 10　将页面移植到移动设备 ··· 251
　　项目任务 10.1　将"我的 E 站"页面转为响应式设计 ······························ 251
　　　　10.1.1　理解响应式设计 ·· 253
　　　　10.1.2　移动化"关于我们"页面 ·· 256
　　10.2　小结 ··· 258
附录 A　常用工具、插件及用户手册 ··· 259
附录 B　"我的 E 站"项目策划书 ··· 261
附录 C　"我的 E 站"网站说明书 ··· 266
附录 D　网站制作规范 ·· 275
参考文献 ·· 278

子项目 1
网站建设基础知识与整体流程

随着网络的发展，互联网已成为人们生活的一部分，这都是网页的功劳。通过网页，浏览者可以得到各种信息，可以交换思想，可以通过网络进行购物。目前，网站种类繁多，归纳起来可以分成以下几种：单纯根据兴趣而制作的个人网站、由具有共同爱好的人所组成的团体、以宣传企业为目的的企业网站、成为互联网商店的大型购物中心及门户网站等。而那些视觉效果比较好的网站往往会受到用户的青睐。那么这些网页是如何制作出来的呢？

要设计出令人满意的网页，不仅要熟练掌握网页设计软件的基本操作，还要掌握网页的一些基础知识和网站建设的基本流程。

项目任务 1.1　了解网站建设的基础知识

首先，我们先来看两个示例网页，如图 1-1 和图 1-2 所示。

图 1-1　示例网页 1　　　　　　　　　图 1-2　示例网页 2

同样是设计公司，但在网上展示出的效果却如此不同。假设大家是客户，在经费许可的情况下，你会优先选择哪一家来做设计呢？当然是第一家了。这就是网页设计最能体现出效益的地方。

但是，同样是做网页的，为什么差距如此之大呢？原因就在于网页设计是平面设计、动画设计、音效设计、配色等各个方面结合的产物。因此，学会网页设计虽然不难，但是要做好网页，却需要不断学习和积累，在不断的探索和实践中进步。

网页制作常用工具 Dreamweaver、Flash 和 Photoshop 的启动界面如图 1-3 所示。

图 1-3　网页制作常用工具的启动界面

（1）能识别网页和网站。
（2）掌握网页制作的相关技术。
（3）掌握网页制作工具的基本功能。

1.1.1　认识网页和网站

1. 什么是网页

在互联网上应用最广的功能应该是网页浏览。浏览器窗口中显示的一个页面被称为一个网页，是计算机网络最基本的信息单位，网页实际上就是一个文件，这个文件存放在世界上某个地方的某一台计算机中，而且这台计算机必须要与互联网相连接。当用户在浏览器的地址栏中输入网页的地址后，经过一段复杂而又快速的程序解析后，网页文件就会被传送到用户的计算机中，然后再通过浏览器解释网页的内容，最后展现在用户的眼前。一般网页上都会有文字和图片等信息，而复杂一些的网页中还包括动画、表单、视频和音频等内容。

2. 什么是网站

网站是众多网页的集合。不同的网页通过有组织的链接整合到一起，为浏览者提供更丰富的信息。网站同时也是信息服务类企业的代名词。如果某人在网易或者在搜狐工作，那他可能会告诉你，他在一家网站工作。

我们可以这样形容网页和网站的关系：假如网站是一本书的话，网页就是这本书中的一页。

▶3．静态网页和动态网页

Web 站点中的网页分为静态网页和动态网页。所谓静态网页是指纯粹的 HTML 格式的网页，这种网页制作完成后内容是固定的，修改或更新都必须通过专用的网页制作工具来完成，并且只要修改网页中的任何一个内容都必须重新上传一次，以此覆盖原来的网页。

每个静态网页都有一个固定的 URL。网页的 URL 地址通常以.html、.htm 或.shtml 等形式作为扩展名。每个网页都是独立的文件，网页内容都保存在 Web 站点中。静态网页在网站制作和维护方面工作量较大，且拥有的人机交互能力较差。

所谓动态网页，并非指网页上具有各种动画和其他视觉上的"动态效果"，动态网页也可以是纯文字的，与静态网页的根本区别是，动态网页是以数据库技术为基础采用动态网页技术生成的网页。

HTML 是编写网页的语言，但仅用 HTML 是不能编写出动态网页的，还需要使用另外的技术。动态网页中的脚本语言，如 ASP、PHP、JSP、ASP.net 等，通过这些脚本将网站内容动态存储到数据库中，用户访问网站是通过读取数据库来动态生成网页的。当动态网页在浏览器中显示时，会自动调用存储在数据库中的数据，而信息的更新和维护则利用数据库在后台进行。

1.1.2　了解网页制作技术

▶1．HTML

HTML 是目前最流行的网页制作语言。互联网中的大多数网页都是由 HTML（Hyper Text Markup Language，超文本标记语言）语言所构成的。HTML 是建立网页文本的一种标记语言，它是在 SGML 定义下的一个描述性语言，是一种简单、通用的全置标记语言，它通过标记和属性对文本的属性进行描述。HTML 可以通过超链接指向不同地址中的文件，支持在文本中嵌入图像、影像、声音等不同格式的文件。HTML 还具有强大的排版功能，利用 HTML 和其他的 Web 技术可以创造出功能强大的网页。HTML 5 是近十年来 Web 开发标准巨大的飞跃。和以前的版本不同，HTML 5 并非仅仅用来表示 Web 内容，它的新使命是将 Web 带入一个成熟的应用平台，在 HTML 5 平台上，视频、音频、图像、动画及同电脑的交互都被标准化。

HTML 网页文件可以由文本或专用网页编辑器编辑，编辑完毕后，HTML 文件将以.htm 或.html 作为文件后缀保存。

▶2．CSS

CSS 是 Cascading Style Sheet 的简称，即层叠样式表。CSS 是由 W3C 组织制定的一种非常实用的网页元素定义规则，是用来进行网页风格设计的。CSS 是对 HTML 的补充，利用 CSS 可以有效地对页面的布局、字体、颜色、背景和其他效果实现更加精确的控制。通过设立 CSS，可以统一地控制 HTML 中各标记的显示属性，节省许多重复性格式的设定。

CSS3 是 CSS 技术的升级版本，CSS3 语言开发是朝着模块化发展的。以前的规范作为一个模块实在是太庞大而且比较复杂，所以，把它分解为一些小的模块，更多新的模块也被加入进来。这些模块包括：盒子模型、列表模块、超链接方式、语言模块、背景和边框、文字特效、多栏布局等。

3. JavaScript

JavaScript 是适应动态网页制作的需要而诞生的一种新的编程语言，如今越来越广泛地使用于网页制作中。JavaScript 是一种基于对象和事件驱动并具有相对安全性的客户端脚本语言，同时也是一种广泛用于客户端 Web 开发的脚本语言，常用来给 HTML 网页添加动态功能。JavaScript 提供了丰富的运算功能，包括算术运算、关系运算、逻辑运算和连接运算。JavaScript 的一个重要功能就是面向对象的功能，通过基于对象的程序设计，可以用更直观、模块化和可重复使用的方式进行程序开发。

4. jQuery

jQuery 是一个优秀的 JavaScript 框架，它是轻量级的 js 库，jQuery 使用户能更方便地处理 HTML 文档、事件、实现动画效果，并且方便地为网站提供 AJAX 交互。jQuery 还有一个比较大的优势是，它的文档说明很全，而且各种应用也介绍得很详细，同时还有许多成熟的插件可供选择。jQuery 能够使用户的 HTML 页面保持代码和 HTML 内容分离。除此以外，jQuery 提供 API 让用户编写插件，其模块化的使用方式使用户可以很轻松地开发出功能强大的静态或动态网页。

1.1.3 了解网页制作常用工具

设计网页时，首先要选择合适的工具。而目前使用最广泛的网页编辑工具是 Dreamweaver、Flash、Photoshop 这三个软件。

1. Dreamweaver CS5 的基本界面与功能

Dreamweaver 是一款专业的 Web 设计与开发软件，是一个"所见即所得"的可视化网站开发工具，能够使网页和数据库关联起来，支持最新的 HTML 编程语言和 CSS 技术，大多数的网页形式均可以通过 Dreamweaver 完成。

Dreamweaver CS5 是 Adobe 公司推出的最新版网页编辑工具软件，它集网站设计与管理于一身，功能强大、使用简便，可快速生成跨平台和跨浏览器的网页和网站，深受广大网页设计者的欢迎。

（1）Dreamweaver CS5 的基本界面。第一次启动 Dreamweaver CS5 时，将显示 Dreamweaver 起始页界面，帮助用户快速创建常用的项目文档，如图 1-4 所示。

单击起始页面中"新建"项目下的"HTML"链接，进入如图 1-5 所示的 Dreamweaver CS5 操作界面，其中包含菜单栏、文档工具栏、文档窗口、状态栏、属性检查器、面板组等。

① 菜单栏：菜单栏提供实现各种功能的命令，主要包括"文件"、"编辑"、"查看"、"插入"、"修改"、"格式"、"命令"、"站点"、"窗口"、"帮助"等菜单项。选择菜单栏中

的命令，在弹出的下拉菜单中选择要执行的命令。Dreamweaver CS5 的大部分工作都可以通过菜单命令来完成。

图 1-4　Dreamweaver CS5 起始页界面

图 1-5　Dreamweaver CS5 操作界面

② 文档工具栏：文档工具栏中包含一些按钮可以在文档的不同视图间快速切换，如"代码"视图、"设计"视图、同时显示"代码"和"设计"视图的"拆分"视图。"代码"视图以代码形式显示和编辑当前网页和网页元素的属性；"设计"视图提供所见即所得的编辑界面，在设计视图中以最接近于浏览器中的视觉效果显示设计元素；"拆分"视图由"代码"和"设计"视图将编辑窗口分为左右两部分，一部分显示代码视图，另一部分显示设计视图。

提示：选择"查看"｜"工具栏"｜"文档"菜单命令，就会在 Dreamweaver CS5 中显示文档工具栏。若去掉"文档"命令前的对勾，就可以隐藏文档工具栏。

③ 状态栏：状态栏中包括文档选择器、标签选择器、窗口尺寸栏、下载时间栏，在状态栏中单击目标标签，可以快速标示容器中的内容。

④ 属性检查器：属性检查器可以显示对象的各种属性，如大小、位置和颜色等，并可以通过它更改对象的属性设置。

⑤ 面板组：面板是提供某类功能命令的组合。通过面板可以快速完成目标的相关操作。Dreamweaver CS5 将各种工具面板集成到面板组中，包括插入面板、行为面板、框架面板、文件面板、CSS 样式面板、历史面板等。用户可以根据自己的需要，选择隐藏或显示面板。在 Dreamweaver CS5 中可以通过"窗口"菜单下的对应命令打开或关闭相关面板。

（2）Dreamweaver CS5 的基本功能。

① 多种视窗模式。
② 简便易行的对象插入功能。
③ 方便地创建框架，自由编排网页。
④ 使用 CSS 和 HTML 样式减少重复劳动。
⑤ Dreamweaver 内置了大量的行为。
⑥ 用模板与库创建具有统一风格的网站。
⑦ Dreamweaver 的排版功能。
⑧ 强大的网站管理功能。

（3）Dreamweaver CS5 的新增功能。

① 集成 CMS 支持。尽享对 WordPress、Joomla! 和 Drupal 等内容管理系统框架的创作和测试支持。

② CSS 检查。以可视方式显示详细的 CSS 框架模型，轻松切换 CSS 属性并且无需读取代码或使用其他实用程序。

③ 与 Adobe BrowserLab 集成。使用多个查看、诊断和比较工具预览动态网页和本地内容。

④ PHP 自定义类代码提示。为自定义 PHP 函数显示适当的语法，帮助更准确地编写代码。

⑤ CSS Starter 页。借助更新和简化的 CSS Starter 布局，快速启动基于标准的网站设计。

⑥ 与 Business Catalyst 集成。利用 Dreamweaver 与 Adobe Business Catalyst 服务（单独提供）之间的集成，无需编程即可实现卓越的在线业务。

⑦ 保持跨媒体一致性。将任何本机 Adobe Photoshop 或 Illustrator 文件插入 Dreamweaver 即可创建图像智能对象，更改源图像，然后快速、轻松地更新图像。

⑧ 增强的 Subversion 支持。借助增强的 Subversion 软件支持，提高协作、版本控制的环境中的站点文件管理效率。

⑨ 站点特定的代码提示。仔细查看站点特定的代码提示。

2．Flash CS5 的基本界面与功能

Flash 是一款功能非常强大的交互式矢量多媒体网页制作工具，能够轻松输出各种各样的动画网页，它不需要特别繁杂的操作，而且其动画效果、多媒体效果非常出色。Flash CS5 是 Flash 的一个版本，目前应用比较广泛。

（1）Flash CS5 的基本界面。从"开始"菜单中启动 Flash CS5 后进入 Flash CS5 起始页界面，如图 1-6 所示。

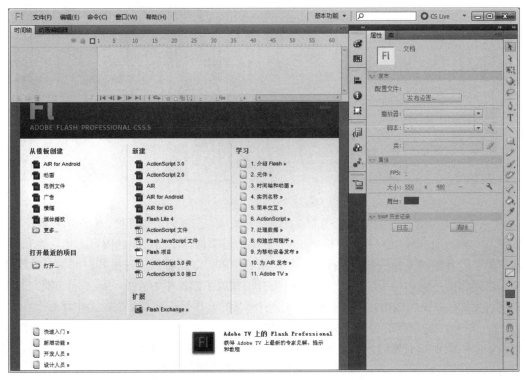

图 1-6　Flash CS5 的起始页界面

单击"新建"栏中的"ActionScript 3.0"或"ActionScript 2.0"链接，进入 Flash CS5 的操作界面，如图 1-7 所示。在该主界面中，主要包括菜单栏、工具箱、时间轴面板、舞台、工作区、属性面板和面板集等。

① 菜单栏：安装在 Windows 操作系统中的 Flash CS5 共有 11 个菜单项，分别是"文件"、"编辑"、"视图"、"插入"、"修改"、"文本"、"命令"、"控制"、"调试"、"窗口"和"帮助"菜单，如图 1-7 所示。菜单栏几乎集中了 Flash CS5 的所有命令和功能，用户可以选择其中的命令完成 Flash CS5 的所有常规操作，如新建、打开、关闭、保存等。

② 工具箱：在默认情况下，工具箱位于 Flash CS5 窗口的右边边框处，由工具、查看、颜色和选项 4 个区域组成。"工具"区域包含了多种选择、绘画和涂色工具，其使用方法将在以后的章节中详细介绍。"查看"区域包含了手形工具和缩放工具。"颜色"区域用于设置笔触颜色和填充颜色。"选项"区域显示了当前工具的附加选项。在 Flash CS5 中，工具

箱可以在窗口中任意移动，用户只需用鼠标按住绘图工具栏中的非功能区并进行拖动即可。

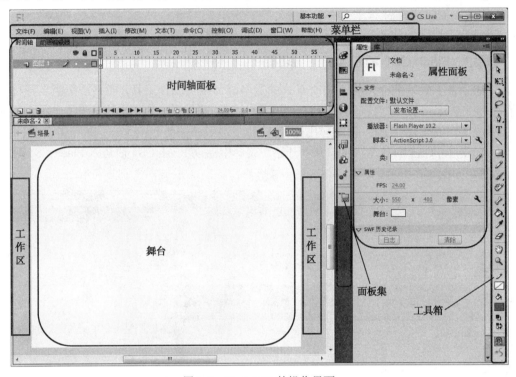

图 1-7　Flash CS5 的操作界面

③ 时间轴面板：时间轴面板由左、右两部分组成，左侧为层操作区，右侧为帧操作区，如图 1-7 所示。Flash CS5 中的层与 Photoshop 中的层类似，不同层中的内容是相互独立的，从而便于各种编辑操作。帧操作区用于控制帧的位置、动画播放的速度和时间等。帧操作区与层操作区是密切相关的，同一层上的所有帧构成了该层中对象的动画；同一帧上的所有层对象构成了该帧的所有舞台效果。关于层和帧的具体操作将在后面章节中详细介绍。

④ 舞台：舞台是 Flash CS5 工作界面中间的矩形区域，用于放置矢量图、文本框、按钮、位图或视频剪辑等内容。舞台的大小相当于用户定义的 Flash CS5 文件的大小，用户可以缩放舞台视图，或打开网格、辅助线、标尺等辅助工具，以便进行设计。

⑤ 工作区：工作区是舞台周围的灰色区域，用于存放在创作时需要但不出现在最终作品中的内容。在播放动画时，工作区中的内容不显示。

⑥ 属性面板：属性面板用于显示所选工具、位图、元件等对象的属性，如图 1-7 所示。

⑦ 面板集：除了时间轴面板和属性面板以外，Flash CS5 还提供了颜色、变形、信息、对齐、库、动作等面板，如图 1-7 所示。这些面板的具体功能将在后面的章节中一一介绍。

（2）Flash CS5 的基本功能。Flash 具有三大基本功能：绘图和编辑图形、补间动画及遮罩。这是三个紧密相连的逻辑功能，并且这三个功能自 Flash 诞生以来就存在。Flash 动画的三大基本功能是一切 Flash 动画应用的基础。但随着 Flash 版本的不断升级和功能的不断加强，Flash CS5 已经是一个非常强大的平台，它成为了一个多媒体环境。

（3）Flash CS5 的新增功能。

① 新的文本引擎。通过新的文本布局框架，借助印刷质量的排版全面控制文本。

② 代码片断面板。通过将预建代码注入项目，降低 ActionScript 3.0 学习曲线并实现

更高创意。

③ Flash Builder 集成。将 Flash Builder 用作 Flash Professional 项目的 ActionScript 主编辑器。

④ 骨骼工具大幅改进。借助为骨骼工具新增的动画属性创建出更逼真的反向运动效果。

⑤ 基于 XML 的 FLA 源文件。使用源控制系统管理和修改项目，更轻松地实现文件协作。

⑥ Deco 绘制工具。借助为 Deco 工具新增的一整套刷子添加高级动画效果。

3. Photoshop CS5 的基本界面与功能

Photoshop，简称"PS"，是目前世界上最流行的图像处理软件，主要处理以像素所构成的数字图像。Photoshop 的应用领域很广泛，在图像、图形、文字、视频、出版等各方面都有涉及。Photoshop CS5 是 Photoshop 的一个版本，它是电影、视频和多媒体领域的专业人士，使用 3D 和动画的图形和 Web 设计人员，以及工程和科学领域的专业人士的理想选择。

（1）Photoshop CS5 的基本界面。从"开始"菜单中成功启动 Photoshop CS5 后进入 Photoshop CS5 的操作界面，如图 1-8 所示。

图 1-8　Photoshop 的操作界面

与 Flash CS5 操作界面相似，Photoshop CS5 主界面包括应用程序栏、菜单栏、工具箱、工具属性栏、标题栏、编辑区（文档窗口）、状态栏和面板集等。

① 应用程序栏：单击其中的按钮，可以快速切换视图显示。如全屏显示、显示比例、网格、标尺等。

② 菜单栏：菜单栏由 11 类菜单组成，分别是"文件"、"编辑"、"图像"、"图层"、"选择"、"滤镜"、"分析"、"3D"、"视图"、"窗口"和"帮助"菜单，如图 1-8 中所示。菜单栏几乎集中了 Photoshop CS5 的所有命令和功能，用户可以选择其中的命令完成 Photoshop CS5 的所有常规操作。

③ 工具箱：在默认情况下，工具箱位于 Photoshop CS5 窗口的左边边框处，将常用的命令以图形形式汇集在工具箱中。用鼠标右键单击或按住工具图标右下角的▶符号，会弹出功能相近的隐藏工具。

④ 工具属性栏：当在"工具箱"里面选择一个工具时，工具属性栏里面就会出现这个工具的相应属性，可以根据需要设置工具的属性。

⑤ 标题栏：显示当前图像文件名、当前缩放百分比、当前图层名称、颜色模式及位深。

⑥ 编辑区：显示 Photoshop CS5 中导入的图像，可以对图像进行一系列的编辑。

⑦ 状态栏：位于图像下端，显示当前编辑的图像文件大小，以及图片的各种信息。

⑧ 面板集：最初显示在屏幕右侧，其中的每个面板都是浮动的控件，可以随意拖动，可以按自己的喜好排列面板。为了方便使用 Photoshop CS5 的各项功能，将其以面板形式提供给用户。

（2）Photoshop CS5 的基本功能。Photoshop 可分为图像编辑、图像合成、校色调色及特效制作部分等。图像编辑是图像处理的基础，可以对图像做各种变换如放大、缩小、旋转、倾斜、镜像、透视等；也可进行复制、去除斑点、修补、修饰图像的残损等。这在婚纱摄影、人像处理制作中有非常大的用场，去除人像上不满意的部分，进行美化加工，得到让人非常满意的效果。

（3）Photoshop CS5 的新增功能。

① 更加人性化的工作界面。

② 新增的"在 Mini Bridge 中浏览"命令。

③ 新增的"合并到 HDR PRO"命令。

④ 更方便更智能化的毛发抠像技术。

⑤ 内容识别填充。

⑥ 裁剪和拉直工具新功能。

⑦ 移动工具自由变换。

⑧ 新增的 3D 功能。

⑨ 自动镜头校正功能。

⑩ 智能化操作变形。

归纳总结

"工欲善其事，必先利其器"，要想做好网页，首先必须了解制作网页的工具，选定好合适的网页制作工具。此外还要了解网页制作的相关技术，才能制作出一个好的网页。

项目训练

安装网页制作工具 Dreamweaver CS5、Flash CS5、Photoshop CS5，熟悉各个工具的

基本界面和基本功能。

项目任务 1.2　熟悉网站建设的整体流程

网站建设是一个系统工程，有一定的基本流程，必须遵循该设计步骤，才能设计出满意的网站。因此在建设网站之前，必须了解整个网站建设的基本流程，才能制作出更好、更合理的网站。

网站开发制作流程图如图 1-9 所示。

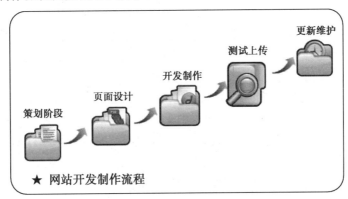

图 1-9　网站开发制作流程图

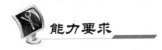

（1）了解熟悉网站建设整体流程的重要性。
（2）知道网站建设整体流程的基本内容有哪些，应该如何进行网站建设。

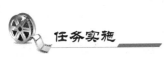

1.2.1　网站前期策划

1．定位网站的主题

在建设网站之前，要对市场进行调查与分析，了解目前互联网的发展状况及同类网站的发展、经营状况，汲取它们的长处，找出自己的优势，确定自己网站的功能，是产品宣传型、网上营销型、客户服务型还是电子商务型亦或其他类型网站，再根据网站功能确定网站应达到的目的和应起到的作用，从而明确自己网站的主题，确定网站的名称。

网站的名称很重要，它是网站主题的概括和浓缩，决定着网站是否更容易被人接受。

提示： 网站的名称应该简短、有特色、容易记，最重要的是它应该能够很好地概括网站主题。

网站命名的原则如下。

（1）要有很强的概括性，网站的名称就能反映出网站的题材；

（2）要合理、合法、易记，最好读起来朗朗上口；

（3）名称不宜过长，要方便其他网站链接；

（4）要有个性，体现出一定的内涵，能给浏览者以更多的想象力和冲击力。

2. 收集整理资料

在做网页之前，要尽可能多地收集与网站主题相关的素材（文字、图像、多媒体等），再去芜存菁，取其精华为我所用。

（1）文字素材。文本内容可以让访问者明白网页要表达的内容。文字素材可以从用户那里获取，也可以通过网络、书本等途径收集，还可以由制作者自己编写相关文字材料。这些文字素材可以制作成 Word 文档或 TXT 文档保存到站点下的相关子目录中。

（2）图像、多媒体等素材。一个能够吸引访问者眼球的网站仅有文本内容是不够的，还需要添加一些增加视觉效果的素材，比如图像（静态图像或动态图像）、动画、声音、视频等，使网页充满动感和生机，从而吸引更多的访问者。这些素材可以由用户提供，也可以由制作者自己拍摄制作，或通过其他途径获取。将收集整理好的素材存放到站点下的相关子目录中。

3. 设计规划网站结构图（网站导航设计）

网站结构图设计也就是网站栏目功能规划，即确定网站要展示的相关内容，把要展现在网站上的信息体现出来。网站结构蓝图也决定着网站导航设计，一个网站导航设计对提供丰富友好的用户体验有至关重要的作用，简单直观的导航不仅能提高网站易用性，而且在方便用户找到所需的信息后，可有助提高用户转化率。如果把主页比做网站门面，那么导航就是通道，这些通道走向网站的每个角落，导航的设计是否合理对于一个网站具有非常重要的意义。

4. 设计网站形象

内容是基础，一个网站有充实的、丰富的能充分满足用户需求的内容是第一位的，但过分偏重内容而忽视形象也是不可取的。忽视形象，将导致网站吸引力、注意力、用户体验度的降低，一个没有独特风格的网站很难给访问者留下深刻的印象，更不容易把网站打造成一个网络品牌。网站形象设计包括以下几个方面。

（1）网站的标志。网站的标志也称为网站的 LOGO。翻开字典，可以找到这样的解释："标志语"。在计算机领域，LOGO 是标志、徽标的意思，顾名思义，站点的 LOGO 就是站点的标志图案，它一般会出现在站点的每一个页面上，是网站给人的第一印象。因而，LOGO 设计追求的是以简洁的符号化的视觉艺术形象把网站的形象和理念长留于人们心中。

LOGO 实际上是将具体的事物、事件、场景和抽象的精神、理念、方向通过特殊的图形固定下来，使人们在看到 LOGO 的同时自然地产生联想，从而对企业产生认同，它是站点特色和内涵的集中体现。一个好的 LOGO 应该是网站文化的浓缩，能反映网站的主题和名子，能让访问者见到它就能联想到它的网站，LOGO 设计的好坏直接关系着一个网站乃至一个公司的形象。

目前并没有专门制作 LOGO 的软件，其实也并不需要这样的一种软件。平时所使用的图像处理软件或者加上动画制作软件（如果要做一个动画的 LOGO 的话）都可以很好地胜任这份工作，如 Photoshop、Fireworks 等。而 LOGO 的制作方法也和制作普通的图片及动画没什么不同，不同的只是规定了它的大小而已。

提示：① 88×31 像素，这是互联网上最普遍的 LOGO 规格；
② 120×60 像素，这种规格用于一般大小的 LOGO；
③ 120×90 像素，这种规格用于大型 LOGO。

【赏析】：部分著名网站的标志如图 1-10 所示。

图 1-10　著名网站 LOGO 赏析

（2）网站的色彩搭配。网站给人的第一印象就来自于视觉的冲击，因此，确定网站的色彩是相当重要的一步。不同的色彩搭配会产生不同的效果，并可能影响到访问者的情绪。赏心悦目的网页，色彩的搭配都是和谐而优美的。

一般来说，适合于网页标准色的颜色主要有蓝色、黄/橙色、黑/灰/白色 3 大色系。在对网页进行色彩规划时要注意以下几点。

① 网站的标准色彩不宜过多，太多会让人眼花缭乱。标准色彩应该用于网站的标志、标题、主菜单和主色块，给人以整体统一的感觉，其他的色彩只作为点缀和衬托，绝不可以喧宾夺主。

② 不同的颜色会给浏览者不同的心理感受。因此，在确定主页的题材后，要了解哪些颜色适合哪些站点。

③ 在色彩的运用中还要注意一个问题：由于国家和种族、宗教和信仰的不同，以及地理、文化的差异等，不同的人群对色彩的喜恶程度有着很大的差异。

【赏析】：其他网站色彩搭配欣赏如图 1-11 所示。

（3）网站的标准字体。网站的字体也是网页内涵的一种体现，合适的字体会让人感觉到美观、亲切、舒适。一般的网页默认的字体是宋体，如果想体现与众不同的风格，可以做一些特效字体，但特效字体最好以图像的形式体现，因为很多浏览者的计算机中可能没有网站所设置的特效字体。

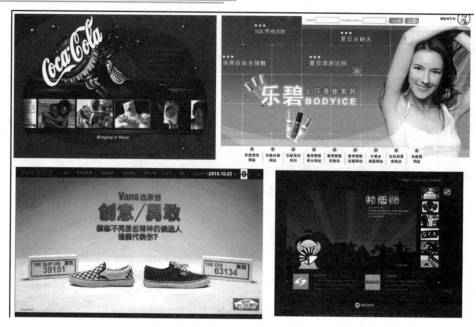

图 1-11 其他网站色彩搭配欣赏

【赏析】：特殊字体欣赏如图 1-12 所示。

图 1-12 其他网站特殊字体的使用

（4）网站的宣传标语。网站的宣传标语也就是网站的广告语。广告语是品牌传播中的核心载体之一，好的广告语是可以让人朗朗上口，容易记忆的。更重要的是，出色的广告语，能深深地打动访问者，让它所代表的网站在网络世界的众多站点里占有一席之地！

【举例】：网易——轻松上网，易如反掌；263——中国人的网上家园。

5. 设计网页布局（版式风格）

网页的布局最能够体现网站设计者的构思，良好的网页布局能使访问者身心愉悦，而布局不佳的页面则可能使访问者失去继续浏览的兴趣而匆匆离去。所以，网页布局也是网站设计中的关键因素。

所谓网页布局就是对网页元素的位置进行排版。对于不同的网页，各种网页元素所处的地位不同，出现在网页上的位置也不同。

网页布局元素一般包括：网站名称（LOGO）、广告区（banner）、导航区（menu）、新闻（what's new）、搜索（search）、友情链接（links）、版权（copyright）等。

对网页元素的布局排版决定着网页页面的美观与否和实用性。常见的布局结构有以下几种。

（1）"T"字形结构布局。所谓"T"字形结构，就是指页面顶部为一横条（主菜单、网站标志、广告条），下方左侧为二级栏目条，右侧显示具体内容的布局，如图1-13所示。

（2）"同"字形结构布局。"同"字结构名副其实，采用这种结构的网页，往往将导航区置于页面顶端，一些如广告条、友情链接、搜索引擎、注册按钮、登录面板、栏目条等内容置于页面两侧，中间为主体内容，如图1-14所示。

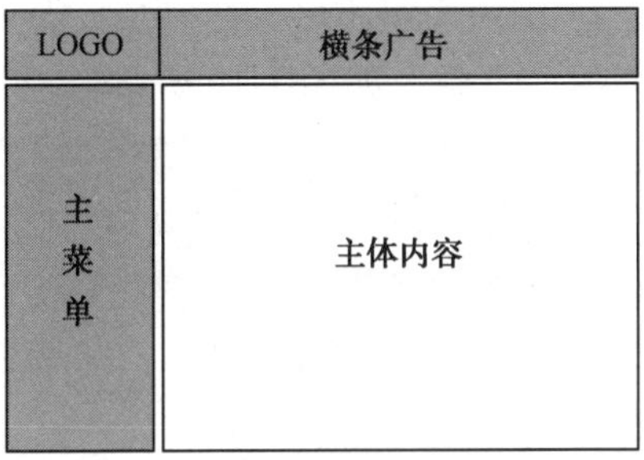

图1-13 "T"字形布局网页 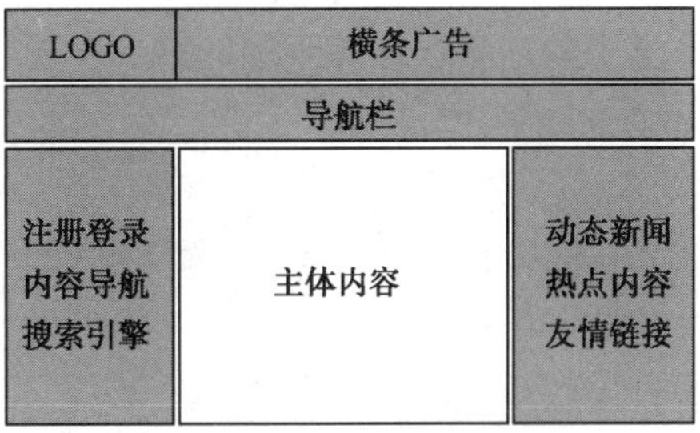　　　　图1-14 "同"字形布局网页

"T"字形与"同"字形布局的网页页面结构清晰、左右对称呼应、主次分明，因而采用这两种布局的网页得到非常普遍的运用。但是这两种布局太规矩、呆板，如果细节、色彩上缺少变化调剂，很容易让人感到单调乏味。

（3）"国"（"口"）字形布局。国字形布局是在同字形布局基础上演化而来的，在保留同字形的同时，在页面的下方增加一横条状的菜单或广告，如图1-15所示。（还有一种四周空出，中间做窗口，称为"口"字形。）

"国"（"口"）字形布局的网页充分利用了版面，信息量大，与其他页面的链接多、切换方便。但这种布局方式使得页面拥挤、四面封闭，令人感到不舒服。

（4）自由式（"POP"）布局。自由式布局打破了"T"字形、同字形、国字形布局的菜单框架结构，页面布局像一张宣传海报，以一张精美图片作为页面的设计中心，菜单栏目自由地摆放在页面上，常用于时尚类站点。它布局的网页漂亮、吸引人但显示速度慢、文字信息量少，如图1-16所示。

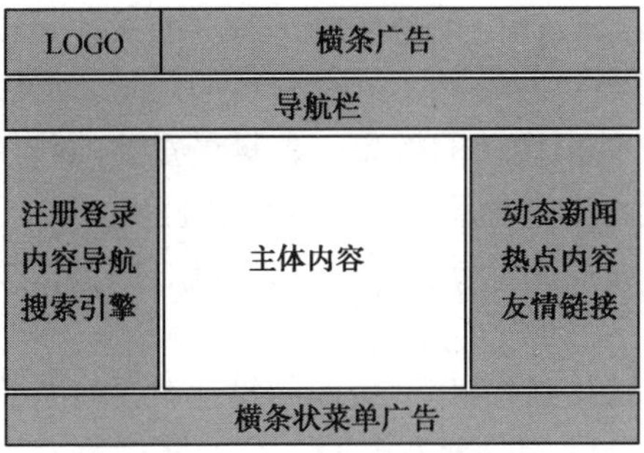

图1-15 "国"字形布局网页　　　　图1-16 "POP"布局网页

（5）"匡"字形布局。这种结构与"国"字形其实只是形式上的区别，它去掉了"国"

字形布局的最右边的部分，给主内容区释放了更多空间。这种布局上面是标题及广告横幅，接下来的左侧是一窄列链接等，右侧是很宽的正文，下面也是一些网站的辅助信息，如图1-17所示。

（6）左右（上下）对称布局。顾名思义，采取左右（上下）分割屏幕的办法形成的对称布局，这里的"对称"所指的只是在视觉上的相对对称，而非几何意义上的对称。在左右部分内，自由安排文字、图像和链接。单击左边的链接时，在右边显示链接的内容，大多用于设计型的网站。它布局的网页既活泼、自由，又可显示较多的文字、图像，视觉冲击力很强。但要想将两部分有机地结合比较困难，不适于信息、数据量巨大的网站，如图1-18所示。

（7）"三"字形布局。这种布局多见于国外站点，国内用得不多。特点是页面上横向两条色块，将页面整体分割为三部分，色块中大多放广告条，如图1-19所示。

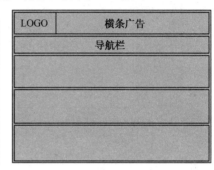

图1-17 "匡"字形布局　　图1-18 "左右"对称布局　　图1-19 "三"字形布局

除了以上介绍的几种常见布局结构以外，还可以见到诸如"川"字形布局、封面型布局、Flash布局、标题文本型布局、框架型布局和变化型布局等网页，它们也都具备各自不同的特点。网站设计者可以根据自己网站的主题及要实现的功能来选择合适的布局。

1.2.2 制作裁切网站设计稿

网页的界面是整个网站的门面，好的门面会吸引越来越多的访问者，因此网页界面的设计也就显得非常重要。网页界面的设计主要包括创意、色彩和版式三个方面。创意会使网页在众多的竞争对手中脱颖而出；色彩可以使网页获得生命的力量；版式则是和用户沟通的核心，所以这三者缺一不可。

俗话说："良好的开端是成功的一半"。在网站设计上也是如此，首页的设计是一个网站成功与否的关键。人们往往看到第一页就已经对网站有了一个整体的感觉。能否促使访问者继续浏览网站的其他页面，关键就在于首页设计的效果。首页最重要的作用在于它能够表现出整个网站的概貌，能将网站所提供的功能或服务展示给访问者。

首页设计的方法是：先在纸上画出首页页面布局图，再利用图片处理软件Photoshop或Fireworks设计制作首页整体效果图。

使用Photoshop或Fireworks设计好首页效果图之后，其他页面的设计就没有首页那么复杂了。主要是和首页风格保持一致，页面设计美观，要有返回首页的链接等。

通过使用Photoshop或Fireworks将网页的效果图设计完之后，网页在浏览器中的效果就以一整张图片显示出来，接下来就要将这张图片进行裁切。虽然在浏览器中的效果和效果图一致，但一整张效果图大小可能有 200KB 或更高，浏览器下载就会变慢，如果访问速度太慢，访问者就会因为等待时间过长而放弃浏览，所以要把整图裁切成小块，加快下载速度。

裁切是网页设计中非常重要的一环，它可以很方便地标明哪些是图片区域，哪些是文本区域，使版块格式尤其是图片和文字的比例得到合理的控制。合理的裁切还有利于加快网页的下载速度、设计复杂造型的网页，以及对不同特点的图片进行分格式压缩等优点。另外，网站是要时时更新的，根据布局裁剪在以后的更新过程中就会很方便。

1.2.3 规划与建立站点

Web 站点是一组具有共享属性的链接文档，包含了很多类型的文件，如果将所有的文件混杂在一起，那么整个站点就会显得杂乱无章，看起来会很不舒服且不易管理，因此在制作具体的网页之前，需要对站点的内部结构进行规划。

站点的规划不仅需要准备好建设站点所需的各种素材资料，还要设计好资料整合的方式，并根据资料确定站点的风格特点，同时在内部还要整齐有序地排列归类站点中的文件，便于将来的管理和维护。

设置站点的常规做法是在本地磁盘上创建一个包含站点所有文件的文件夹（站点根文件夹），称为本地站点。然后在该文件夹中再创建若干个文件夹，分别命名为 images、media、styles 等。再将各个文件分门别类地放到不同的文件夹下，这样可以使整个站点的结构看起来条理清晰，井然有序，使人们通过浏览站点的结构，就可知道该站点大概内容。

1.2.4 实现网页结构

规划好站点相关的文件和文件夹后，就可以开始制作具体的网页了。设计网页时，首先要选择网页设计软件。虽然用记事本手工编写源代码也能做出网页，但这需要设计者对编程语言非常熟悉，它不适合所有的网页设计爱好者。而目前所见即所得类型的工具越来越多，使用也越来越方便，所以制作网页已经变成了一项轻松的工作。Dreamweaver、Flash、Fireworks 合在一起被称为网页制作三剑客。这三个软件相辅相承，是制作网页的首选工具，其中 Dreamweaver 主要用来制作网页文件，制作出来的网页兼容性好，制作效率也很高，Flash 用来制作精美的网页动画，Photoshop 或 Fireworks 用来处理网页中的图像。

素材有了，工具也选好了，下面就是具体的实施设计，将站点中的网页按照设计方案制作出来，这是一个复杂而细致的过程，一定要按照先大后小、先简单后复杂的原则来进行制作。所谓先大后小，就是指在制作网页时，先把大的结构设计好，然后再逐步完善小的结构设计。所谓先简单后复杂，就是先设计出简单的内容，然后再设计复杂的内容，以便出现问题时好修改。

使用 HTML 实现网页布局，思考哪些对象要以网页内容的形式使用 HTML 代码来实现，内容和格式要分离。

1.2.5 使用 CSS 样式美化首页

现代网页制作离不开 CSS 技术，采用 CSS 技术，可以有效地对页面的布局、字体、颜色、背景和其他效果实现更加精确的控制，可以调整字间距、行间距、取消链接的下画线、固定背景图像等 HTML 标记无法表现的效果。

样式表的另外一个优点就是，在对很多网页文件设置同一种属性时，无需对所有文件反复进行操作，只要应用样式表就可以更加便利、快捷地进行操作。在 Dreamweaver 中只需要单击几次，就可以在字体、链接、表格、图片等构成网页文件的所有元素属性中应用样式表。

CSS 的主要优点是容易更新，只要对一处 CSS 规则进行更新，则使用该定义样式的所有文档的格式都会自动更新为新样式。

1.2.6 创建并应用网页模板

通常在一个网站中会有几十甚至几百个风格基本相似的页面，如果每次都重新设定网页结构及相同栏目下的导航条、各类图标就显得非常麻烦，不过可以借助 Dreamweaver 的模板功能来简化操作。

模板的功能就是把网页布局和内容分离，在布局设计好之后将其存储为模板，这样相同布局的页面可以通过模板创建。对模板修改更新时，所有采用了该模板的网页文档的固定区域都能同步更新，从而达到整个站点风格变化的迅速性和统一性。

1.2.7 测试与发布网站

网站创建完毕，要发布到 Web 服务器上，才能够让全世界的人浏览。在上传之前要进行细致周密的测试，以保证上传之后访问者能正常浏览和使用。

在网站开发、设计、制作过程中，对网站的测试、确定和验收是一项重要而又富有挑战性的工作。网站测试不但需要检查是否按照设计的要求运行，而且还要测试网站在不同用户端的显示是否合适，最重要的是从最终用户的角度进行安全性和可用性测试。对网页内容和网站整体性能进行有效的测试是十分必要的。

1.2.8 更新与维护网站

一个好的网站，不仅仅是一次性制作完就完成了，日后的更新维护也是极其重要的。就像盖好的一栋房子或者买回的一辆汽车，如果长期搁置无人维护，必然变成朽木或者废铁。网站也是一样，只有不断地更新、管理和维护，才能留住已有的访问者并且吸引新的访问者。

对于任何一个网站来说，如果要始终保持对访问者足够的吸引力，定期进行内容的更新是唯一的途径。如果浏览网站的访问者每次看到的网站都是一样的，那么日后就不会再来，几个月甚至一年一成不变的网页是毫无吸引力可言的，那样的结果只能是访问人数的不断下降，同时也会对网站的整体形象造成负面影响。

1.2.9 网站项目总结

网站建设在达到目标后，需要进行项目总结，对项目的成功、效果及取得的教训进行的分析，连同这些信息的存档以备将来利用。

项目总结的目的和意义在于总结经验教训、防止犯同样的错误、评估项目团队、为绩效考核积累数据，以及考察是否达到阶段性目标等。

➡ 归纳总结

要想制作一个好的网站一定不能随心所欲，要有明确的设计思路。对于网页设计者来说，在动手制作网页之前，应对网页设计的整体工作流程有一个清晰的认识，即站点主题要明确，网页素材准备要充分，站点内容和目录结构要规划好，要本着由面到点、由宏观到细节的原则进行设计。

➡ 项目训练

到网上查找与主题相关的网站（三个），列出网址，并分别从主题、色彩搭配、网页布局图（首页＋子页，共两张网页）、网站逻辑结构图（从首页三层）四个方面分析它们的特点。

1.3 小结

子项目 1 主要介绍了网站建设与网页制作的基本概况。通过介绍网站建设的基本知识，让读者掌握动态网页与静态网页的区别，了解网页制作的技术和常用工具，熟悉网站建设的基本流程。同时还介绍了制作网页的三大利器 Dreamweaver CS5、Flash CS5、Photoshop CS5 的工作界面和基本功能。

子项目 2 "我的 E 站"前期策划

前面已经介绍了网站建设的基本知识,从网站的构思到设计的准备,重点介绍了网站建设的基本流程,同时也介绍了网站开发的基本工具 Dreamweaver、Flash 和 Photoshop 的基本功能。接下来将以企业项目"我的 E 站"网站为例,具体介绍网站建设前的项目分析,让读者更加深刻了解网站建设的整体流程。

项目分析是一个项目的开端,也是项目建设的基石。往往项目建设失败的原因,80% 是由于需求分析的不明确而造成的。因此一个项目成功的关键因素之一就是对需求分析的把握程度。接到一个网站项目后,究竟该如何对项目进行分析呢?

项目任务 2.1 "我的 E 站"项目立项

任何一个项目的开始,都有详细计划。任何一个项目或者系统开发之前都需要定制一个开发约定和规则,这样有利于项目的整体风格统一、代码维护和扩展。网站建设更是如此。

项目需求说明书如图 2-1 所示。

图 2-1 项目需求说明书

能力要求

（1）学会分析网站建设的需求说明书。
（2）了解组建项目团队的重要性。

实现过程

2.1.1 分析"我的E站"需求说明书

一个网站项目的确立是建立在各种各样的需求上面的，这种需求往往来自于客户的实际需求或者是出于其自身发展的需要，其中客户的实际需求占了绝大部分。因此如何更好地了解、分析、明确用户需求，并且能够准确、清晰地以文档的形式表达给参与项目开发的每个成员，以保证开发过程按照满足用户需求为目的的正确方向进行，是每个网站开发项目管理者需要面对的问题。"我的E站"需求说明书见本书提供的素材。

第一步是需要客户提供一份完整的需求信息。

在开发"我的E站"项目时，主要从以下内容着手对客户的需求做调查。

（1）网站的名称、目的、宗旨和指导思想。
（2）网站当前以及日后可能出现的功能拓展。
（3）客户对网站的性能（如访问速度）的要求和可靠性的要求。
（4）确定网站维护的要求。
（5）网站的实际运行环境。
（6）网站页面总体风格及美工效果。
（7）各种页面特殊效果。
（8）项目完成时间及进度。
（9）明确项目完成后的维护责任。

很多客户对自己的需求并不是很清楚，需要设计人员不断引导和帮助分析，挖掘出潜在的、真正的需求。

第二步是设计人员要在客户的配合下写一份详细的需求分析，最后根据需求分析确定建站理念。

配合客户写一份详细的、完整的需求说明会花很多时间，但这样做是值得的，而且一定要让客户满意，签字认可。把好这一关，可以杜绝很多因为需求不明或理解偏差造成的失误和项目失败。糟糕的需求说明不可能有高质量的网站。那么需求说明书要达到怎样的标准呢？简单说，包含以下几点。

（1）正确性：必须清楚描写交付的每个功能。
（2）可行性：确保在当前的开发能力和系统环境下可以实现每个需求。
（3）必要性：功能是否必须交付，是否可以推迟实现，是否可以在削减开支情况发生时去掉。
（4）简明性：不要使用专业的网络术语。

(5）检测性：如果开发完毕，客户可以根据需求检测。

2.1.2 组建项目团队

网站制作者接到客户的业务咨询，经过双方不断的接洽和了解，并通过基本的可行性讨论后，初步达成制作协议，这时就需要将"我的 E 站"项目立项。较好的做法是成立一个专门的项目小组，小组成员包括项目经理、网页设计员、程序员、测试员、编辑/文档等必需人员。

由于"我的 E 站"项目开发的分散性、独立性、整合的交互性等，所以定制一套完整的约定和规则显得尤为重要。每个团队开发都应有自己的一套规范，一个优良可行的规范可以使我们的工作得心应手、事半功倍，这些规范都不是唯一的标准，不存在对与错。

一般 Web 项目开发中有前、后台开发之分，"我的 E 站"项目也不例外。前台开发主要是指非编程部分，主要职责是网站 AI 设计、界面设计、动画设计等。而后台开发主要是编程和网站运行平台搭建，其主要职责是设计网站数据库和网站功能模板。

➡ 归纳总结

任何一个网站的开发都需要立项，并进行详细的需求分析，深入了解客户的各种需求，明确待解决的问题，因此配合客户写一份详细、完整的需求说明书非常重要。

➡ 项目训练

分析您目前正在开发的网站，确定从哪些方面对客户的需求做调查，并能形成文字，书写一份比较详细、完整的需求分析。

项目任务 2.2 撰写"我的 E 站"项目策划书

一个网站的成功与否与建站前的网站规划有着极为重要的关系。在建立网站前应明确建设网站的目的，确定网站的功能，确定网站规模、投入费用，进行必要的市场分析等。网站规划对网站建设起到计划和指导的作用，对网站的内容和维护起到定位作用。只有详细的规划，才能避免在网站建设中出现很多问题，使网站建设能顺利进行。

拿到客户的需求说明后，并不是直接开始制作，而是需要对项目进行总体设计，制订出一份项目建设方案给客户。总体设计是非常关键的一步，它主要确定以下内容。

（1）网站需要实现哪些功能。
（2）网站开发使用什么软件，在什么样的硬件环境下进行开发。
（3）需要多少人，多少时间。
（4）需要遵循的规则和标准有哪些。

同时还需要写一份总体规划说明书，包括以下内容。
（1）网站的栏目和板块。
（2）网站的功能和相应的程序。
（3）网站的链接结构。
（4）如果有数据库，则进行数据库的概念设计。

（5）网站的交互性和用户友好设计。

 项目展示

项目策划书如图 2-2 所示。

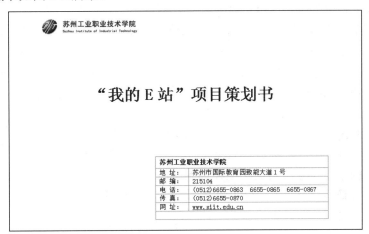

图 2-2　项目策划书

 能力要求

（1）学会分析并确定网站逻辑结构和网站界面原型。
（2）了解网站策划书的重要性。
（3）学会撰写网站策划书。

 任务实施

2.2.1　分析确定网站逻辑结构图

根据网站的功能和网站要展示的信息，设计出符合用户要求并能体现网站特色的网站结构图。网站结构图实质上是一个网站内容的大纲索引，对网站中涉及的栏目要突出网站的主题和特色，同时要方便访问者浏览，在设置栏目时，要仔细考虑网站内容的轻重缓急，合理安排，突出重点。"我的 E 站"这个网站的逻辑结构图，如图 2-3 所示。

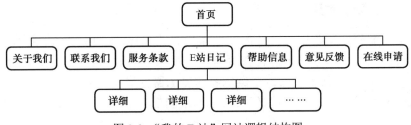

图 2-3　"我的 E 站"网站逻辑结构图

2.2.2 设计网站界面原型

1. 设计网站形象

（1）网站的标志。网站标志即 LOGO。就一个网站来说，LOGO 即是网站的名片。而对于一个追求精美的网站，LOGO 更是它的灵魂所在，即所谓的"点睛"之处，一个好的 LOGO 往往会反映网站及制作者的某些信息，特别是对一个商业网站来说，可以从中基本了解到这个网站的类型或者内容。此外，一个好的 LOGO 可以让人记忆深刻。

为了能体现出本网站的特色和内涵，设计出一个好的 LOGO 至关重要。LOGO 中可以只有图形，也可以有特殊的文字等。"我的 E 站"网站的 LOGO 设计如图 2-4 所示。

图 2-4 "我的 E 站"网站的 LOGO

（2）网站的色彩搭配。色彩是人的视觉最敏感的东西，在网站设计工作中很难把握，它是确立网站风格的前提，决定着网站给浏览者的第一印象。页面的整体色调有活泼或庄重、雅致或热烈等不同的风格，在用色方面也有繁简之分。不同内容的网站或网站的不同部分，在这方面都会有所不同。网页的色彩处理得好，可以锦上添花，达到事半功倍的效果。

设计"我的 E 站"网站的色彩搭配和设计网站结构一样，在考虑有关具体工作之前，考虑到传统文化、流行趋势、浏览人群、个人偏好等一些因素确定本网站的色彩搭配如下。

主色调：白色＋灰色。

辅色调：橙色＋蓝色＋绿色。

"我的 E 站"网站的色彩搭配如图 2-5 所示。

（3）网站的标准字体。标准字体是指用于正文、标志、标题、主菜单的特有字体。一般网站制作默认的字体是宋体。为了体现站点的"与众不同"和特有风格，可以根据需要选择一些特别字体。例如，为了体现专业可以使用粗仿宋体，体现设计精美可以用广告体，体现亲切随意可以用手写体等。可以根据网站所表达的内涵，选择更贴切的字体。目前常见的中文字体有二三十种，常见的英文字体有近百种，网络上还有许多专用英文艺术字体下载，要寻找一款满意的字体并不算困难。需要说明的是使用非默认字体只能用图片的形式，因为很可能浏览者的计算机里没有安装这类特别字体，那么制作者的辛苦设计制作便付之东流。

"我的 E 站"网站的字体设置如下。

正文：微软雅黑、14 像素、行高 24 像素、深灰色。

标题：微软雅黑、30 像素、深灰色。

版块标题：特殊字体处理成图片的格式。

2. 设计网页布局

在制作网页前首先要设计网页的版面布局。就像传统的报刊杂志编辑一样，将网页看做一张报纸、一本杂志来进行排版布局。版面指的是浏览器看到的完整的一个页面（可以包含框架和层）。因为每个浏览者的显示器分辨率不同，所以同一个页面的大小可能出现不同尺寸。布局，就是以最适合浏览的方式将图片和文字排放在页面的不同位置。

图 2-5 "我的 E 站"网站的色彩搭配

"我的 E 站"网站的页面布局设计如下。

首页——"三"字形（上、中、下）；中：分三栏（左、中、右），如图 2-6 所示。
子页——关于我们："三"字形（上、中、下），如图 2-7 所示。

▶3. 设计首页及二级页面效果

设计是一种审美活动，成功的设计作品一般都很艺术化。但艺术只是设计的手段，而并非设计的任务。设计的任务是要实现设计者的意图，而并非创造美。

网页设计的任务，是指设计者要表现的主题和要实现的功能。站点的性质不同，设计的任务也不同。

设计首页的第一步是设计版面布局。可以将网页看做传统的报刊杂志来编辑，这里面有文字、图像及动画等，要用最合适的方式将图片和文字排放在页面的不同位置。这就需要图片处理软件 Photoshop 将原先在纸上画出的首页页面布局图设计制作成整体效果图。设计作品一定要有创意,这是最基本的要求,没有创意的设计是失败的。

图 2-6 "我的 E 站"首页布局图　　　　图 2-7 "我的 E 站"子页布局图

"我的 E 站"网站"首页"设计效果图参见图 2-5。

为了保持网站风格的统一,在设计好的首页效果图基础上,通过使用图片处理软件 Photoshop,将网站的其他页面效果图设计出来。一般网站的页面,除了首页以外,其他子页面的布局风格基本相似,因此在设计子页效果时并不需要将所有页面都设计出来。

"我的 E 站"网站"关于我们"子页效果图如图 2-8 所示。

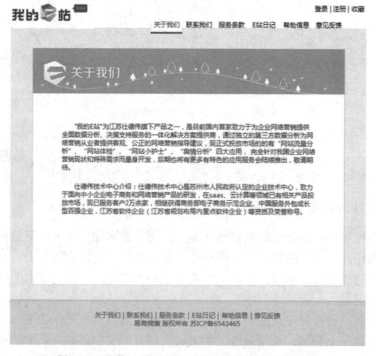

图 2-8 "我的 E 站"网站"关于我们"子页效果图

4. 裁切设计稿

网页的效果图设计好之后，最终在浏览器中的效果就以一整张图片显示出来。为了提高浏览者浏览器下载速度和访问速度，要利用 Photoshop 的裁剪功能把整图裁剪成小块。将裁剪得到的小图片分别命名并保存到指定的目录下，最终在 Dreamweaver 中将切割开的小图片整合起来。

"我的 E 站"网站首页、子页裁剪如图 2-9 和图 2-10 所示。

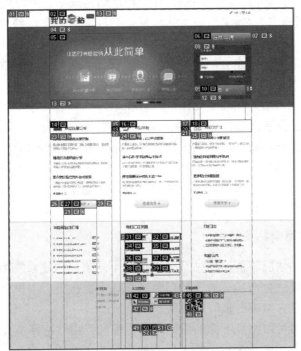

图 2-9 "我的 E 站"网站首页裁剪图

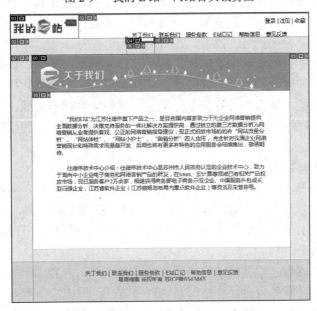

图 2-10 "我的 E 站"网站子页裁剪图

2.2.3 撰写项目策划书

1. 网站策划与网站策划书

（1）网站策划。网站策划是指应用科学的思维方法，进行情报收集与分析，对网站设计、建设、推广和运营等各方面问题进行整体策划，并提供完善解决方案的过程。包括了解客户需求、客户评估、网站功能设计、网站结构规划、页面设计、内容编辑/撰写《网站功能需求分析报告》/提供网站系统硬件、软件配置方案，整理相关技术资料和文字资料。

（2）网站策划书。无论企业的网站是准建、在建、扩建、还是改建，都应有一个网站策划书。网站策划书是网站平台建设成败的关键内容之一。随着中国高质量的网站竞争越发激烈，加剧了网站策划的专业化进程，在未来5年内，专业网站策划的理论书籍将会出现，这些书籍具备丰富网站策划经验，根据实战经验而来，使其更贴近市场。

目前可以看到，许多真正处于领军地位的网站平台的90%具有一个特点——网站策划思路清晰合理，界面友好，网站营销作用强，因此专业的网站策划书是未来网站成功的重要条件之一。网站策划书应该尽可能涵盖网站策划中的各个方面，网站策划书的写作要科学、认真、实事求是。

2. 如何撰写网站策划书

根据每个网站的情况不同，网站策划书也是不同的，但是最终都不要离开主框架。在网站建设前期，要进行市场分析，然后总结形成书面报告，对网站建设和运营进行有计划的指导和阶段性总结都有很好的效果。

网站策划书一般可以按照下面的思路来进行整理，当然特殊情况要特殊对待。

（1）建设网站前的市场分析。相关行业的市场是怎样的，市场有什么样的特点，是否能够在互联网上开展公司业务。市场主要竞争者分析，竞争对手上网情况及其网站规划、功能和作用。公司自身条件分析、公司概况、市场优势，可以利用网站提升哪些竞争力，建设网站的能力（费用、技术、人力等）。

（2）建设网站的目的及功能定位。为什么要建立网站，是为了宣传产品，进行电子商务，还是建立行业性网站？是企业的需要还是市场开拓的延伸？根据公司的需要和计划，确定网站的功能，分为产品宣传型、网上营销型、客户服务型、电子商务型等。根据网站功能，确定网站应达到的目的、企业内部网（Intranet）的建设情况和网站的可扩展性。

（3）网站技术解决方案。采用自建服务器，还是租用虚拟主机？选择操作系统，用UNIX、Linux还是Windows 2000/NT。分析投入成本、功能、开发、稳定性和安全性等。采用系统性的解决方案（如IBM、HP）等公司提供的企业上网方案、电子商务解决方案，还是自己开发？提出网站安全性措施，防黑、防病毒方案。相关程序开发如网页程序ASP、JSP、CGI、数据库程序等。

（4）网站内容规划。根据网站的目的和功能规划网站内容，一般企业网站应包括公司简介、产品介绍、服务内容、价格信息、联系方式、网上订单等基本内容。电子商务类网站要提供会员注册、详细的商品服务信息、信息搜索查询、订单确认、付款、个人信息保密措施、相关帮助等。如果网站栏目比较多，则考虑采用网站编程专人负责相关内容。

注意：网站内容是网站吸引浏览者最重要的因素，无内容或不实用的信息不会吸引匆匆浏览的访客。可事先对人们希望阅读的信息进行调查，并在网站发布后调查人们对网站内容的满意度，以便及时调整网站内容。

（5）网页设计。网页美术设计要求一般要与企业整体形象一致，要符合 CI 规范。要注意网页色彩、图片的应用及版面规划，保持网页的整体一致性。在新技术的采用上要考虑主要目标访问群体的分布地域、年龄阶层、网络速度、阅读习惯等。制订网页改版计划，如半年到一年时间进行较大规模改版等。

（6）网站维护。服务器及相关软硬件的维护，对可能出现的问题进行评估，制定响应时间。有效地利用数据是网站维护的重要内容，因此数据库的维护要受到重视，包括内容的更新、调整等。制定相关网站维护的规定，将网站维护制度化、规范化。

（7）网站测试。网站发布前要进行细致周密的测试，以保证正常浏览和使用。主要测试内容如下：服务器稳定性、安全性，程序及数据库测试，网页兼容性测试如浏览器、显示器，根据需要进行的其他测试。

（8）网站发布与推广。网站测试后进行发布的公关、广告活动、搜索引擎登记等。

（9）网站建设日程表。各项规划任务的开始完成时间、负责人等。

（10）网站费用明细。各项事宜所需费用清单。

以上为网站规划书中应该体现的主要内容，根据不同的需求和建站目的，内容也会相应增加或减少，在建设网站之初一定要进行细致的规划，才能达到预期建站目的。

▶3．"我的 E 站"项目策划书

在前期了解了客户需求的基础上，一般需要给客户一个网站策划方案。很多网页制作者在接洽业务时就被客户要求提供方案。那时的方案一般比较笼统，而且在客户需求不是十分明确的情况下提交方案，往往和实际制作后的结果会有很大差异。所以应该尽量取得客户的理解，在明确需求并总体设计后提交方案，这样对双方都有益处。

"我的 E 站"网站策划方案包括以下几个部分（具体方案见附录 B）。

```
一、需求分析
二、网站目的及功能定位
   1．树立全新企业形象
   2．提供企业最新信息
   3．增强销售力
   4．提高附加值
三、网站技术解决方案
   1．界面结构
   2．功能模块
   3．内容主题
   4．设计环境与工具
四、网站整体结构
   1．网站栏目结构图
```

```
            2. 栏目说明
               （1）网站首页
               （2）关于我们
               （3）联系我们
               （4）服务条款
               （5）E 站日记
               （6）帮助信息
               （7）意见反馈
               （8）在线申请
        五、网站测试与维护
        六、网站发布与推广
        七、网站建设日程表
        八、网站费用预算
```

归纳总结

一个网站建设的成功与否与建站前的网站策划有着极为重要的关系。只有在前期经过详细的策划，才能避免后期在网站建设中出现很多问题，使网站建设能顺利进行。

项目训练

为您目前正在开发的网站做一个前期策划，并撰写网站的项目策划方案。

2.3 小结

子项目 2 主要介绍了具体实例"我的 E 站"项目的前期策划。重点介绍了网站建设前期网站逻辑结构的确定、网站界面原型设计的主要内容等，同时介绍了撰写项目策划书的方法和内容。此外，任何一个网站项目的开发，立项是必须的，而项目的确立是建立在各种需求上面的，因此，配合客户撰写一份需求说明书至关重要。

子项目 3 "我的 E 站"前期准备

前面我们已经完成了"我的 E 站"项目的前期策划，对网站的总体设计也已经非常了解，接下来要利用 Photoshop 和 Flash 这两个软件，来实现网站的 LOGO 设计、网站图片的加工处理、网站首页及子页的效果图设计与裁切、Flash 动画的制作，为网站的具体实现做好前期的素材准备工作。

项目任务 3.1 设计网站 LOGO

在制作网站的过程中除了需要对图片进行加工处理，还需要一些设计创作。比如，网站的标志，它将具体的事物、事件、场景和抽象的精神、理念、方向通过特殊的图形固定下来，使人们在看到 LOGO 标志的同时自然地产生联想，从而对企业产生认同。它是站点特色和内涵的集中体现。一个好的 LOGO 设计应该是网站文化的浓缩，LOGO 设计的好坏直接关系着一个网站乃至一个公司的形象。以下是一些企业公司的 LOGO，如图 3-1 所示。

图 3-1 LOGO 欣赏

"我的 E 站"网站的 LOGO 设计效果如图 3-2 所示。

图 3-2 "我的 E 站"网站的 LOGO

（1）学会使用 Photoshop 工具设计制作网站 LOGO。
（2）学会对 LOGO 进行美化处理，如特殊文字效果等。
（3）能根据网站的主题自主设计 LOGO。
（4）会利用文字阐述 LOGO 设计的思想。

3.1.1 分析 LOGO 设计思想与设计原则

LOGO 在视觉的品牌传播和传达企业对内对外的精神和文化理念方面均起着举足轻重的作用。可以用来设计网站 LOGO 的工具主要有 Photoshop、CorelDRAW、Illustrator、Flash 等。

1. LOGO 应具有代表性的寓意

苹果公司的 LOGO 是全球最有名的 LOGO 之一，它的第一个标志非常复杂，是牛顿坐在苹果树下读书的一个图案，该图案隐藏的意思是，牛顿在苹果树下进行思考而发现了万有引力定律，苹果也要效仿牛顿致力于科技创新。

苹果公司的第二个标志是一个被咬掉一口的环绕彩虹的苹果图案。在英语中，"咬"（Bite）与计算机的基本运算单位字节（Byte）同音，因此这一"咬"同样也包含了科技创新的寓意。1998 年，苹果公司又更换了标志，将原有的彩色苹果换成了一个半透明的、泛着金属光泽的银灰色标志，至今仍在使用，具体演变过程如图 3-3 所示。

图 3-3 苹果公司 LOGO 的演变

2. LOGO 的用色能表达品牌特性

搭配协调的多种颜色的组合能够给观者更加强烈的思维及视觉记忆。绝大部分企业偏爱选用蓝色，其中一些企业还因为自己的 LOGO 颜色而从消费者中得到了有趣的昵称，比如"蓝色巨人"（Big Blue）IBM 就是一个典型的例子。蓝色给人一种安全和冷静的印象，许多银行业和保险业品牌大多采用了蓝色 LOGO，因为它们的品牌精髓就是要能够突出"信任"与"可靠性"，纵观国内和国外的企业，会发现主宰 LOGO 颜色的还是蓝色。

除去蓝色，红色是第二大用色。在中国人的观念里，红色代表吉祥，同时也代表着挑战。黄色是仅次于红色，排在第三的主要用色，多被用在餐饮企业LOGO 中。

3. LOGO 的字体能反映品牌定位

字体的选择及设计在LOGO 的设计制作中是比重非常大的一个部分，不管是以字为主体造型的LOGO，还是字体为辅助图形的LOGO。

比如，微软的 LOGO 中粗壮浑厚的黑体给观者的感觉就是成熟、稳重、严谨；可口可乐的 LOGO，飘逸、圆润、活跃、跳动，巧妙的穿插，这些字体设计的元素让可口可乐LOGO 醒目和体现产品特点，具体如图 3-4 所示。

图 3-4　LOGO 的字体

4. LOGO 设计常用技巧

网站 LOGO 设计过程中要注重比例、对比、复制等技巧。比例最重要的原则是遵循客观规律，文字比例要使得其易读，图形比例要使得它不会变形而且特色突出。最著名的比例规则就是"黄金分割"，其比值约为 1∶0.618。

比例常常针对尺寸大小，而对比则可以针对于万事万物，颜色、大小、形状、字体、纹理等。对比，突出的并不是组件本身，而是组件彼此的关系与它们要传达的交互信息。

跟对比强调组件的联系一样，复制并不是旨在突出组件的鲜明，而是用以强调一种发展趋向，一种变化顺序。复制物件最好按照一种线性流程进行定位，或者是直线，或者是曲线，或者是一种较为复杂的交互线程。

3.1.2　介绍网站常用图片格式

美观的图片会为网站添加新的活力，给用户带来更直观的感受。网站常用的图片格式有 GIF、JPEG、PNG 等。

1. GIF 格式

GIF 是英文 Graphics Interchange Format（图形交换格式）的缩写。顾名思义，这种格式是用来交换图片的。GIF 格式的特点是压缩比高，磁盘空间占用较少，所以这种图像格式迅速得到了广泛的应用。

但 GIF 有个小小的缺点，即不能存储超过 256 色的图像。尽管如此，这种格式仍在网络上被广泛应用，这和 GIF 图像文件短小、下载速度快、可用许多具有同样大小的图像文件组成动画等优势是分不开的。

2. JPEG 格式

JPEG 也是常见的一种图像格式。JPEG 文件的扩展名为.jpg 或.jpeg，其压缩技术十分先进，它用有损压缩方式去除冗余的图像和彩色数据，获得极高的压缩率的同时能展现十分丰富生动的图像，换句话说，就是可以用最少的磁盘空间得到较好的图像质量。

同时 JPEG 还是一种很灵活的格式，具有调节图像质量的功能，允许用不同的压缩比例对这种文件压缩。

由于 JPEG 优异的品质和杰出的表现，它的应用也非常广泛，特别是在网络和光盘读物上，肯定都能找到它的影子。目前各类浏览器均支持 JPEG 这种图像格式，因为 JPEG 格式的文件尺寸较小，下载速度快，使得 Web 页有可能以较短的下载时间提供大量美观的图像，JPEG 同时也就顺理成章地成为网络上最受欢迎的图像格式。

3. PNG 格式

PNG（Portable Network Graphics）是网页中的通用格式，最多可以支持 32 位的颜色，可以包含透明度或 ALPHA 通道。

PNG 是目前保证最不失真的格式，它汲取了 GIF 和 JPG 二者的优点，存储形式丰富，兼有 GIF 和 JPG 的色彩模式；它的另一个特点是能把图像文件压缩到极限以利于网络传输，但又能保留所有与图像品质有关的信息，因为 PNG 是采用无损压缩方式来减少文件的大小的，这一点与牺牲图像品质以换取高压缩率的 JPG 有所不同；它的第三个特点是显示速度很快，只需下载 1/64 的图像信息就可以显示出低分辨率的预览图像；第四，PNG 同样支持透明图像的制作，透明图像在制作网页图像的时候很有用，可以把图像背景设为透明，用网页本身的颜色信息来代替设为透明的色彩，这样可让图像和网页背景很和谐地融合在一起。

3.1.3 新建文档

启动 Photoshop 后并未新建或打开一个图像文件，这时需要新建文档，具体操作步骤如下。

（1）选择"文件"|"新建"菜单命令，打开"新建"对话框，如图 3-5 所示。

图 3-5 "新建"对话框

（2）为该图像文件命名，在"名称"文本框中输入"LOGO"。
（3）以像素为单位输入画布的宽度"280"和高度"120"。
（4）以像素/英寸为单位输入分辨率"72"。
（5）为画布背景内容选择"透明"。
（6）单击"确定"按钮创建文档。

提示：如果设计的图像用于打印，需要将分辨率设置成300像素/英寸以上，颜色模式设置为"CMYK颜色"。

3.1.4 制作LOGO

1. 设置参考线

在"视图"菜单中选择"标尺（Ctrl+R）"命令，用右键单击水平或垂直标尺，将单位更改为"像素"，在工具箱中选择"移动工具"，分别从水平和垂直标尺上拖曳出水平和垂直参考线，调整参考线到水平和垂直居中的位置，如图3-6所示。

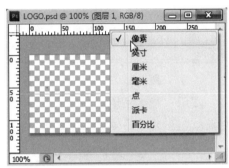

图3-6 参考线的设置

2. 导入图片

（1）使用Photoshop打开"E图.png"文件，如图3-7所示，默认文档窗口是合并显示的，单击"排列文档"按钮，在下拉列表中单击"双联"按钮，如图3-8所示。

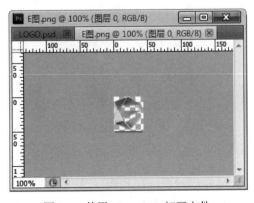

图3-7 使用Photoshop打开文件

图3-8 排列文档

（2）单击"移动工具"按钮，将"E图"拖曳至"LOGO.psd"文档窗口中，自动生成新图层"图层2"，将"图层2"重命名为"E"，以参考线为基准，调整"E图"至文档窗口水平和垂直均居中的位置，如图3-9所示。

3. 添加网站名称

(1) 在工具箱中选择"横排文字工具 T",在选项栏上设置"字体"为"时尚中黑简体","字体颜色"为"#6179ac","字体大小"为"36",然后单击画布,输入网站中文名称"我的站",在"的"后添加 3 个空格,以留出空位给"E 图",调整文字至合适位置,如图 3-10 所示。

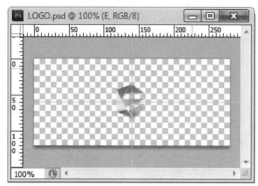 

图 3-9　导入图片后效果　　　　　　图 3-10　添加网站名称

提示:特殊字体需要安装后才可使用,可到字体网站上下载字体文件,复制到"控制面板"中的"字体"文件夹中。

(2) 双击文字图层,如图 3-11 所示,在选项栏中单击"切换字符和段落面板"按钮,在"字符"选项卡中单击"仿粗体"按钮,如图 3-12 所示。

 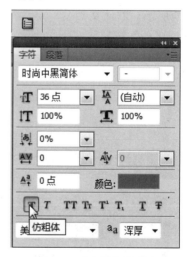

图 3-11　文字图层　　　　　　　　图 3-12　"字符"选项卡

4. 绘制形状

(1) 在工具箱中长按"矩形工具"按钮直至弹出列表,在列表中选择"圆角矩形工具",设置前景色为"#6179ac",如图 3-13 所示,在选项栏中设置"半径"为"2px"。

提示:Photoshop 工具箱中的工具被编组,每组只有一个工具显示出来,其他工具隐藏在该工具的后面,按钮右下角的小三角形表明该工具后面还隐藏有其他工具。

(2) 拖曳鼠标左键,在画布上绘制大小适中的圆角矩形,并调整至合适位置。

（3）在工具箱中选择"钢笔工具"，在选项栏中单击"添加到形状区域"按钮，在选中形状图层"矢量蒙版缩览图"的状态下，如图 3-14 所示，使用钢笔在合适位置添加三角形形状，如图 3-15 所示。

图 3-13　选择"圆角矩形工具"

图 3-14　矢量蒙版缩览图

（4）单击"矢量蒙版缩览图"按钮，退出选中状态，在工具箱中选择"横排文字工具"，在选项栏上设置"字体"为"Arial"，"字体颜色"为"#ffffff"，"字体大小"为"12"，"设置消除锯齿的方法"为"无"，在"字符"选项卡中，再次单击"仿粗体"按钮，退出"仿粗体"状态，然后单击画布，输入英文"beta"，调整文字至合适位置，效果如图 3-16 所示。

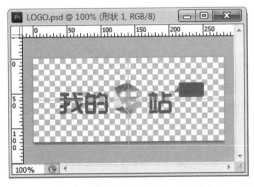

图 3-15　使用钢笔添加形状

图 3-16　LOGO 完成效果

3.1.5　保存文档

完成以后千万不要忘记保存劳动成果，按<Ctrl+S>组合键可以保存当前文档，默认格式为 PSD。如需保存为其他类型文件，可以选择"文件"菜单中的"存储为…"命令，在弹出的"存储为"对话框中选择保存在"桌面"，"格式"为"PNG"，输入"文件名"为"LOGO"，最后单击"保存"按钮，如图 3-17 所示。

图 3-17 "存储为"对话框

提示：PSD 文件是 Photoshop 的源文件类型，以后可以很方便地再次修改编辑。支持透明背景的图片格式有 GIF 和 PNG，建议保存为 PNG 格式。GIF 不支持半透明，只有透明和不透明两种状态。PNG 格式可以支持半透明，但用在网页上，IE6 及以下版本 IE 不支持 PNG 格式图片的透明性。

归纳总结

LOGO 可以体现网站的主题，好的 LOGO 可以让人记忆深刻。LOGO 中可以只有图形，也可以有特殊的文字及其他的一些元素，通过"我的 E 站"网站的 LOGO 的制作，能够根据网站的主题自主设计 LOGO，并熟练使用 Photoshop 软件将 LOGO 制作出来。

项目训练

设计本组小型商业网站的 LOGO：
（1）在组内展示并阐述自己创作 LOGO 的设计思想，最终选出一个较好的设计留用。
（2）将选出的 LOGO 设计发布到 QQ 空间，征求多方面的意见，并继续对 LOGO 进行修改完善。

项目任务 3.2　美化图像素材

前面已经撰写好了网站建设策划书，也收集了很多相关素材，其中有很大一部分就是图片。以文字为主的网页文档看起来枯燥而空洞，利用图片可以制作出更具有魅力的网页。但是通过各种渠道收集来的图片大小、色彩各异，怎样将它们与网页和谐地融为一体，为网页增添魅力呢？这就需要对这些图片进行处理。

图形图像处理是进行网页设计必不可少的一个重要环节，图形图像处理主要包括图像的颜色调整、图像合成、图片装饰、数码照片处理等。

1. 批量改变图片大小

批量改变图片大小前后的效果如图 3-18 所示。

图 3-18　批量改变图片大小

2. 调整图像属性

亮度/对比度调整前后的效果如图 3-19 所示。

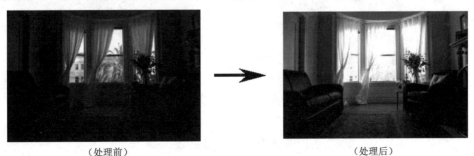

图 3-19　亮度/对比度调整

色相/饱和度调整前后的效果如图 3-20 所示。

（处理前）　　　　　　　　　　　　　　　　（处理后）

图 3-20　色相/饱和度调整

色阶调整前后的效果如图 3-21 所示。

（处理前）　　　　　　　　　　　　　　　　（处理后）

图 3-21　色阶调整

3．美化加工图像

魔棒工具改变图像的背景颜色，前后的效果如图 3-22 所示。

（处理前）　　　　　　　　　　（处理后）

图 3-22　魔棒工具改变图像背景

使用钢笔工具抠图前后的效果如图 3-23 所示。

（处理前）　　　　　　　　　　　　　　　　（处理后）

图 3-23　钢笔工具抠图

使用图层蒙版合成图像的效果如图 3-24 所示。

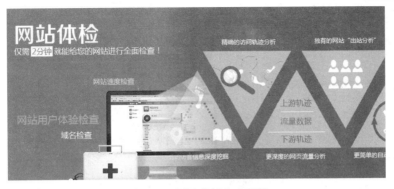

图 3-24　图层蒙版合成图像

> **4. 应用特殊文字**

应用特殊文字的效果如图 3-25 所示。

图 3-25　特殊文字效果

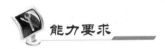

（1）进一步理解 Web 图像格式（GIF、JPG、PNG）。
（2）学会批量处理图像（如更改图像大小）。
（3）学会调整图像属性（如亮度/对比度、色相/饱和度、色阶、曲线等）。
（4）学会美化加工图像。
（5）学会应用特殊文字。

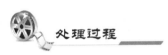

3.2.1　批量处理图像

Photoshop 中的"动作"，是具有非常实用、便捷、强大的一项批量图像处理的功能，可以减少许多操作，大大降低了工作的重复度。例如，在转换百张图像的格式时，用户无需一一进行操作，只需对这些图像文件应用一个设置好的动作，即可一次性完成对所有图像文件的相同操作。

Photoshop 提供了许多现成的动作以提高操作人员的工作效率，"动作"面板如图 3-26 所示，但在大多数情况下，操作人员仍然需要自己录制大量新的动作来满足不同的需要。

> **1. 打开"动作"面板**

"动作"面板是建立、编辑和执行动作的主要场所。在该面板中可以记录、播放、编辑或删除单个动作，也可以存储和载入动作文件。

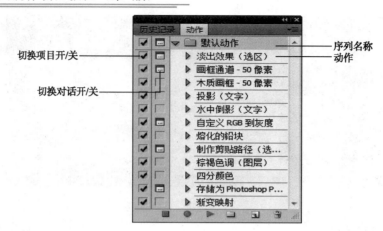

图 3-26 "动作"面板

选择"窗口"菜单中的"动作（Alt+F9）"命令，打开"动作"面板。

（1）切换对话开/关图标：当面板中出现该图标时，动作执行到该步将暂停。

（2）切换项目开/关图标：可设置允许/禁止执行动作组的动作、选定的部分动作或动作中的命令。

（3）创建新动作按钮图标：单击该按钮，在弹出对话框中单击"记录"按钮，即可创建动作。

（4）创建新组按钮图标：单击该按钮，可以创建一个新的动作组。

（5）开始记录按钮图标：单击该按钮，可以开始录制动作。

（6）播放选定的动作按钮图标：单击该按钮，可以播放当前选择的动作。

（7）停止播放/记录按钮图标：该按钮只有在记录或播放动作时才可以使用，单击该按钮，可以停止当前的记录/播放等操作。

2. 创建新动作

在"动作"面板底部单击"创建新组"按钮，弹出"新建组"对话框，在"名称"文本框中输入"我的动作"，如图 3-27 所示，单击"确定"按钮。

图 3-27 "新建组"对话框

在"我的动作"组下单击"创建新动作"按钮，弹出"新建动作"对话框，在"名称"文本框中输入"改变图片大小"，如图 3-28 所示，单击"记录"按钮后，接下来的操作就会被录制，如图 3-29 所示。

图 3-28 "新建动作"对话框

图 3-29 "动作"记录状态

▶3. 记录动作

选择"文件"菜单中的"打开…"命令，弹出"打开"对话框，在"before"文件夹中打开一张图片，在"图像"下拉菜单中选择"图像大小…"，在对话框中输入"宽度"为"150"，"高度"为"50"，选择"文件"菜单中的"存储为…"命令，弹出"存储为"对话框，将修改图像大小后的图片存储在"after"文件夹中，最后关闭这张图片，在"动作"面板中单击"停止播放/记录"按钮，最终"动作"面板中将显示操作步骤如图 3-30 所示。

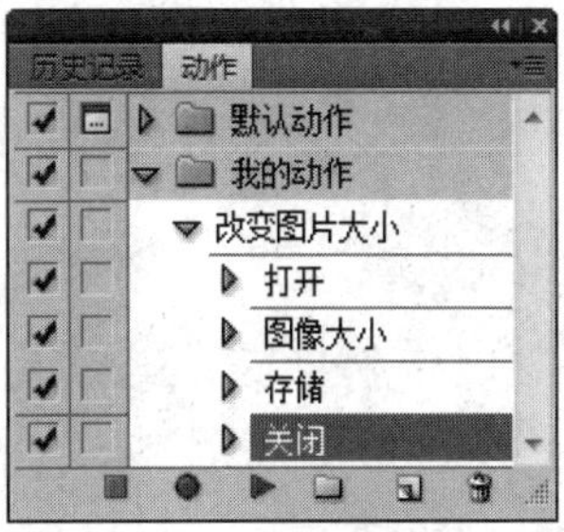

图 3-30　记录完成后的"动作"面板

▶4. 使用批处理

单独使用动作尚不足以充分显示动作的优点，将动作与"批处理"命令结合起来，则能够成倍放大动作的威力。

依次选择"文件"|"自动"|"批处理"菜单命令，在"批处理"对话框的"组"中选择"我的动作"，"动作"选择"改变图片大小"，"源"选择"文件夹"，单击"选择…"按钮选中要改变图片大小的文件夹"before"，勾选"覆盖动作中的'打开'命令"复选框，然后单击"确定"按钮，如图 3-31 所示。"before"文件夹中的图片就全部改变了图像大小。

图 3-31　"批处理"对话框

提示：（1）批量修改之前千万记得先备份。
　　　（2）不要执行太多图片或过于复杂的修改。

3.2.2　调整图像属性

▶1. 调整亮度/对比度

可以使用"亮度/对比度"功能修改图像中像素的对比度或亮度。这将影响图像的高亮、阴影和中间色调。校正太暗或太亮的图像时通常使用"亮度/对比度",如图 3-32 所示。

图 3-32　原始图像和经过亮度调整后的图像

若要调整亮度或对比度,步骤如下。

(1)在 Photoshop 软件中打开需要调整的图像。

(2)选中图像所在的图层,在图层面板中单击"创建新的填充或调整图层"按钮,选择"亮度/对比度…"命令。

(3)在"调整"选项卡中勾选"使用旧版"复选框,将"亮度"和"对比度"滑块分别移到 70 和 60 处,如图 3-33 所示。

提示:调整图像属性时不要在原图层上直接修改,推荐使用调整图层或复制图层后再修改。

2. 调整色相/饱和度

可以使用"色相/饱和度"功能调整图像中颜色的颜色阴影、色相、强度、颜色饱和度及亮度。对比图如图 3-34 所示。

图 3-33　"调整"面板设置"亮度/对比度"

图 3-34　原始图像和调整了色相、饱和度的图像

若要调整色相或饱和度,步骤如下。

(1)在 Photoshop 软件中打开需要调整的图像。

(2)选中图像所在的图层,在图层面板中单击"创建新的填充或调整图层"按钮,选择"色相/饱和度…"命令。

(3)将"色相"和"饱和度"滑块分别移到-60和+10处,如图 3-35 所示。

3. 使用"色阶"功能

一个有完整色调范围的位图,其像素应该平均分布在所有区域内。可以使用"色阶"功能校正像素高度中在高亮、中间色调或阴影部分的位图。对比图如图 3-36 所示。

"色阶"功能把最暗像素设置为黑色,最亮像素设置为白色,然后按比例重新分配中间色调。这就产生了一个所有像素中的细节都描绘得很详细的图像。

使用"色阶"中的"色调分布图"可以查看位图中的像素分布。"色调分布图"是像素在高亮、中间色调和阴影部分分布情况的图形表示。

"色调分布图"可以帮助确定最佳的图像色调范围校正方法。像素高度集中在阴影或高亮部分说明可以应用"色阶"或"曲线"功能来改善图像。

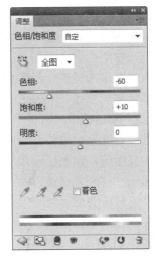

图 3-35 "调整"面板设置"色相/饱和度"

图 3-36 像素集中在暗部区域的原始图像和用"色阶"调整后的图像

水平轴显示了从最暗(0)到最亮(255)的颜色值。水平轴从左到右来读,较暗的像素在左边,中间色调像素在中间,较亮的像素在右边。

垂直轴代表每个亮度级的像素数目。通常应先调整高亮和阴影,然后再调整中间色调,这样就可以在不影响高亮和阴影的情况下改善中间色调的亮度值。

若要调整高亮、中间色调和阴影,步骤如下。

(1)在 Photoshop 软件中打开需要调整的图像。

(2)选中图像所在的图层,在图层面板中单击"创建新的填充或调整图层"按钮,选择"色阶…"命令。

(3)分别向左拖动高光滑块和中间色调滑块至 210 和 1.2 处,如图 3-37 所示。

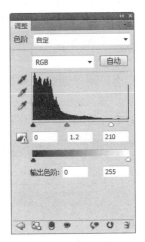

图 3-37 "调整"面板设置"色阶"

4. 使用"曲线"功能

"曲线"功能同"色阶"功能相似，只是它对色调范围的控制更精确一些。"色阶"利用高亮、中间色调和阴影来校正色调范围；而"曲线"则可在不影响其他颜色的情况下，在色调范围内调整任何颜色，而不仅仅是三个变量。例如，可以使用"曲线"来校正由于光线条件引起的色偏。

"曲线"对话框中的网格阐明两种亮度值："水平轴"表示像素的原始亮度，该值显示在"输入"框中；"垂直轴"表示新的亮度值，该值显示在"输出"框中。

当第一次打开"曲线"对话框时，对角线指示尚未做任何更改，所以所有像素的输入值和输出值都是一样的。

若要在色调范围内调整特定的点，步骤如下。

（1）在 Photoshop 软件中打开需要调整的图像。

（2）选中图像所在的图层，在图层面板中单击"创建新的填充或调整图层"按钮，选择"曲线…"命令。

（3）把曲线的"默认值"更改为"线性对比度"，如图 3-38 所示。

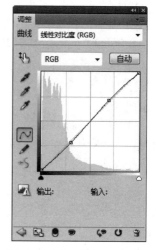

图 3-38 "调整"面板设置"曲线"

3.2.3 美化加工图像

1. 改变图像的背景颜色

在网页设计制作过程中，使用 Photoshop 软件来美化加工图像，最常做的是改变图像的背景颜色或者把背景变透明。将背景变透明的具体操作步骤如下。

（1）在 Photoshop 软件中打开需要改变背景颜色的图像。

（2）复制"背景"图层，隐藏"背景"图层，接下来的操作均在"图层 1"中完成，如图 3-39 所示。

（3）选中"图层 1"，在工具箱中单击"魔棒工具"按钮，在选项栏上设置"容差"为"20"，勾选"消除锯齿"和"连续"复选框。

（4）在画布上单击白色背景，观察选中的范围是否合适，如不合适可以调整"容差"值后再次使用"魔棒工具"。

（5）按<Delete>键可去除背景，使图像背景变透明，按<Ctrl+D>组合键可以取消选区，如图 3-40 所示。

图 3-39 复制图层

图 3-40 去除背景后的图像

（6）选择"文件"|"存储为 Web 和设备所用格式…"命令，在弹出的对话框中选择"优化的文件格式"为"PNG-24"并勾选"透明"选项，单击"存储"按钮保存图片。

提示：如果图像是 GIF 格式的，建议先把它转换成 PNG 格式。

如需要改变图像的背景色，则需要在去除图像背景色至透明的基础上，做如下操作。

（1）选中"背景"图层，单击图层面板底部的"创建新图层"按钮，在"背景"层上方新建图层"图层 2"，如图 3-41 所示。

（2）单击工具箱中的"油漆桶工具"按钮，"设置前景色"为要更改的背景色。

（3）选中"图层 2"，在画布上单击填充前景色，更改背景色后的图像，如图 3-42 所示。

图 3-41　新建图层

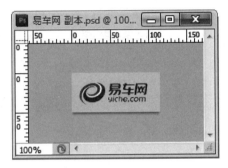

图 3-42　更改背景后的图像

2. 使用钢笔工具抠图

在网页设计过程中抠图是经常要用到的操作。当背景是纯色时，使用"魔棒工具"，设置"容差"可以快速将背景选出，当主体与背景没有明显色差，但有清晰的边缘时，用钢笔工具可绘制出具有最高精度的主体边缘，如图 3-43 所示，钢笔是一种功能强大、非常有用的抠图工具。

图 3-43　抠图前后的图像效果

使用钢笔抠图的具体操作步骤如下。

（1）在 Photoshop 软件中打开需要抠图的图像。

（2）复制"背景"图层，隐藏"背景"图层，接下来的操作均在"图层 1"中完成。

（3）选中"图层 1"，在工具箱中单击"钢笔工具"按钮，放大视图、使用"抓手工具"将图像移至合适位置。

（4）选择"钢笔工具"后，在选项栏中单击"路径"按钮，如图 3-44 所示，鼠标变成带有 X 号的钢笔，使用后 X 号消失。沿着主体边缘不断地单击鼠标左键，产生的点（锚点）之间以直线相连。

图 3-44 钢笔选项栏"路径"

（5）单击边缘时朝前进方向拖动，会在锚点处产生出双向方向线，改变方向线的长短和方向，就能画出曲线。

（6）方向线末端的点为手柄，按住<Alt>键，拖动手柄可以改变方向线的方向和长度，从而改变曲线的形状；按住<Ctrl>键，拖动锚点，可以改变锚点的位置。

（7）首尾锚点闭合时，钢笔符号旁会变成"o"，最后的单击便产生一条闭合路径。如果再单击右键，在出现的菜单上选建立选区项，可将闭合路径转化成选区。

（8）将选区内图像通过按<Ctrl+J>组合键生成新图层，如图 3-45 所示。

图 3-45 复制选区到新图层

3. 使用图层蒙版合成图像

制作网站 banner 时，经常会使用到多张图片，由于图片边缘比较整齐，过渡不自然，故需要使用图层蒙版来合成图像，如图 3-46 和图 3-47 所示。

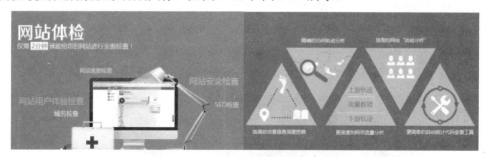

图 3-46 使用蒙版前效果

图 3-47 使用蒙版后效果

使用图层蒙版来合成图像的具体操作步骤如下。

（1）在 Photoshop 软件中同时打开多张图像，选择合适的"排列文档"方式，使用"移动工具"将多张图像拖动至一个文档窗口中。

（2）选择"图像"|"画布大小…"菜单命令，在弹出的"画布大小"对话框中改变画布大小，使当前文档的宽度扩大。勾选"相对"复选框，调整"定位"，在"宽度"中输入"200"，如图 3-48 所示，单击"确定"按钮。

（3）移动图层对象至画布合适位置，选中"图层 1"，单击图层面板底部的"添加矢量蒙版"按钮。

（4）在工具箱中单击"渐变工具"按钮，渐变由不透明度为 100%的黑色渐变到不透明度为 0%的黑色，如图 3-49 所示。

图 3-48 "画布大小"对话框

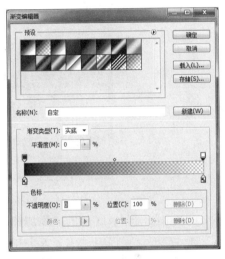

图 3-49 "渐变编辑器"对话框

（5）在"图层 1"的图层蒙版上使用该渐变，使左侧为黑色，边缘处为半透明的黑色，右侧为白色，如图 3-50 所示。

提示： 图层蒙版通过黑、白、灰来控制图层的局部或整体透明度状态。添加蒙版后，蒙版默认的颜色为白色，白色区域为不透明，黑色区为完全透明，灰色区则表现为半透明。

图 3-50 图层蒙版

3.2.4 应用特殊文字

网页设计过程中，对标题或需要突出显示的文字会做特殊处理。如使用特殊字体、描边、渐变叠加、投影等。现以图 3-51 的效果为例，介绍相关操作步骤。

图 3-51 文字图层样式应用效果

（1）在控制面板的"字体"文件夹中安装"方正正黑简体"字体。
（2）单击工具箱中的"横排文字工具"按钮，设置前景色为白色，输入相关文字。
（3）单击图层面板底部的"添加图层样式"按钮，选择"渐变叠加…"命令，在"渐变编辑器"对话框中设置渐变色，如图3-52所示。

图3-52 "渐变编辑器"对话框设置渐变色

（4）单击图层面板底部的"添加图层样式"按钮，选择"描边…"命令，在"图层样式"对话框中设置描边颜色、大小和不透明度，如图3-53所示。

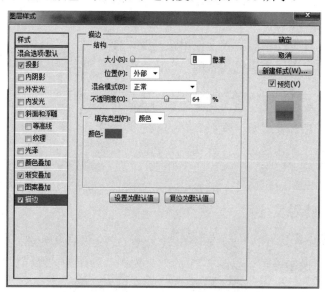

图3-53 "图层样式"对话框中的"描边"设置

（5）单击图层面板底部的"添加图层样式"按钮，选择"投影…"命令，在"图层样式"对话框中设置投影角度、距离、扩展、大小和不透明度，如图3-54所示。

子项目 3 "我的 E 站"前期准备

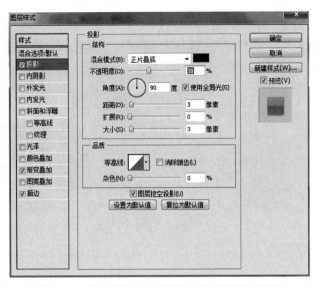

图 3-54 "图层样式"对话框中的"投影"设置

归纳总结

图形图像处理是进行网页设计必不可少的一个重要环节，对网页中需要用到的图像必须进行必要的加工处理。通过本项目任务的学习，应该学会对网站中用到的图像统一规格，调整颜色，运用样式，实现图像的特效等，使图像能够直观、真实地表现网页中的内容，起到很好的装饰效果，给人以耳目一新、印象深刻的感觉。

项目训练

根据本组承接的小型商业网站的定位、分工对网站中需要用到的一些图片进行加工处理，保存到素材文件夹中备用。

项目任务 3.3　设计制作网站界面

网页的界面是整个网站的门面，好的门面会吸引越来越多的访问者，因此网页界面的设计也就显得非常重要。网页的界面设计主要包括首页和子页的设计，其中首页的设计最为重要。

网页界面的设计包括色彩、布局等多方面的元素。在子项目 2 中已经在策划书中把网页界面的框架描绘出来。现在要做的就是根据策划书中的框架结构及色彩等的要求使用 Photoshop 软件进行创作。

项目展示

本实例中的首页包括 LOGO、导航、banner、会员登录、网站流量分析、网站体验、网站小护士、体检网站排行榜、他们正在使用、E 站日志、帮助信息及版权等几个部分，最终完成的效果如图 3-55 所示。

图 3-55　首页界面设计图

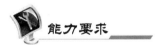

（1）能合理布局使网页内容的分布主次分明，便于操作。

（2）能合理运用色彩搭配，满足客户的需求。

（3）能熟练使用 Photoshop 软件创作网页界面。

（4）培养艺术欣赏能力。

（5）培养权益意识。

（6）培养协作能力和交流能力。

3.3.1 设置页面大小

页面大小的设置主要考虑宽度，因为尽量不要在浏览器中出现横向的滚动条，根据设计的页面主要针对的屏幕分辨率，去除浏览器边栏的宽度，还有滚动条的宽度可以计算出页面的最佳宽度。以显示器1024像素×768像素的分辨率为例，网页最佳宽度为1002像素以内，如果需要满屏显示，高度在612像素至615像素之间，这样就不会出现水平滚动条和垂直滚动条。

（1）打开Photoshop软件，选择"文件"|"新建"菜单命令。在"新建"文档对话框中设置宽度为"1400像素"、高度为"1644像素"。对于网页来说，一般只用于屏幕显示，所以分辨率为"72像素/英寸"、背景内容设置为"白色"，如图3-56所示。

提示：页面长度原则上不超过3屏，宽度不超过1屏。在新建设计文档时，设置宽度和高度时，值可适当增大，使用参考线确保内容在规定宽度内，这样显示整体页面效果时可兼顾宽屏的显示效果。

图3-56 "新建"对话框

（2）双击工具箱中的"缩放工具"按钮，使画布按100%的视图比例显示，此时的效果如图3-57所示。

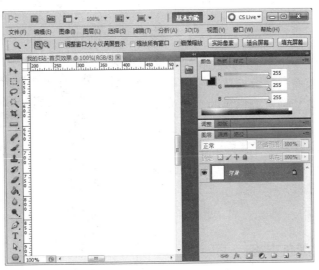

图3-57 100%视图显示效果

3.3.2 规划首页内容

浏览网站的主要目的是获取有用信息，因此网站的内容至关重要，用户会为网页设计效果感到愉悦，而详实的页面内容会吸引用户。根据网站的建站目的和主题，合理规划网页内容。

网页内容规划不可或缺的部分一般有 LOGO、导航、内容块、页脚和留白，留白是最容易被遗忘的部分，初学者往往喜欢把页面排得满满当当的，却起不到很好的效果，这里需要强调的是设计中的一条重要原则：少即多（Less is more）。

在具体规划内容时，可以使用便签纸将首页上想放置的内容写下来，如 LOGO、导航、介绍等，然后根据主次关系把不需要的部分删掉。

根据子项目 2 中撰写的"我的 E 站"项目策划书，可以得到首页规划的具体内容：LOGO、导航、内容块（banner、会员登录、网站流量分析、网站体验、网站小护士、体检网站排行榜、他们正在使用、E 站日志、帮助信息），以及版权等几个部分。

3.3.3 设计首页版式

在设计页面草稿图时应该同时考虑每个模块打算放什么内容，占多大比例等，比例可以参考三分之一法则（简化的黄金比例）来分配每个模块，如图 3-58 和图 3-59 所示。

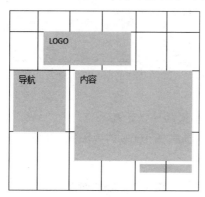

图 3-58　排版样式 1

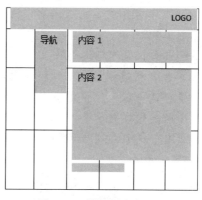

图 3-59　排版样式 2

使用参考线与标尺在 Photoshop 中确定页面各模块的比例。页面布局好以后还要确定整个网站风格及配色方案，然后确定各模块的具体内容，整体还需要考虑平衡要素，布局的对称，颜色的对比，内容的对齐等，还需要关注网页设计趋势。

在 Photoshop 中使用参考线对页面进行划分，分成上部、中部、底部，中部又分成左中右三部分，效果如图 3-60 所示。

3.3.4 确定配色方案

配色方案是创建和谐而有效的颜色组合的基本公式，网页设计中一般有 4 种经典的配色方案：单色调、相近色调、互补色调和三重色调。

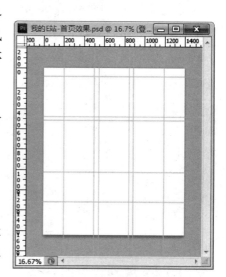

图 3-60　设置参考线

1. 单色调配色方案

单色调配色方案由单个的基本颜色和其他数量的这种颜色的浅色和阴影组成。在扁平化设计中，单色调配色正迅速成长为一种流行趋势。这种色彩往往以单一颜色搭配黑色或白色来创造一种鲜明且有视觉冲击的效果。比如 http://foundation.zurb.com/网站的配色效果如图 3-61 所示。

图 3-61　http://foundation.zurb.com/网站的配色效果

大部分的单色调配色方案利用一个基本色搭配两三种颜色，最受欢迎的颜色是蓝色。单色调在移动设备和 APP 设计中格外受欢迎。

2. 相近色调配色方案

相近色调配色方案由色环上彼此邻近的颜色组成，如图 3-62 所示，如果从橙色开始，它的两种近似色应该选择红和黄。用相近色的颜色主题可以实现色彩的融洽与融合，如商务网站 Zappos（http://www.zappos.com）的配色效果如图 3-63 所示。

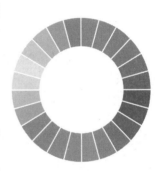

图 3-62　色环

图 3-63　http://www.zappos.com/网站的配色效果

提示：一般选用的颜色不超过整个色环的 1/3，否则配色效果不佳。

3. 互补色调配色方案

互补色调配色方案中选用的颜色位于色环中相对的位置上，如红与绿、蓝与橙、黄与紫二色的搭配组合，具有强烈的对比性，有互相衬托的效果，如图 3-64 所示网站（http://www.gatorzone.com/），使用了明显的互补色。

提示：很多网站会使用多种配色方案，可以增加内容的丰富程度，但一定要让网站的 LOGO、导航和整体布局一致，这样可以保证网站整体风格的统一，避免混淆。

图 3-64　http://www.gatorzone.com/网站的配色效果

4. 三重色调配色方案

三重色调配色方案是指在色环中选择一个等边三角形三个顶点上的颜色构成的配色方案。该配色方案中使用了三种彼此之间差别明显的颜色，是一种可以带来比较另类的感觉的配色方案。

3.3.5　制作网站首页效果图

1. 设计首页上部

首页上部包括网站 LOGO、banner、导航。在网站设计中 LOGO 的设计是不可缺少的一个重要环节。LOGO 是网站特色和内涵的集中体现，它作用于传递网站的定位和经营理念，同时便于人们识别。LOGO 的规格要遵循一定的国际标准，便于互联网上信息的传播。banner 区域都用来放置广告，可以是 Flash 动画或者图片广告，这个区域主要是留给企业自身或者是别的企业进行广告宣传的。通过单击导航条上的链接可以进入网站的其他页面。为了突出导航条的效果，通常要对导航条进行特别的设计，以区别于其他的网页元素。具体设计如下。

（1）在 Photoshop 软件中，设置页面大小和参考线后，将项目任务 3.1 完成的 LOGO.png 文件打开，设置"排列文档"为"双联"，选中 LOGO 文件中的图层，使用工具箱中的"移动工具"，将图层拖动至"我的 E 站-首页效果.psd"中，更改该图层名为"LOGO"，如图 3-65 所示。

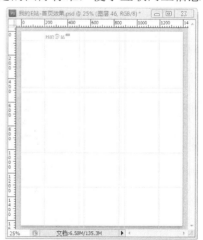

图 3-65　将 LOGO 放至首页效果图中

提示：图层名尽量不要使用默认命名，取名时要做到见名知义，如 LOGO 等。

（2）使用 Photoshop 软件打开"reg_icon.gif"和"collect_icon.gif"两张图片，选择"图像"|"模式"菜单命令，分别将两张图片的图像模式由"索引颜色"更改为"RGB 颜色"，如图 3-66 所示。

（3）设置"排列文档"为"三联"，使用工具箱中的"移动工具"，将两张图片拖动至"我的 E 站-首页效果.psd"中，并调整至合适位置。

（4）使用工具箱中的"横排文字工具"输入文字"注册 | 收藏"，设置颜色为"#acacac"，字体"微软雅黑"，大小"12 点"，"消除锯齿的方法"为"锐利"，设置完成后的效果如图 3-67 所示。

（5）在 LOGO 下方，参照参考线位置，使用工具箱中的"矩形工具"，设置前景色为"#e17032"，绘制矩形，banner 底部背景效果如图 3-68 所示。

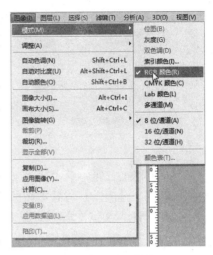

图 3-66 RGB 颜色

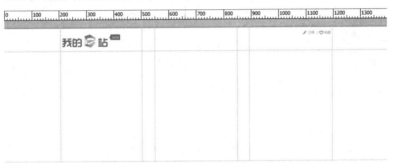

图 3-67 右侧"注册"和"收藏"

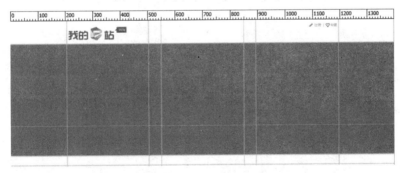

图 3-68 banner 底部背景

（6）在矩形形状图层的上方新建图层，命名为"light"，使用工具箱中的"画笔工具"，设置前景色为"#f1bc78"，在选项栏上设置"不透明度"为"60%"（如图 3-69 所示）后，在 banner 底部背景上使用"柔边缘"，大小为"500px"的画笔涂抹出光照效果，如图 3-70 所示。

图 3-69 "画笔工具"选项栏

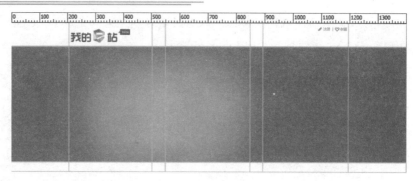

图 3-70　光照效果

（7）使用工具箱中的"横排文字工具"，设置字体为"方正正黑简体"，大小"24 点"，颜色"白色"，消除锯齿的方法"浑厚"，输入相应文字，选中"从此简单"，将大小更改为"48 点"，移动文字至合适位置，添加广告语后效果如图 3-71 所示。

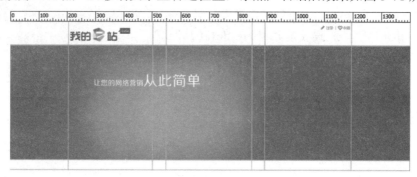

图 3-71　添加广告语效果

（8）使用 Photoshop 软件打开 4 张素材图片"llfx.png"、"tj.png"、"xhs.png"和"yqfx.png"。

设置"排列文档"为"全部按网格拼贴"，效果如图 3-72 所示。

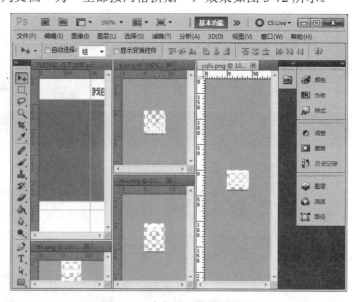

图 3-72　全部按网格拼贴效果

（9）使用工具箱中的"移动工具"，将四张图片分别拖动至"我的E站-首页效果.psd"文档中，参照参考线移动至画布合适位置，如图3-73所示。

图3-73　添加图标效果

（10）使用工具箱中的"椭圆工具"，设置前景色为"白色"，按住<Shift>键，鼠标左键拖曳出正圆。

（11）选中该形状图层，单击图层面板底部的"添加图层样式"按钮，在弹出的"图层样式"对话框中设置"投影"、"外发光"、"内发光"和"渐变叠加"，如图3-74所示。

（12）在渐变编辑器中编辑渐变色，从颜色（#f5f5f5）到颜色（#dfdfdf）的渐变，如图3-75所示。

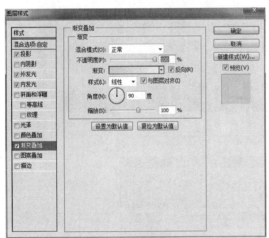

图3-74　"图层样式"对话框中设置"渐变叠加"　　图3-75　渐变编辑器

（13）选中该形状图层，在图层面板的"不透明度"处，设置为"20%"，同时按<Ctrl+J>组合键，每按一次复制一新图层，共复制3次，移动复制图层至合适位置，如图3-76所示。

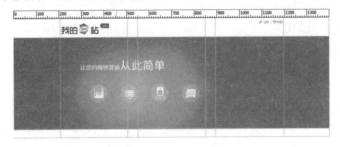

图3-76　复制图层效果

（14）在图层面板中调整图层顺序，使图标与圆形图层在一起，创建图层组命名为"banner"，将相关图层移至该图层组中，如图 3-77 所示。

提示：首页各模块如导航的制作，需要设计导航的背景、文字、图片等，这些元素都是分散在不同的图层，如果要对导航条移动位置，就需要对涉及到导航内容的对象一一移动，为了便于操作，可以将这些相关图层放在一个图层组中。

（15）使用工具箱中的"横排文字工具"，设置字体为"微软雅黑"，大小"18 点"，颜色"白色"，消除锯齿的方法"锐利"，将图层的"不透明度"设置为"50%"，移动文字至合适位置，其他 3 个文字格式设置类似，最终效果如图 3-78 所示。

（16）使用工具箱中的"圆角矩形工具"，在选项栏上设置半径为"2px"，绘制大小合适的圆角矩形，选中该形状图层，设置该图层样式，添加"渐变叠加"，如图 3-79 所示。

图 3-77　图层面板

图 3-78　添加文字后的效果

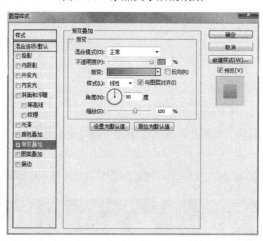

图 3-79　添加渐变叠加

（17）编辑渐变，颜色（#67a422）在位置"0%"，颜色（#ade438）在位置"89%"，颜色（#ade438）在位置（98%），颜色（#ceef87）在位置（100%），具体设置参照图 3-80 所示。

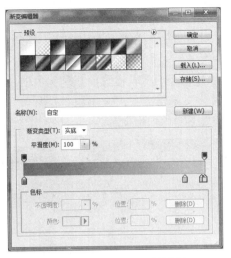

图 3-80 渐变编辑器的设置

（18）使用工具箱中的"横排文字工具"，设置字体为"微软雅黑"，大小"24 点"，消除锯齿的方法"锐利"，移动文字至合适位置，给该文字图层添加"投影"、"内发光"和"渐变叠加"的图层样式，如图 3-81 所示。

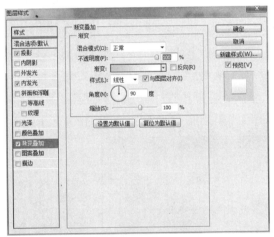

图 3-81 文字图层的图层样式

（19）使用工具箱中的"矩形工具"，设置前景色为"黑色"，图层不透明度设为"30%"，参照参考线，绘制大小合适的矩形，移动至合适位置，效果如图 3-82 所示。

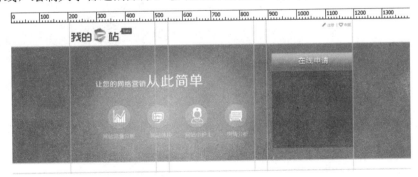

图 3-82 矩形绘制效果

（20）使用工具箱中的"矩形工具"，设置前景色为"白色"，绘制大小合适的矩形，移动至合适位置，设置"描边"图层样式，大小为"1像素"，颜色（#a09e99），如图3-83所示。

（21）使用工具箱中的"矩形工具"，设置前景色为"白色"，绘制大小合适的矩形，移动至合适位置，设置"描边"图层样式，大小为"1像素"，颜色（#a09e99），复制该图层，移动新图层，效果如图3-84所示。

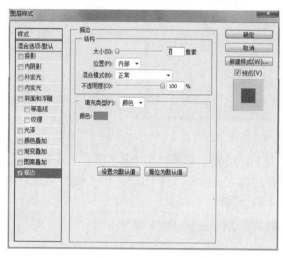

图3-83 "描边"图层样式　　　　　　　　图3-84 矩形绘制和描边效果

（22）使用工具箱中的"矩形工具"，设置前景色为"白色"，按住<Shift>键绘制正方形，复制正方形形状图层，在新图层中添加"内阴影"图层样式，如图3-85所示。

（23）使用工具箱中的"横排文字工具"，添加相关文字，具体效果如图3-86所示。

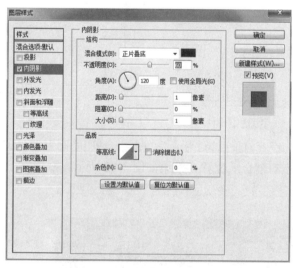

图3-85 "内阴影"图层样式　　　　　　　　图3-86 添加相关文字效果

（24）使用工具箱中的"矩形工具"，绘制合适大小的矩形，在该矩形图层中添加"渐变叠加"图层样式，编辑渐变色，颜色（#ff830f）在位置（0%）、颜色（#ffa401）在位置（98%）、颜色（#ffc866）在位置（100%），具体效果如图3-87所示。

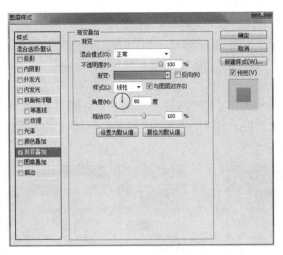

图 3-87 "渐变叠加"图层样式

（25）使用工具箱中的"横排文字工具"，输入"登录"，选中"在线申请"文字图层，右键单击该图层，选择"拷贝图层样式"命令后，单击"登录"文字图层，用右键单击该图层，选择"粘贴图层样式"命令，设置完成后的效果如图 3-88 所示。

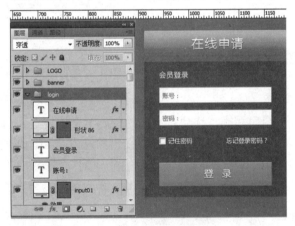

图 3-88 "在线申请"效果

（26）在 banner 左侧图标中绘制圆点和矩形。新建图层，命名为"point"，选择工具箱的"画笔工具"，在选项栏上单击"画笔预设选取器"按钮，设置大小为"10 像素"，选择"硬边圆"，在"point"图层合适的位置单击即可绘制圆形，修改该图层的"不透明度"为"30%"，效果如图 3-89 所示。

图 3-89 绘制圆点效果

（27）复制"point"图层两次，移动新图层的圆点至合适位置，选中圆点的 3 个图层，按<Ctrl+E>组合键拼合 3 个图层，成为 1 个图层。复制该合并图层 4 次，移动新图层至合适位置。新建图层组"points"，将相关圆点图层放入该图层组，图层面板显示如图 3-90 所示。

（28）单击工具箱"矩形工具"按钮，设置前景色为"#454545"，绘制合适大小的矩形，将该图层命名为"line"，添加"内阴影"的图层样式，不透明度设置为"40%"，详细设置如图 3-91 所示。

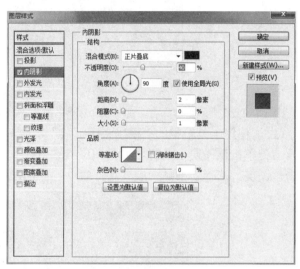

图 3-90　图层面板　　　　　　　　　图 3-91　"内阴影"图层样式

（28）复制"line"图层 3 次，移动新生成的图层至合适位置，选中第 2 个矩形图层，双击该图层缩略图，在"拾取实色"对话框中设置颜色为#ffffff（白色），删除该图层的"内阴影"图层样式，如图 3-92 所示。

图 3-92　"内阴影"图层样式

（29）创建图层组"lines"，将 4 个矩形形状图层拖动至该图层组，首页上部的最终效果如图 3-93 所示。

图 3-93 首页上部效果

2. 设计首页中部

首页中部由 7 个模块组成，前 3 个模块：网站流量分析、网站体检和网站小护士的设计步骤类似，下面以"网站流量分析"为例，详细介绍其设计步骤。

（1）在 Photoshop 软件中打开"llfx.png"图片，"排列文档"设置为"双联"，使用工具箱中的"移动工具"，将图片对象拖动至"我的 E 站-首页效果.psd"文档中。

（2）为该新图层添加"颜色叠加"的图层样式，颜色为（#1877c6），单击工具箱中的"横排文字工具"按钮，设置文本颜色为（#1877c6），字体"微软雅黑"，大小"18点"，消除锯齿的方法"锐利"，输入"网站流量分析"。

（3）设置前景色为（#87a1e9），单击工具箱中的"直线工具"按钮，参照参考线，绘制直线，完成后的效果如图 3-94 所示。

（4）设置模块文本效果，单击工具箱中的"横排文字工具"按钮，设置文本颜色为（#333333），字体"微软雅黑"，大小"16点"，消除锯齿的方法"锐利"，输入文本块标题内容。

（5）单击工具箱中的"横排文字工具"按钮，设置文本颜色为（#acacac），字体"宋体"，大小"12点"，消除锯齿的方法"无"，输入文本块具体内容，完成后的效果如图 3-95 所示。

图 3-94 模块头部效果

图 3-95 模块文本效果

提示：网页正文文本如设置为"宋体、12点"，则消除锯齿的方法需要设置为"无"，页面正文内容字体大小不宜设置过大，一般不超过16点。

（6）单击工具箱中的"圆角矩形工具"按钮，在选项栏上设置半径为"30px"，绘制圆角矩形，并为该图层添加图层样式，分别设置"投影"、"内阴影"、"渐变叠加"（如图3-96所示）和"描边"。

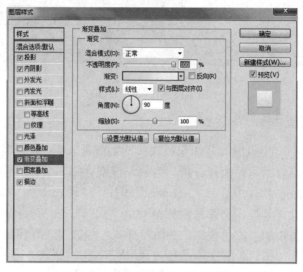

图3-96　"渐变叠加"图层样式

（7）完成按钮背景的制作（如图3-97所示），在背景层上添加文字图层，输入文字内容"查看演示"，为文字图层添加"投影"的图层样式，如图3-98所示。

图3-97　按钮背景效果

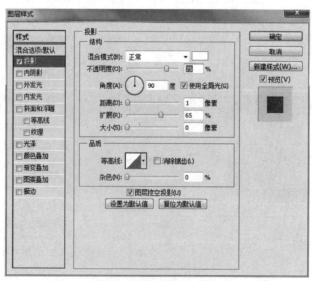

图3-98　"投影"图层样式

（8）单击工具箱中的"多边形工具"按钮，在选项栏上将"边"设置为"3"，设置前景色为"#acacac"，按住<Shift>键，绘制等边三角形，移动至合适位置，完成后的模块效果如图 3-99 所示。

图 3-99 "网站流量分析"模块效果

（9）将"网站流量分析"模块相关图层拖放到新建图层组"llfx"里，复制图层组 2 次，移动图层组至合适位置，如图 3-100 所示。

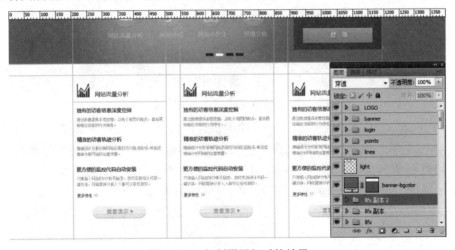

图 3-100 复制图层组后的效果

提示：复制图层组时，需将图层组拖动至图层面板底部的"创建新图层"按钮上。

（10）使用 Photoshop 软件打开文件"tj.png"，使用"移动工具"将图片拖动至"我的 E 站-首页效果.psd"文档中，选中新图层，按<Ctrl+T>组合键，再按住<Shift>键的同时在图片顶角处拖动鼠标可以等比例放大图片。

（11）给新图层添加"颜色叠加"的图层样式，颜色设置为"#d7439d"，更改原文字图层的内容为"网站体检"，更改线的图层颜色为"#d7439d"，同时更改文字图层的内容，完成后的效果如图 3-101 所示。

图 3-101　更改复制图层组的模块

（12）使用相同方法将模块"网站小护士"完成，相关图层的"颜色叠加"图层样式中设置颜色为"#18c6b4"，如图 3-102 所示。

图 3-102　首页中部前三个模块实现后效果

（13）下面分别实现剩下来的 4 个模块的设计，先来看"体检网站排行榜"模块。单击工具箱中的"矩形工具"按钮，设置前景色为"#fafafa"，参照参考线绘制矩形。

（14）在该矩形上方，使用"直线工具"绘制一条"1px"高的直线，颜色为"#c8c8c8"，移至矩形顶部，形成一条分隔线，完成后的效果如图 3-103 所示。

图 3-103　其他 4 个模块背景设计效果

（15）参照参考线，完成模块"体检网站排行榜"相关文本的输入，完成模块"他们正在使用"的标题和图片的插入，完成模块"E 站日志"和模块"帮助信息"相关文本的输入。

（16）单击工具箱的"铅笔工具"按钮，设置大小为"2px"，前景色为"#828282"，在相应文字列表前单击实现列表项正方形符号，所有 7 个模块完成后的效果如图 3-104 所示。

图 3-104　7 个模块的实现效果

提示：内容块（模块）设置时，同等级的标题格式一般需要设成一样的。

▶ 3．设计首页底部

一般页面的底部由版权及相关信息组成，"我的 E 站"底部由 3 部分组成，分别为文字导航、关注我们和二维码，具体设计步骤如下。

（1）参照参考线，使用工具箱中的"矩形工具"，设置前景色为"#e5e5e5"，绘制页面底部背景，为该图层添加"内阴影"的图层样式，相关参数如图 3-105 所示。

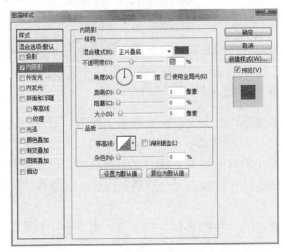

图 3-105　首页底部背景层样式设置

（2）输入首页底部各小标题，设置字体为"微软雅黑"，字体大小"14 点"，消除锯齿的方法为"无"，文本颜色为"#666666"。

（3）在各小标题下方输入相应文本或插入相关图片，调整至合适位置，如图 3-106 所示。

图 3-106　底部小标题及内容排版

（4）在整个页面底部插入"icon-tj.png"图片，并输入网站的备案号，整理各图层顺序及图层组，最终图层结构如图 3-107 所示。

图 3-107　图层结构

提示：到工信部备案的网站可获得备案号，通过备案号可以查到备案信息。

3.3.6　制作网站子页效果图

由于商业网站的规模都相当庞大，会出现多个级别的页面，且各个级别的页面之间有很强的延续性，但与一级页面又不完全相同。因此，通常设计好主页面以后，还要对二级、三级页面进行设计，目的是为了区分页面的等级，以便浏览者的浏览。因此，只需要保持页面的整体风格，在结构上做一些调整即可。这里以"E 站日记"子页为例，重点介绍设计的具体步骤。

根据子项目 2 中撰写的"我的 E 站"项目策划书中对子页的版式布局，先重新调整参考线及各部分背景色设置，如图 3-108 所示。

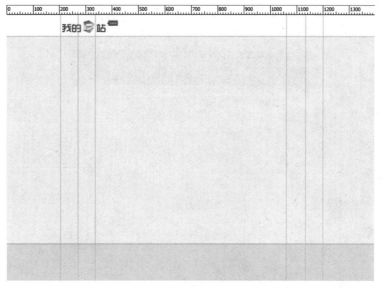

图 3-108　重新设置参考线和整体布局

1. 设计子页上部

（1）在 Photoshop 软件中，将"我的 E 站-首页效果.psd"另存为"我的 E 站-子页效果.psd"，在子页效果图中，将右上角文字内容和格式做适当修改，以达到如图 3-109 所示的效果。

（2）添加导航文字。单击工具箱中的"横排文字工具"按钮，设置字体为"方正正黑简体"，字体大小"16 点"，消除锯齿的方法为"锐利"，颜色"#393939"，输入导航上相关文字。选中"E 站日记"将其颜色更改为"#44619c"。

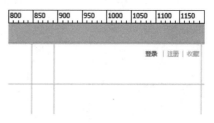

图 3-109　右上角文字效果

（3）单击工具箱中的"矩形工具"按钮，设置前景色为"#5179bc"，绘制矩形，调整至合适大小和位置。

（4）在"E 站日记"左右两边各用"铅笔工具"绘制"1px"宽的线，并使用"柔边圆"的"橡皮擦工具"擦除线条顶端，以达到如图 3-110 所示的效果。

图 3-110　子页导航效果

2. 设计子页中部和底部

子页的中部由标题、日记列表和分页组成。

（1）在 Photoshop 软件中，打开"E 站日记标题.gif"图片，将图像模式更改为"RGB 颜色"后，使用"移动工具"将其拖动至"我的 E 站-子页效果.psd"文档中。

（2）参照参考线，将标题图片移动至合适位置。使用工具箱中的"矩形工具"，设置前景色为"白色"，在画布中绘制合适大小的矩形，并设置"描边"的图层样式，完成后效果如图 3-111 所示。

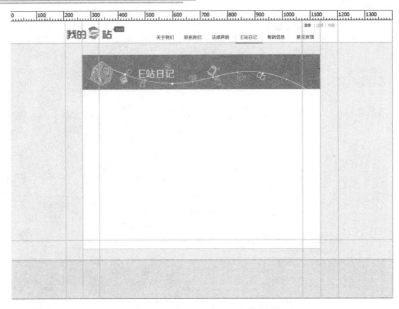

图 3-111　子页中部标题和背景设置

（3）使用工具箱中的"横排文字工具"将日记列表文字的标题和日期输入，使用"矩形工具"和"多边形工具"完成日记列表下方的分页效果，具体如图 3-112 所示。如图 3-113 所示为参考图层结构。

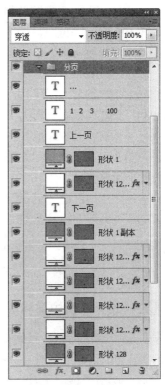

图 3-112　分页效果　　　　　　　　　　图 3-113　参考图层结构

（4）使用工具箱中的"横排文字工具"完成版权信息的输入，全部完成后子页效果图如图 3-114 所示。

图 3-114 "E 站日记"子页效果

📥 归纳总结

一个网站运作的成功与否,关键在于访问量。对于网站的访问者来说,"第一印象"的重要性不言而喻,所以网站首页的制作是网页设计的重中之重。通常在动手制作网站内的文件之前应该先做好设计和规划工作,这样在具体制作时才能做到胸有成竹、有的放矢。为此必须培养一定的艺术欣赏能力,熟练使用 Photoshop 软件合理布局,合理运用色彩设计出首页效果图。

📥 项目训练

根据策划书中制定好的小型商业网站网页结构,绘制首页及其他页面的草图。小组讨论草图的最终方案。根据草图进行分工设计,并最后进行整合,在 Photoshop 中完成小型商业网站首页的制作。交给客户审核,并根据客户的需求进行修改。

项目任务 3.4 裁切网站设计稿

整体页面的效果制作完成后,需要将效果图切片,然后导入到 Dreamweaver 中进行重新布局排版,在 Photoshop 中裁切设计稿非常方便。

本项目任务就是要在 Photoshop 中将"我的 E 站"首页设计图进行裁切,获取网页

制作的素材文件，如图 3-115 和图 3-116 所示。

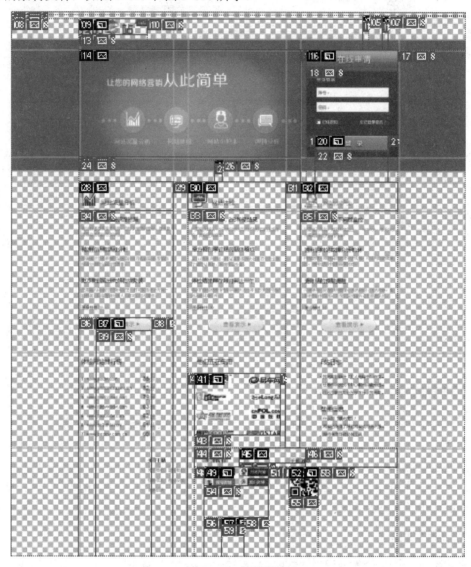

图 3-115　首页切片

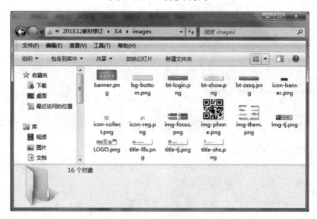

图 3-116　切片导出素材

 **能力要求**

（1）熟练使用 Photoshop 软件裁切网页设计稿。
（2）掌握创建和编辑切片的方法。

 **任务实施**

在网页上的图片较大时，浏览器下载整个图片的话需要花很长的时间，切片的使用使得整个图片分为多个不同的小图片分开下载，这样下载的时间就大大地缩短了，能够节约很多时间。在目前互联网带宽还受到条件限制的情况下，运用切片来减少网页下载时间而又不影响图片的效果，这不能不说是一个两全其美的办法。

除了减少下载时间之外，切片也还有其他优点，如优化图像。完整的图像只能使用一种文件格式，应用一种优化方式，而对于作为切片的各幅小图片就可以分别对其优化，并根据各幅切片的情况还可以存为不同的文件格式。这样既能够保证图片质量，又能够使得图片变小。

提示： 若为 10 张图片，即便访客访问速度过慢，也只会造成部分图像无法正常下载，若是一张大图片，很容易造成页面访问超时，访客什么也看不到。

3.4.1 分析切片的原则

对页面效果图进行切割前，先进行具体的分析是必不可少的步骤，以避免在制作时还需要对切片图进行反复修改，具体切片时一般要遵循以下几条原则。

（1）切片是 Dreamweaver 中如何使用 DIV+CSS 来布局的依据，切片的过程要先总体后局部，即先把网页整体切分成几个大部分，再细切其中的小部分。
（2）没有使用特殊文字效果的网页正文不需要切，可以直接使用 HTML 代码来实现。
（3）对于渐变的效果或圆角等图片特殊效果，需要在页面中表现出来的，要单独切出来。
（4）切割的时候要注意平衡，比如右侧切割了，那么左侧也要等高地切一刀，这样在使用 Dreamweaver 在 DIV+CSS 布局的时候不容易乱。
（5）纯色背景和线型边框线不需要切片，可以直接由 CSS 代码实现。
（6）如果某个对象的范围正好是要切割的大小，可以直接使用"新建基于图层的切片"功能。
（7）如果区域面积不大，可以不需要细致划分，只需将其整体切割即可。
（8）如果图片上面不需要添加文字，因此也没有必要将其作为背景图案，直接将图像作为图片处理即可。

3.4.2 创建首页切片

"我的 E 站"首页设计图需要切割的主要是网站的背景、LOGO、banner、导航背景、标题图片、图标、按钮及运用了特殊文字的标题图片等。使用 Photoshop 工具箱上的"切片工具"可以为已经制作好的效果图创建切片，常用的 Photoshop 切片种类主要有以下三种。

（1）用户切片：使用切片工具创建的切片。

（2）基于图层的切片：从图层创建的切片。

（3）自动切片：创建新的用户切片或基于图层的切片时，将生成占据图像其余区域的附加切片。

"我的 E 站"首页设计图切割的具体操作步骤如下。

▶ 1. 创建首页背景的切片

（1）使用 Photoshop 软件打开"我的 E 站-首页效果.psd"文件，选择"文件"|"存储为…"菜单命令，另存文件命名为"我的 E 站-首页效果（带切片）.psd"。

（2）根据切片原则，先分析整体的网页背景。单击图层缩略图前的眼睛图标，将除页面背景外的其他图层及图层组隐藏，画布效果如图 3-117 所示。

（3）由于纯色和线型的边框线无需切割，所以只需要考虑首页底部，首页底部的背景设有内阴影，故要创建切片，由于该图片可水平平铺，创建时宽度可以设置小点，如图 3-118 所示。

图 3-117　网页背景 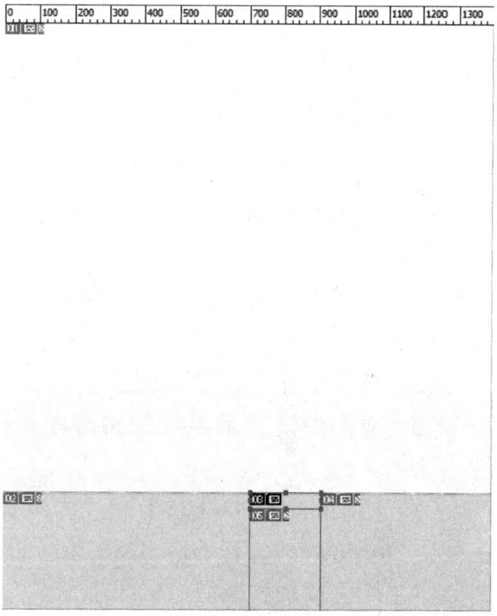　　　　　图 3-118　首页底部背景切片

提示： 用户切片、基于图层的切片和自动切片的外观不同。用户切片和基于图层的切片由实线定义，而自动切片由点线定义，每种类型的切片都显示不同的图标。

▶ 2. 创建首页上部的切片

（1）背景切割完后，将背景层隐藏，显示首页内容，先切割首页上部。由于 LOGO 在单独一层，内容即为切片，可以选中该图层的状态下，选择"图层"|"新建基于图层的切片"菜单命令完成切片的创建。

（2）LOGO 右侧的普通文本，根据切片原则，不需要创建切片。使用"新建基于图

层的切片"完成"注册"与"收藏"图标的切片创建。

（3）接下来完成 banner 的切割。banner 背景是纯色，无需创建切片，左侧有图标及特殊文字，考虑切片的简化原则，可以为 banner 左侧的图像效果创建 1 个切片，具体如图 3-119 所示。

图 3-119　首页底部背景切片

提示：为了确保切片大小、位置的精确度，可以先设置参考线后，再创建切片，这时拖动鼠标时比较容易定位。

（4）完成 banner 右侧模块"在线申请"的切割操作。主要是两个按钮的切片创建，选中按钮所在的背景图层，使用"新建基于图层的切片"的功能来完成。其他的输入框和文字可以直接由 HTML 来实现内容，通过 CSS 来设置格式，以达到设计稿的效果。

（5）完成 banner 图片切换的按钮图标切割。选中图标所在的图层，使用"新建基于图层的切片"的功能来完成，至此首页上部的切片已完成，共创建 7 个切片。

▶3. 创建首页中部的切片

（1）首页中部以文字居多，网页正文和未使用特殊文字的标题均不需要创建切片。只需要为带图片的标题和按钮创建切片即可。

（2）参照参考线，使用"切片工具"，为带图片的标题创建用户切片，具体如图 3-120 所示。

图 3-120　带图片的标题创建用户切片

（3）使用"新建基于图层的切片"的功能完成"查看演示"按钮的切片创建，相同按钮只需要创建一个切片即可。

（4）有序列表和无序列表均可以使用 HTML 来实现，无需创建切片。使用"新建基于图层的切片"的功能完成模块"他们正在使用"中图片的切片创建。

▶4. 创建首页底部的切片

使用"新建基于图层的切片"的功能完成首页底部相关图片的切片创建，共完成 16

个切片的创建,最终完成后的效果如图 3-121 所示。

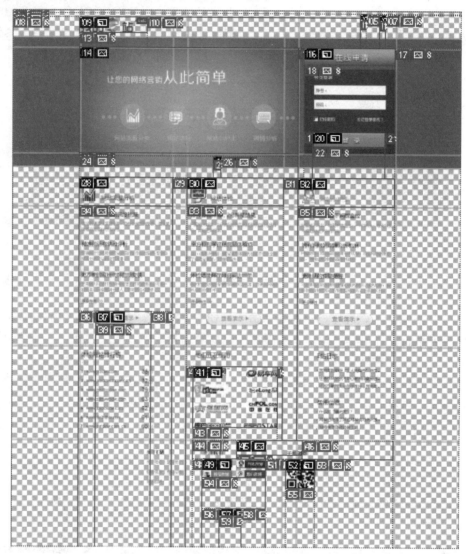

图 3-121　首页切片创建后效果

3.4.3　编辑首页切片

在 Photoshop 软件中使用工具箱中的"切片选择工具"来选择需要编辑的切片,右键单击鼠标,在弹出的快捷菜单中可以选择"编辑切片选项…"命令,如图 3-122 所示。

由于 LOGO 切片是基于图层的切片,在该切片选项里无法改变尺寸大小,需要将其"提升到用户切片"后才可以更改。在"切片选项"对话框里可以更改"名称"、"URL"、"目标"、"信息文本"和"Alt 标记"等,如图 3-123 所示各选项详细信息如下。

图 3-122　用右键单击选中的切片

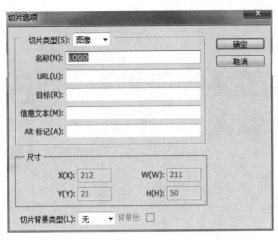

图 3-123 "切片选项"对话框

（1）切片类型：选图像时当前切片在输出时生成一个图像，无图像则不生成。

（2）名称：为切片起名，当前切片生成图像时和切片名字一样。

（3）URL：给切片链接一个网址。

（4）目标：切片在哪个窗口中打开。

（5）信息文本：状态栏上显示的信息。

（6）Alt 标记：鼠标移至显示的提示信息。

（7）X，Y：切片左上角的坐标。

（8）W，H：切片的长度和宽度。

提示： 为切片起名时使用西文字符，尽量做到见名知义。

3.4.4 命名首页切片

在 Photoshop 中命名切片。如没有在编辑切片状态下对切片命名，则切片导出时的名字会默认为 PSD 文件名后加上序号（1，2，3…），这样不利于后期图片素材的管理与 HTML 代码的书写。

切片后的图片要用到 HTML 页面中，尽可能看其名字就知道其大概的位置。例如，页面上部有三个图片，第一个图片可命名为 header-first。还可以根据图片的内容命名，如网站 LOGO，可命名为 logo 等。

3.4.5 导出首页切片

1. 导出首页背景的切片

（1）显示首页底部背景层，隐藏首页底部中的文字图层，如图 3-124 所示，选中刚命名的 "bg-bottom" 切片，选择 "文件" | "存储为 Web 和设备所用格式…" 菜单命令。

（2）使用 "抓手工具"，将视图移至首页底部，选中需要保存的切片，将预设更改为 "PNG-24"，单击 "存储" 按钮，如图 3-125 所示。

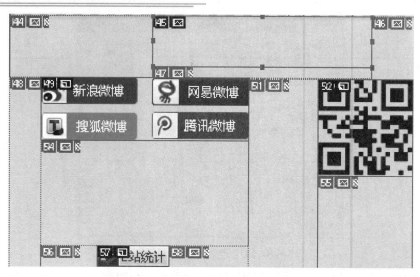

图 3-124　隐藏文字图层后的页面底部

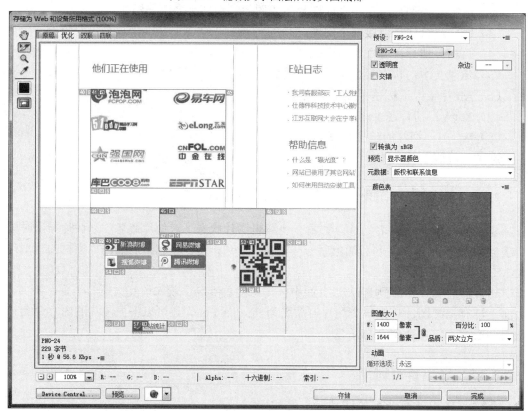

图 3-125　存储为 Web 和设备所用格式

(3) 在"将优化结果存储为"对话框中选择"保存在"的位置，格式为"仅限图像"，切片为"选中的切片"，单击"保存"按钮，如图 3-126 所示。

(4) 在"将优化结果存储为"对话框中选择"保存在"的位置，格式为"仅限图像"，切片为"选中的切片"，单击"保存"按钮，即可在指定位置（一般是站点文件夹）生成 images 图片文件夹，如图 3-127 所示。

图 3-126 "将优化结果存储为"对话框

图 3-127 生成 images 图片文件夹

2. 导出首页除背景外的切片

（1）隐藏首页底部背景层后，选择"文件"|"存储为 Web 和设备所用格式…"菜单命令。

（2）使用"切片选择工具"选中各切片，在预设中设置合适的图片格式，权衡图片的质量与字节数。

（3）选中剩下的 15 个切片，单击"存储"按钮后，选择相同位置，单击"保存"按钮。

3.4.6 裁切子页设计稿

由于首页与子页在版式设计上相似，页面内容部分重叠，故首页上已创建的切片在子页中无需重复创建。

根据切片原则，对比首页与子页的效果图，不难发现其中 LOGO、页面底部背景均不需要再创建切片，在子页中需要创建切片的有：导航背景和"E 站日记"标题图片，具体操作如下。

（1）隐藏导航上的"E 站日记"文字图层，创建如图 3-128 所示的用户切片。

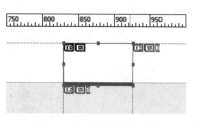

图 3-128　导航背景切片

（2）使用"新建基于图层的切片"功能完成"E 站日记"标题图的切片创建，完成后的效果如图 3-129 所示。

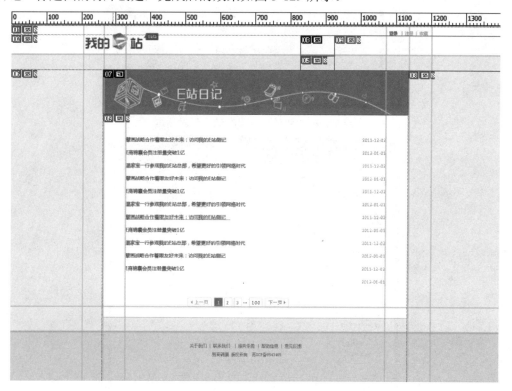

图 3-129　"E 站日记"子页切片

（3）编辑子页切片并命名子页切片，最后在首页相同的位置导出子页切片。

提示： 如子页切片比较多时，可在站点文件夹的 images 文件夹下再新建子文件夹来存储子页切片图片。

归纳总结

切片是网页设计中非常重要的一环，它可以很方便地标明哪些是图片区域，哪些是文本区域，使版块格式尤其是图片和文字的比例得到合理的控制。另外，合理的切图还有利于加快网页的下载速度、设计复杂造型的网页及对不同特点的图片进行分格式压缩等优点。因此必须学会熟练使用 Photoshop 软件裁切网页设计稿，掌握创建和编辑切片的方法，以简化后面在网页编辑软件中网页的布局。

在 Photoshop 中将完成的小型商业网站首页设计稿进行裁切，获取制作首页的素材文件。

项目任务 3.5　制作网站中的动画

动感绚丽的动画可以给网站浏览者以极大的冲击力；可以生动地体现一个网站的性质和形象，Flash 动画就是其中的一种。一个好的 Flash 动画具有很高的艺术欣赏性，对于增强网站浏览者对网站的友好度非常有好处。

在网站中使用较多的 Flash 动画属于演示类，是单纯的以展示为目的的动画，包括专题片头、网站广告、图片播放器、动态 banner、Flash 按钮及部分电子杂志的内页等。

项目展示

本项目任务以"我的 E 站"网站中的 banner 为例，学习网站中 Flash 动画的制作，如图 3-130 所示。

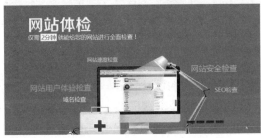

图 3-130　banner 动画效果

（1）熟悉 Flash 的工作区及基本工具。

（2）掌握基本动画的制作：逐帧动画、形状渐变动画、运动渐变动画、引导线动画、遮罩动画。

（3）能制作按钮和导航。

（4）会使用基础的 ActionScript 实现动画效果。

任务实施

3.5.1 了解 Flash 基本概念

1. 动画原理

动画是将静止的画面变为动态的艺术。实现由静止到动态，主要是靠人眼的视觉残留效应。比如在画面中连续显示数十乃至数百个静态的图片，由于视觉残留效应使得我们认为物体是运动着的。利用人的这种视觉生理特性可制作出具有高度想象力和表现力的动画影片。如人的走路，人走路的特点就是两脚交替向前带动身躯前进，两手前后交替摆动，使动作得到平衡，如图 3-131 所示。

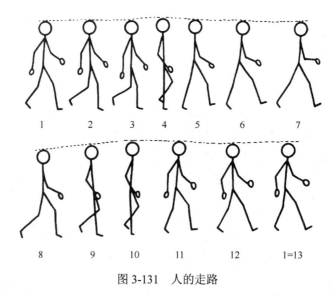

图 3-131 人的走路

2. Flash 动画的制作方式

（1）用帧做动作来制作动画，可以在每帧上放上不同的图片，在一定的时间内快速地播放完每一帧便是动画，也可以自己运算一定的变形动作，这需要一定的美术基础。

（2）用脚本控制动画，用它可以实现更多的效果，主要运用在交互式的动画中，如游戏网站的菜单可以用 Flash 来做，要做好需要一定的编程基础。

3. Flash 中的几个概念

（1）时间轴和时间轴面板。在 Flash 当中，可以通过时间轴面板来进行动画的控制。时间轴面板是用来管理图层和处理帧的，主要有左边的图层面板、右边的时间轴，以及下边的状态栏三部分组成。时间轴由图层、帧、播放头组成，时间轴面板如图 3-132 所示。

（2）帧。帧是 Flash 中最小的时间单位。与电影的成像原理一样，Flash 动画也是通过对帧的连续播放来实现动画效果的，通过帧与帧之间的不同状态或位置的变化实现不同的动画效果。制作和编辑动画实际上就是对连续的帧进行操作的过程,对帧的操作实际就是对动画的操作。

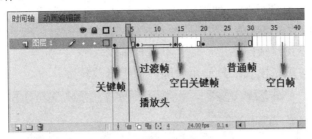

图 3-132　时间轴面板

对不同帧含义的正确理解是制作动画的关键,下面来认识一下这些帧。

① 空白帧:帧中不含任何 Flash 对象,相当于一张空白的影片。在 Flash 中除了第一帧外其余的帧均为空白帧。

② 关键帧:显示为实心的圆圈,是有关键内容的帧。用来定义动画变化、更改状态的帧,即编辑舞台上存在实例对象并可对其进行编辑的帧。(快捷键<F6>)

③ 空白关键帧:显示为空心的圆圈,空白关键帧是没有包含舞台上的实例内容的关键帧。可以随时添加实例内容,当添加了实例内容后,空白关键帧就自动转换为关键帧。(快捷键<F7>)

④ 普通帧:显示灰色方格,普通帧是用于延续关键帧的内容,也称为延长帧。在普通帧上绘画和在前面关键帧上绘画的效果是一样的,用一个空白的矩形框表示结束。(快捷键<F5>)

⑤ 过渡帧:是将过渡帧前后的两个关键帧进行计算得到的,它所包含的元素属性的变化是计算得来的。包括形状渐变帧和运动渐变帧,如果过渡帧制作不成功则还会有不可渐变帧。

关键帧、空白关键帧和普通帧的区别如下。

① 同一层中,在前一个关键帧的后面任一帧处插入关键帧,是复制前一个关键帧上的对象,并可对其进行编辑操作。

② 如果在前一个关键帧的后面插入的是普通帧,则延续前一个关键帧上的内容,不可对其进行编辑操作。

③ 如果在前一个关键帧的后面插入的是空白关键帧,则可清除该帧后面的延续内容,可以在空白关键帧上添加新的实例对象。

④ 关键帧和空白关键帧上都可以添加帧动作脚本,普通帧上则不能。

选择时间轴上的空白帧并右键单击鼠标,在弹出的快捷菜单中可以实现各类帧操作命令,如图3-133所示。

(3)图层。图层就相当于完全重合在一起的透明纸,可以任意选择其中一个图层绘制图形、修改图形、定义图形。每一个层之间相互独立,都有自己的时间轴,包含自己独立的多个帧,而不会受到其他层上图形的影响。在相应的图层

图 3-133　帧操作快捷菜单

上进行绘制和添加图形，再给每个图层一个名称作为标识（双击图层名能重命名），然后重叠起来就是一幅完整的动画了，如图 3-134 所示。

在图层名称右方有图层的三种编辑模式。

① 显示/隐藏模式：可以使该图层的图形对象隐藏起来。

② 锁定/解锁模式：锁定图层，使之不能被编辑。

③ 轮廓/轮廓与填充模式：只显示轮廓，便于修改轮廓。

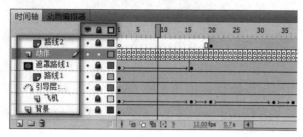

图 3-134　有多个图层的时间轴面板

图层的类型有以下几种。

① 普通层：通常制作动画、安排元素所使用的图层，和 Photoshop 中的层是类似的概念和功能。

② 遮罩层：只用遮罩层的可显示区域来显示被遮罩层的内容，与 Photoshop 的遮罩类似。

③ 运动引导层：运动引导层包含的是一条路径，运动引导线所引导的层的运动过渡动画将会按照这条路径进行运动。

④ 注释说明层：是 Flash MX 以后新增加的一个功能，本质上是一个运动引导层。可以在其中增加一些说明性文字，而输出的时候层中所包含的内容将不被输出。

（4）元件与实例。元件是指在 Flash 中创建且保存在库中的图形、按钮或影片剪辑，可以自始至终在影片或其他影片中重复使用，是 Flash 动画中最基本的元素。元件的分类如下。

① 图形元件（ ）：可以重复使用的静态图像，或连接到主影片时间轴上的可重复播放的动画片段。图形元件与影片的时间轴同步运行。

② 影片剪辑元件（ ）：可以理解为电影中的小电影，可以完全独立于主场景时间轴并且可以重复播放。

③ 按钮元件（ ）：实际上是一个只有 4 帧的影片剪辑，但它的时间轴不能播放，只是根据鼠标指针的动作做出简单的响应，并转到相应的帧。

元件存放在库中，通过按<Ctrl+L>组合键或者<F11>键可以打开库面板，可以把库理解为是保存图符的文件夹。通过拖曳操作便可将元件从库中取出，反复加以应用。由于使用元件不增加文件的尺寸，尽可能重复利用 Flash 中的各种元件，减小文件的尺寸。

文件从库拖到工作区中之后，应用于影片的元件对象被称为"实例"。

几种元件的相同点是都可以重复使用，且当需要对重复使用的元素进行修改时，只需编辑元件，而不必对所有该元件的实例一一进行修改。

几种元件的区别及应用中需注意的问题如下。

① 影片剪辑元件和按钮元件的实例上都可以加入动作语句，图形元件的实例上则不

能；影片剪辑里的关键帧上可以加入动作语句，按钮元件和图形元件则不能。

② 影片剪辑元件和按钮元件中都可以加入声音，图形元件则不能。

③ 影片剪辑元件的播放不受场景时间线长度的制约，它有元件自身独立的时间线；按钮元件独特的 4 帧时间线并不自动播放，而只是响应鼠标事件；图形元件的播放完全受制于场景时间线。

④ 影片剪辑中可以嵌套另一个影片剪辑；图形元件中也可以嵌套另一个图形元件；但是按钮元件中不能嵌套另一个按钮元件；三种元件可以相互嵌套。

3.5.2 熟悉 Flash 中的基本操作

在对 Flash 有了一个初步的认识后，下面我们就可以正式进行动画的制作。首页是 Flash 文档的基本操作，包括新建 Flash 文档、打开和关闭 Flash 文档及保存 Flash 文档，Flash 文档的扩展名为.fla。

▶1．新建 Flash 文件

（1）选择"文件"|"新建"菜单命令，出现"新建文档"对话框，如图 3-135 所示。

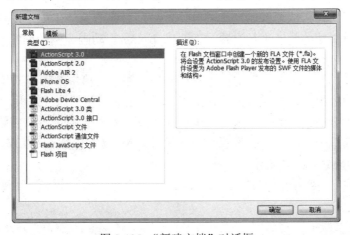

图 3-135 "新建文档"对话框

（2）在弹出的对话框的"常规"选项卡中选择文档类型为"Flash 文档"，如选择第一个选项"ActionScript 3.0"。

（3）完成后单击"确定"按钮。

这样就新建了一个.fla 文档，新建文档的默认文档名是"未命名-*.fla"（*号表示按照新建次序系统设定的数字）。

▶2．保存 Flash 文件

下面我们将创建好的 Flash 文件保存为"banner.fla"，用于下一小节中第一个 banner 动画效果的制作。

（1）选择"文件"|"保存"菜单命令，弹出"另存为"对话框。

（2）在弹出的对话框中，设置文档保存的路径，并将"文件名"文本框中的"未命名-*.fla"修改为"banner.fla"。

（3）单击"保存"按钮，就可以完成对文档的保存。

提示：如果该文档已保存过，则选择"文件"|"保存"菜单命令，即可完成对文档的保存。

3. 打开和关闭 Flash 文件

打开 Flash 文件最简便的方法只需双击以".fla"为后缀名的文件即可，此外还可以按如下的操作方法打开。

（1）选择"文件"|"打开"菜单命令，出现打开文档对话框。
（2）浏览找到想要打开的文档。
（3）单击"打开"按钮，Flash 文件即被打开。

要关闭 Flash 文档最简便的方法是单击子窗口中的关闭按钮（ 未命名-1* ⊠ ），此外还可以按如下操作方法关闭。

（1）关闭当前文档：选择"文件"|"关闭"菜单命令。
（2）关闭所有打开的 Flash 文档：选择"文件"|"全部关闭命令"菜单命令。

4. 设置文档属性

创建好动画文件后就要开始动画的制作，动画制作的第一步就是设定动画场景的大小，这就需要对文档的属性进行设置，下面以 banner1 动画为例，创建一个场景大小为 800×400 像素的动画。

（1）在打开的"banner.fla"文档中，选择最右侧工具箱中的选择工具 ▶。
（2）单击舞台中的任意空白位置，出现如图 3-136 所示的属性面板。
（3）单击"大小：550×400 像素"后的"编辑"按钮，打开"文档设置"对话框。
（4）将对话框中的"尺寸"设置为 800 像素×400 像素，如图 3-137 所示。

图 3-136 文档属性面板　　　　图 3-137 "文档设置"对话框

帧频是动画播放的速度，以每秒播放的帧数为度量，最多每秒 120 帧。帧频太慢会使动画看起来一顿一顿的，帧频太快会使动画的细节变得模糊。在 Web 上，每秒 12 帧（fps）的帧频通常会得到最佳的效果。QuickTime 和 AVI 影片通常的帧频就是 12fps，但是标准的运动图像速率是 24fps。

片头动画：25fps 或者 30fps。25 帧/秒是电影中的播放速度（有时是 24 帧/秒），30 帧/秒则是电视中的播放速度。

交互界面（如 Flash 网站）：40fps 或更高。交互界面则需要更快的界面响应，以及更流畅的界面动画效果。

Flash 游戏：一般情况下将游戏设为 30fps 也可以有不错的效果，或者将帧频设为 50fps 或 60fps，这样如果游戏中出现视频动画，则可以使用每 2 帧播放一幅画面的方法来播放和整合视频动画。可以不用丢帧更流畅地播放设计好的视频，且可以同步好时间。当然有时候游戏也会使用定时器来刷新画面，这时候可以使用 120fps 的极限帧速率。

动漫：一般 15～25fps。因为播放 Flash 矢量动画需要每帧刷新屏幕数据（每次缩放和平移时，特别是整个场景移动时），这个时候 CPU 的开销会很大。

▶ 5．发布 Flash 文件

如果将网站的 Flash 文件下载下来，会发现它是一个.swf 格式的文件，而利用 Flash 软件编辑的文件则以"*.fla"的格式保存。所以需要将其发布成"*.swf"的文档。当然也可以发布成其他格式的文档如 GIF、JPEG、PNG 和 QuickTime 等格式。

（1）发布 swf 文件。

① 通过选择"文件"|"导出影片"菜单命令可以生成 swf 文件。

② 制作影像文件过程中按<Ctrl+Enter>组合键，会自动生成 swf 文件，同时可以进行制作效果的预览。

③ 制作影像文件的途中按<F12>键，则可以通过网页浏览器将 swf 运行为 HTML 格式。

（2）发布 Image 文件。

① 通过选择"文件"|"导出图象"菜单命令可以将当前 Flash 文件另存为 JPEG、BMP、AI、PNG 等格式。

② 还可以根据图像的形式设置图像质量或版本的属性。

（3）同时发布多个文件格式。

① 通过选择"文件"|"发布"菜单命令可以同时制作各种格式的文件。

② 通过选择"文件"|"发布设置"菜单命令可以在弹出的对话框中选择要制作的文件格式，如图 3-138 所示。

图 3-138 "发布设置"对话框

3.5.3 掌握 Flash 中的基本动画形式

1. 逐帧动画

逐帧动画是由位于时间线上同一动画轨道上的一个连续的关键帧序列组成的。对于动画帧序列的每一帧中的内容都可以单独进行编辑，使得各帧展示的内容不完全相同，在作品播放时，由各帧顺序播放产生动画效果。由于是一帧一帧的动画，所以逐帧动画具有非常大的灵活性，几乎可以表现任何想表现的内容。

逐帧动画在时间轴上的表现为连续的关键帧，如图 3-139 所示。

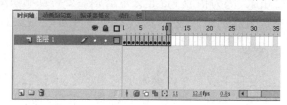

图 3-139　逐帧动画的时间轴显示效果

创建逐帧动画的方法如下。

① 逐帧绘制帧内容，用鼠标在场景中一帧帧地画出每帧的内容。

② 通过导入静态图片来建立逐帧动画，如把 JPG、PNG 等格式的静态图片连续导入 Flash 中，建立一段逐帧动画。

③ 用文字作为元件，制作跳跃、旋转等效果的逐帧动画。

2. 绘图纸的使用

绘图纸的功能是帮助定位和编辑动画，对制作逐帧动画特别有用。通常情况下，Flash 工作区中一次只能显示动画序列的单个帧。使用绘图纸功能后，就可以在舞台中一次查看两个或多个帧了。

使用绘图纸功能后的场景。当前帧中的内容是以全彩色显示的，而其他帧的内容是以半透明显示的，看起来好像所有帧内容是画在一张半透明的绘图纸上的，这些内容相互层叠在一起。此时只能编辑当前帧的内容，而不能编辑其他帧的内容。

3. Flash 补间动画

补间动画是 Flash 中非常重要的表现手法之一，可以运用它制作出奇妙的效果。补间动画一般有形状补间动画和运动补间动画两种。

（1）形状补间动画。在 Flash 时间轴面板上的某一个关键帧绘制一个形状，然后在另一个关键帧更改该形状或绘制另一个形状，Flash 根据二者之间帧的值或形状来创建的动画被称为形状补间动画。

形状补间动画可以实现两个图形之间颜色、形状、大小、位置的相互变化，其变形的灵活性介于逐帧动画和动作补间动画之间，使用的元素为用鼠标绘制出的形状，如果使用图形元件、按钮或文字，则必须先"打散"再变形。

形状补间动画建好后，时间轴面板的背景色变为淡绿色，在起始帧和结束帧之间产生一个长长的箭头，如图 3-140 所示。

① 创建形状补间动画的方法。在时间轴面板上动画开始播放的地方创建或选择一个关键帧并设置要开始变形的形状，在动画结束处创建或选择一个关键帧并设置要变成的形状，单击鼠标右键，在弹出的快捷菜单中选择"创建补间形状"命令，此时一个形状补间动画就创建完毕。

图 3-140　形状补间动画在时间轴面板上的表现

② 形状补间动画的属性面板。Flash 的"属性"面板随鼠标选定的对象不同而发生相应的变化。当建立了一个形状补间动画后，单击时间帧，"属性"面板如图 3-141 所示。

提示：▨▨▨▨▨▨▨：形状渐变是在起始关键帧处用一个黑色圆点表示，中间的帧有一个浅绿色背景的黑色箭头。

▨▨▨▨▨▨▨：虚线表示渐变动画最断的或者不完整的。

形状渐变动画的对象是分离的可编辑图形（点阵图），图片、文本等进行形状渐变必须通过按 <Ctrl+B> 组合键进行分解组件。

图 3-141　形状补间动画"属性"面板

Flash 可以对放置在一个层上的多个形状进行形变，但通常一个层上只放一个形状会产生较好的效果。

（2）运动补间动画。动作补间动画也是 Flash 中非常重要的表现手段之一。与形状补间动画不同的是，动作补间动画的对象必须是元件。

在 Flash 时间轴面板上的一个关键帧放置一个元件，然后在另一个关键帧改变这个元件的大小、颜色、位置、透明度等，Flash 根据二者之间的帧值创建的动画被称为动作补间动画。

构成动作补间动画的元素是元件，它包括影片剪辑、图形元件、按钮等。用户绘制的图形和分离的组件等其他元素不能创建动作补间动画，都必须先转换成元件，只有转换成元件后才可以做动作补间动画。

动作补间动画建立后，时间轴面板的背景色变为淡紫色，在起始帧和结束帧之间产生一个长长的箭头，如图 3-142 所示。

① 创建动作补间动画的方法。在时间轴面板上动画开始播放的地方创建或选择一个关键帧并设置一个元件，在动画要结束的地方创建或选择一个关键帧并设置该元件的属性，单击鼠标右键，在弹出的快捷菜单中选择"创建传统补间"命令，就建立了动作补间动画。

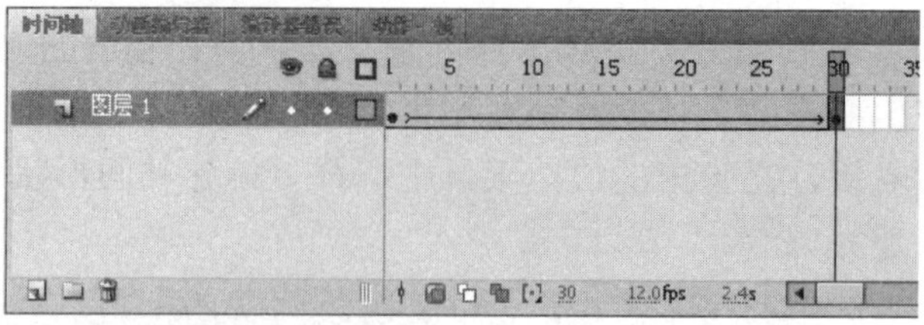

图 3-142 动作补间动画在时间轴上的表现

提示：████████████████：运动渐变式在起始关键帧处用一个黑色圆点指示，中间的帧有一个浅蓝色背景的黑色箭头。
┈┈┈┈┈┈┈┈┈┈：虚线表示渐变动画是断的或者不完整的。 

② 动作补间动画的属性面板。在时间轴动作补间动画的起始帧上单击鼠标，帧属性面板如图 3-143 所示。

"缓动"选项：初始值为"0"，填入具体的数值可以设置动画的缓动效果。正值为由快到慢的变化，负值为由慢到快的变化。

"旋转"选项：该选项有四个选择，选择"无"（默认设置）禁止元件旋转；选择"自动"可以使元件在需要最小动作的方向上旋转一次；选择"顺时针"或"逆时针"，并在后面输入数字，可使元件在运动时顺时针或逆时针旋转相应的圈数。

"调整到路径"复选框：将补间元素的基线调整到运动路径，此项功能主要用于引导线运动。

图 3-143 帧属性面板

"同步"复选框：使图形元件实例的动画和主时间轴同步。

"贴紧"选项：可以根据其注册点将补间元素附加到运动路径上，此项功能也用于引导线运动。

4. Flash 遮罩动画

"遮罩"，顾名思义就是遮挡住下面的对象。在 Flash CS4 中，"遮罩动画"通过"遮罩层"来达到有选择地显示位于其下方的"被遮罩层"中的内容。在一个遮罩动画中，"遮罩层"只有一个，"被遮罩层"可以有任意个。

"遮罩"主要有两种用途：一是用在整个场景或一个特定区域中，使场景外的对象或特定区域外的对象不可见；二是用来遮罩住某一元件的一部分，从而实现一些特殊的效果。

（1）创建遮罩动画的方法。

① 创建遮罩。在 Flash 中没有一个专门的按钮来创建遮罩层，遮罩层其实是由普通图层转化的。只需在某个图层上单击鼠标右键，在弹出的快捷菜单中把"遮罩"前打个勾，该图层就会生成遮罩层，"层图标"就会从普通层图标 ▢ 变为遮罩层图标 ▣ ，系统会自动把遮罩层下面的一层关联为"被遮罩层"，在缩进的同时图标变为 ▤ ，如果想关联更多层被遮罩，只要把这些层拖到被遮罩层下面就行了，如图 3-144 所示。

② 构成遮罩和被遮罩层的元素。遮罩层中的图形对象在播放时是看不到的，遮罩层中的内容可以是按钮、影片剪辑、图形、位图、文字等，但不能使用线条，如果一定要用线条，则可以将线条转化为"填充"。

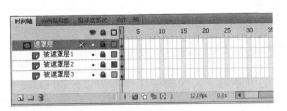

图 3-144 多层遮罩动画

被遮罩层中的对象只能透过遮罩层中的对象被看到。在被遮罩层中，可以使用按钮、影片剪辑、图形、位图、文字、线条。

③ 遮罩中可以使用的动画形式。可以在遮罩层、被遮罩层中分别或同时使用形状补间动画、动作补间动画、引导线动画等动画手段，从而使遮罩动画变成一个可以施展无限想象力的创作空间。

（2）遮罩原理。遮罩层的基本原理是：能够透过该图层中的对象看到"被遮罩层"中的对象及其属性（包括它们的变形效果），但是遮罩层中的对象中的许多属性如渐变色、透明度、颜色和线条样式等却是被忽略的。例如，不能通过遮罩层的渐变色来实现被遮罩层的渐变色变化。

▶ 5. Flash 引导线动画

利用引导线可以制作出比直线运动更加自然的曲线移动效果，如自行车上下山时的山路高低起伏，如果用运动补间动画来实现，其效果肯定就不理想了。

引导线动画的制作需要有引导层，也就是引导图层，其作用是辅助其他图层（被引导层）对象的运动或定位。在运动引导层中绘制路径，可以使被引导层中运动渐变动画中的对象沿着指定的路径运动，在一个运动引导层下可以建立一个或多个被引导层。另外在这个图层上可以创建网格或对象，以帮助对齐其他对象。

引导层动画的创建方法如下。

最基本的引导层动画由两个图层组成，上面一层是引导层，它的图层图标为 ，下面一层是被引导层，图层图标为 。引导层动画也可以由两个以上的图层组成，一个引导层下可以建立一个或多个被引导层。

在普通图层上单击右键并选择"添加传统运动引导层"命令，该层的上面就会添加一个引导层 ，该普通层就缩进成为被引导层，如图 3-145 所示。引导层中的内容在动画播放时是看不见的，引导层中的内容一般是用铅笔、线条、椭圆工具、矩形工具、画笔工具等绘制出来的线段作为运动轨迹。被引导层中的对象是跟着引导线走的，可以使用影片剪辑、图形元件、按钮、文字等。引导层动画的动画形式是动作补间动画。

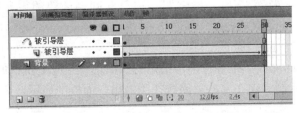

图 3-145 引导层的显示效果

提示：制作引导层动画成功的关键是要使被引导层中的对象的中心点在动画的起点和终点位置上一定要对准引导线的两个端点。另外，引导层中的引导线不要过于陡峭，要绘制得平滑一些，否则动画不宜成功。

▶6. 需要掌握的简单 ActionScript 知识

动作脚本是 Flash 的脚本语言，利用动作脚本可以控制 Flash 动画在播放过程中响应用户事件，以及同 Web 服务器之间交换数据。利用动作脚本可以制作出精彩的游戏、窗体、表单及像聊天室一样的实时交互系统。

在 Flash CS4 及以上版本中使用的是 Actionscript 3.0。ActionScript 1.0 和 ActionScript 2.0 使用的都是 AVM1（ActionScript 虚拟机 1），因此它们在需要回放时本质上是一样的，而 ActionScript 3.0 运行在一种新的专门针对 ActionScirpt 3 代码的虚拟机 AVM2 上。所以 ActionScript 3.0 影片不能直接与 ActionScript 1.0 和 ActionScript 2.0 影片直接通信，这也使我们刚开始使用相关版本时感到非常不适应。

在 Flash 中编写 ActionScript 代码时，应使用"动作"面板或"脚本"窗口。"动作"面板和"脚本"窗口包含全功能代码编辑器（称为 ActionScript 编辑器），其中包括代码提示和着色、代码格式设置、语法加亮显示、语法检查、调试、行数、自动换行等功能，并在两个不同视图中支持 Unicode。

在 ActionScript 1.0 和 ActionScript 2.0 中，可以在时间线上编写代码，也可以在选中的对象如按钮或是影片剪辑上编写代码，代码加入在 on()或是 onClipEvent()代码块中及一些相关的事件如 press 或是 enterFrame。这些在 ActionScript 3.0 都不再可能了。代码只能被编写在时间上，所有的事件如 press 和 enterFrame 现在都同样要写在时间线上。

下面介绍在广告案例制作中用到的事件和函数。

（1）stop()函数。

```
stop() : Void
```

功能说明：停止当前正在播放的 swf 文件。此动作最通常的用法是用按钮控制影片剪辑，或控制时间轴。

（2）addEventListener()函数。

```
fl.addEventListener(eventType, callbackFunction)
```

功能说明：为一个事件添加一个监听，比如鼠标单击、键盘某个键被按下等。现在的程序都是事件驱动的，也就是必须要知道用户有哪些动作，才能知道要如何处理，事件监听就是起到这个作用的。

参数说明：

① eventType：一个字符串，指定要传递给此回调函数的事件类型。可接受值为 "documentNew"、"documentOpened"、"documentClosed"、"mouseMove"、"documentChanged"、"layerChanged" 和 "frameChanged"。

② callbackFunction：一个字符串，指定每次事件发生时要执行的函数。

示例：下面的示例实现在文档关闭时在"输出"面板中显示一条消息。

```
myFunction = function () {
    fl.trace('document was closed'); }
fl.addEventListener("documentClosed", myFunction);
```

(3) gotoAndPlay()函数。

```
gotoAndPlay(scene, frame)
```

功能说明：转到指定场景中指定的帧并从该帧开始播放。如果未指定场景，则播放头将转到当前场景中的指定帧。

参数说明：

① scene：转到的场景的名称。

② frame：转到的帧的编号或标签。

示例：在下面的示例中，当用户单击已为其分配 gotoAndPlay() 的按钮时，播放头会移动到当前场景中的第 16 帧并开始播放 swf 文件。

```
on(keyPress "7") {
    gotoAndPlay(16);
}
```

(4) gotoAndStop()函数。

```
gotoAndStop(scene, frame)
```

功能说明：将播放头转到场景中指定的帧并停止播放。如果未指定场景，则播放头将转到当前场景中的帧。

参数说明：

① scene：转到的场景的名称。

② frame：转到的帧的编号或标签。

示例：在下面的示例中，当用户单击已为其分配 gotoAndStop() 的按钮时，播放头将转到当前场景中的第 5 帧并且停止播放 swf 文件。

```
on(keyPress "8") {
    gotoAndStop(5);
}
```

3.5.4 制作网站首页 banner

网站首页的 banner 主要用于宣传推广，一个动态效果的 banner 往往会起到吸引人眼球，留住访客，让访客直观上了解网站的类型。下面来看一下"我的 E 站"的首页 banner 用 Flash 是如何实现的。

▶ 1. banner 的整体布局

(1) 双击打开"banner.fla"文件。

(2) 双击图层 1 中的文字"图层 1"，并将其改为"背景"。

(3) 选择工具箱中的矩形工具，并在其对应的属性面板中，如图 3-146 所示，设置其边框颜色为无，填充颜色为#FA8A38，然后在舞台中绘制一个 800×400 像素的矩形，正好可以将舞台覆盖住，如图 3-147 所示。

图3-146 矩形工具属性面板

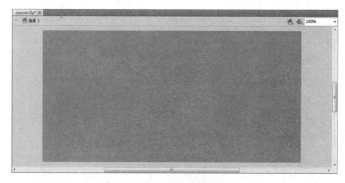
图3-147 绘制的矩形

（4）选择工具箱中的选择工具，然后选择背景图层的第 2 帧，单击右键，在弹出的快捷菜单中选择"插入关键帧"命令，并且选择这一帧在舞台中的矩形，在属性面板中将其填充颜色改为#529DDE，如图 3-148 所示。

（5）重复步骤 4，在"背景"图层中新建第 3 帧、第 4 帧，并将其中的矩形的填充色分别改为#DA7998 和#66D0CC。

（6）选择"背景"图层，单击右键，在弹出的快捷菜单中选择"插入图层"命令或单击时间轴面板左下角的"新建图层"按钮，则在"背景"图层上新建了一个新的图层"图层 2"，并将其名称修改为"广告"，如图 3-149 所示。

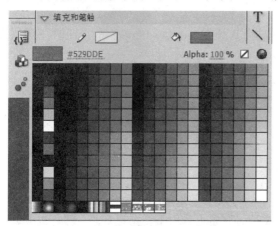
图3-148 修改第 2 帧中的矩形填充色

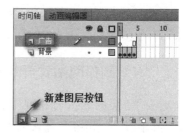
图3-149 新建广告图层

（7）选择"文件"|"导入"|"导入到库"菜单命令，如图 3-150 所示，打开"导入到库"对话框如图 3-151 所示，将 banner 中所需的所有图片导入到 Flash 的库中，如图 3-152 所示。

（8）选择"广告"图层的第 1 帧，然后将库面板中的"banner_pic0.jpg"拖曳到舞台中，保持图片是选中状态下，打开"对齐"面板，如图 3-153 所示。

（9）勾选"与舞台对齐"复选框，并选择对齐中的垂直居中对齐和水平居中对齐项。

（10）选择"广告"图层中的第 2 帧，单击右键，在弹出的快捷菜单中选择"插入空白关键帧"命令。

子项目 3

"我的 E 站"前期准备

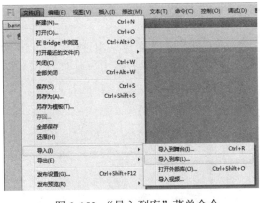

图 3-150 "导入到库"菜单命令

图 3-151 "导入到库"对话框

图 3-152 "库"面板

图 3-153 对齐面板

（11）重复第 8~10 步的操作，将库中的 banner_pic0.jpg~banner_pic3.jpg 分别放在"广告"图层的第 1 帧到第 4 帧的舞台正中，效果如图 3-154 所示。

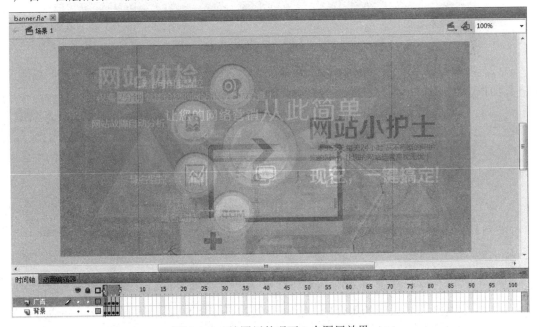

图 3-154 绘图纸外观下 2 个图层效果

2. banner 中按钮的制作

（1）"banner.fla"文件中，选择"插入"|"新建元件"菜单命令，出现如图 3-155 所示的"创建新元件"对话框，输入元件名称"按钮"，选择元件类型为"按钮"后，单击"确定"按钮，进入按钮编辑状态，如图 3-156 所示。

图 3-155 "创建新元件"对话框

图 3-156 按钮编辑状态

（2）将库面板中的"banner_icon.gif"图片拖曳至按钮编辑区域的舞台中，并通过"对齐"面板，使图片处于舞台的中央，此时"弹起"帧由 ▢ 变为 ▢。

（3）选中"按下"帧并单击右键，在弹出的快捷菜单中选择"插入空白关键帧"命令，如图 3-157 所示。

（4）选择工具箱中的"矩形工具"，在属性面板中将矩形工具的笔触颜色改为无色，填充颜色改为#FFFFFF，如图 3-158 所示。

图 3-157 在"按下"帧处插入空白关键帧

图 3-158 矩形的"填充和笔触"选项

（5）在"按下"帧对应的舞台中，绘制一个 24 像素×8 像素的白色矩形，并通过"对齐"面板，使图形处于舞台的正中央。

（6）选中"点击"帧并单击右键，在弹出的快捷菜单中选择"插入帧"命令，至此完成按钮内容的编辑，如图 3-159 所示。

（7）单击左上方  中的"场景1"，从按钮元件编辑状态切换到场景1，选择"窗口"|"库"菜单命令，在右侧打开库面板，可以看到库面板中列出了刚刚编辑好的按钮元件，如图3-160所示，选中按钮元件可将其拖曳到舞台中。

图3-159 编辑按钮时间轴效果　　　　图3-160 制作完成的按钮存放在库中

▶3. banner的实现

（1）"banner.fla"文件中，在"广告"图层上新建一个图层，命名为"按钮"，如图3-161所示。

（2）选择"按钮"图层的第1帧，将库面板中按钮拖曳至舞台中，并在属性面板中设置其实例名为"btn1"，如图3-162所示。

图3-161 新建"按钮"图层　　　　图3-162 设置了实例名的按钮属性面板

（3）重复第2步操作，继续拖曳3个按钮至"按钮"图层，并分别设置其实例名为"btn2"、"btn3"、"btn4"，最终效果如图3-163所示。

图3-163 将按钮放置到"按钮"图层中的效果

（4）添加 ActionScript：选中"广告"图层的第 1 帧，按<F9>键打开动作面板，在右侧空白区域输入"stop();"语句，同样的方法为"广告"图层的第 2、3、4 帧加入"stop();"语句，如图 3-164 所示。

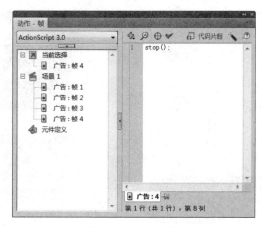

图 3-164 动作面板

（5）在"按钮"图层上新建图层，命名名"代码"，按<F9>键打开动作面板，并输入如图 3-165 所示的代码。

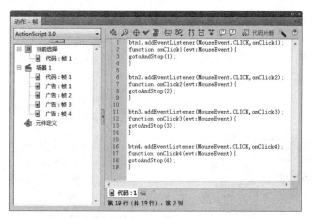

图 3-165 控制按钮的代码

（6）首页 banner 制作完成，选择"文件""保存"菜单命令保存文件。通过按<Ctrl+Enter>组合键可以将其转换为 swf 格式并进行效果的预览。

➡ 归纳总结

要制作哪些 Flash 元素是根据网页的实际需求来决定的，否则只会是画蛇添足。Flash 元素的制作要围绕网页的主题，不易过大，从而破坏网页的层次及主次结构。在 Flash 元素的制作中必须学会熟练制作各种基本动画：逐帧动画、形状补间动画、运动补间动画、引导线动画、遮罩动画；会综合地运用基本动画制作的技能制作图片播放器和广告；能综合运用各种基本动画，制作特殊效果的按钮和导航。

➡ 项目训练

小型商业网站的产品展示等 Flash 动画的制作。

（1）通过小组分析讨论的方式确定网站中有哪些地方需要用到 Flash 元素，并进行合理的分工。

（2）完成 Flash 动画的制作，小组讨论并对动画进行修改和完善。

（3）专人负责对每次的讨论以及讨论的结果进行记录。

3.6 小结

本章主要是网站建设的前期准备，包括网站 LOGO 的设计制作，网站图片素材的收集美化处理，利用 Photoshop 软件设计网站页面及对设计稿裁切获取网页制作的素材，利用 Flash 软件制作网页动画等内容。通过本章的学习，要求熟练掌握 Photoshop 的基本操作，掌握 LOGO 设计的思想，学会规划网站界面，灵活运用色彩原理，网页布局知识，设计中多加入好的创意，根据网页的实际需求制作适合主题的网页动画来点缀页面。在出现问题时要努力想办法来解决，吸取每次的经验和教训，这样就一定可以设计出满意的网页。

3.7 技能训练

3.7.1 裁切网站设计稿

【操作要求】在考生文件夹（C:\test）中的 root 文件夹中新建 J3-7-1 文件夹，参照样图完成以下操作。

（1）打开文档。启动 Photoshop 软件，打开"PS 切片技能训练.psd"文档。

（2）创建切片：参照图 3-166【样图 A】所示完成对设计稿的切片操作。

（3）编辑切片：将创建的切片，根据切片内容，并按命名规范重新编辑"名称"。

图 3-166 【样图 A】

（4）导出切片：将切片图像导出到 J3-7-1 文件夹中，在"将优化结果存储为"对话框中选择"格式"为"仅限图像"，切片为"所有用户切片"，生成如图 3-167【样图 B】所示的 images 图片文件夹。

图 3-167 【样图 B】

3.7.2 Flash 动画设计

在考生文件夹的 root 文件夹中新建 J3-7-2 文件夹，参照样图完成以下操作。

1. 绘制菱形

【操作要求】

1）新建源文件。

（1）启动 Flash，新建一个名为 J3-7-2A.fla 的影片源文件。

（2）设置影片属性，帧频为 20fps，影片大小为 300 像素×300 像素。

2）布置时间轴。

（1）将第一层命名为"背景"，在该层上方添加 5 个层，从上到下依次命名为"动画"、"上左"、"上右"、"下右"、"下左"。

（2）分别在"上左"层的第 14 帧、"上右"层的第 15 帧和第 29 帧、"下右"层的第 30 帧和第 45 帧、"下左"层的第 46 帧和第 60 帧处插入关键帧。

（3）在层"上左"、"上右"、"下右"的第 60 帧处插入非关键帧。

3）制作动画。

（1）导入 J3-7-2A.bmp 文件到"背景"层舞台的中央，作为影片的背景。

（2）参照图 3-168【样图 C】，按以下要求绘制关键帧。

① 在层"上左"第 1 帧舞台的（35，140）处绘制线条，其笔触颜色为#FFFFFF，笔触高度为 5 像素，宽度为 10 像素，高度为 10 像素。

② 在层"上左"第 14 帧舞台的（35，35）处绘制线条，其笔触颜色为#FFFFFF，笔触高度为 5 像素，宽度为 115 像素，高度为 115 像素。

③ 在层"上右"第 15 帧舞台的（150，35）处绘制线条，其笔触颜色为#FFFFFF，

笔触高度为5像素，宽度为10像素，高度为10像素。

④ 在层"上右"第29帧舞台的（150，35）处绘制线条，其笔触颜色为#FFFFFF，笔触高度为5像素，宽度为115像素，高度为115像素。

⑤ 在层"下右"第30帧舞台的（255，150）处绘制线条，其笔触颜色为#FFFFFF，笔触高度为5像素，宽度为10像素，高度为10像素。

⑥ 在层"下右"第45帧舞台的（150，150）处绘制线条，其笔触颜色为#FFFFFF，笔触高度为5像素，宽度为115像素，高度为115像素。

⑦ 在层"下左"第46帧舞台的（140，255）处绘制线条，其笔触颜色为#FFFFFF，笔触高度为5像素，宽度为10像素，高度为10像素。

⑧ 在层"下左"第60帧舞台的（35，150）处绘制线条，其笔触颜色为#FFFFFF，笔触高度为5像素，宽度为115像素，高度为115像素。

⑨ 在以上操作的基础上设置相关关键帧的属性，使影片产生绘画矩形的效果。

4）制作影片剪辑。

（1）复制"动画"、"上左"、"上右"、"下右"、"下左"层的所有帧。

（2）新建一个名为"动画"的影片剪辑元件，将复制的帧粘贴到影片剪辑的时间轴上。

（3）删除主时间轴上的"动画"、"上左"、"上右"、"下右"、"下左"层的所有帧，把影片剪辑"动画"放在"动画"层第1帧的舞台中。

（4）设置动画实例的X为35，Y为140。

5）发布影片：保存影片源文件，并生成swf文件。

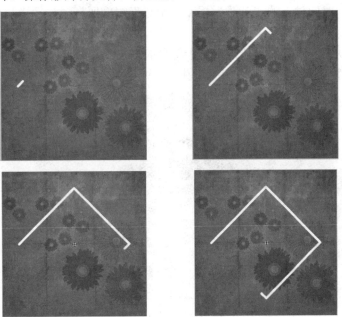

图3-168 【样图C】

2．沿轨迹运动

【操作要求】

1）新建源文件。

（1）启动Flash，新建一个名为J3-7-2B.fla的影片源文件。

（2）设置影片属性，帧频为 20fps，影片大小为 400 像素×300 像素。

2）布置时间轴。

（1）将第一层命名为"背景"，在该层上方添加 3 个层，从上到下依次命名为"注释"、"引导"和"动画"。

（2）锁定"注释"图层。

（3）将层"注释"设置为引导层，将层"引导"设置为层"动画"的运动引导层。

3）制作动画。

（1）参照图 3-169【样图 D】，导入 J3-7-2B.jpg 文件到"背景"层舞台的上，调整其尺寸与舞台相同，定位于舞台中央。

（2）在"动画"层的舞台上用放射渐变填充画一个填充色为#FFFFFF、#FF9900 和 #FFCC66 的球（无轮廓），其直径为 100 像素。

（3）将球转换成名为"小球"、注册点在中心的图形元件。

（4）用小球做一个沿波浪线的一端，从舞台的左方到右方的 30 帧补间动画（不要求波浪线尺寸的精度），小球的直径从动画开始时的 100 像素到动画结束时减小到 20 像素，动画关键的"简易"属性值为－100。

4）制作影片剪辑。

（1）复制"动画"层和"引导"层的所有帧。

（2）新建一个名为"动画"、注册点在中央的影片剪辑元件，将复制的帧粘贴到该元件时间轴的第 1 层中。

（3）删除主时间轴上的"动画"层和"引导"层的所有帧，把影片剪辑"动画"放在"动画"层第 1 帧的舞台中。

（4）将"动画"实例的注册点定位于舞台的中央。

5）发布影片：保存影片源文件，并生成 swf 文件。

图 3-169 【样图 D】

3. 文字变化

【操作要求】

1）新建源文件。

（1）启动 Flash，新建一个名为 J3-7-2C.fla 的影片源文件。

（2）设置影片属性，帧频为 20fps，影片大小为 400 像素×300 像素。

2）布置时间轴。

（1）将第一层命名为"背景"，在该层上方添加两个层，从上到下依次命名为"动画"和"文字"。

（2）导入 J3-7-2C.jpg 文件到"背景"层舞台的中央，作为影片的背景。

（3）锁定"背景"图层。

3）制作动画。

（1）参照图 3-170【样图 E】，在"文字"图层舞台中央输入文字"网站设计"，设置字体为华文琥珀，字号 70，每个字对应的颜色分别为：#FF6600、#99CC00、#FF3399、#009999，并将其分离成形状。

（2）在"动画"层的第 5、10、15 帧上添加关键帧。

（3）按以下要求添加形状：

① 将"文字"层中的形状"网"复制到"动画"层第 1 帧的舞台上，并将其颜色调整为浅灰色，位置不变。

② 将"文字"层中的形状"站"复制到"动画"层第 5 帧的舞台上，并将其颜色调整为浅灰色，位置不变。

③ 将"文字"层中的形状"设"复制到"动画"层第 10 帧的舞台上，并将其颜色调整为浅灰色，位置不变。

④ 将"文字"层中的形状"计"复制到"动画"层第 15 帧的舞台上，并将其颜色调整为浅灰色，位置不变。

⑤ 将"动画"层第 1、5、10 的属性设置为"形状渐变"。

4）制作影片剪辑。

（1）复制"动画"层的所有帧。

（2）新建一个名为"动画"、注册点在中央的影片剪辑元件，将复制的帧粘贴到该元件时间轴的第 1 层中。

（3）删除主时间轴上的"动画"层中的所有帧，把影片剪辑"动画"放在"动画"层第 1 帧的舞台中。

（4）将"动画"实例的"网"与"文字"层中的"网"重合。

5）发布影片：保存影片源文件，并生成 swf 文件。

图 3-170 【样图 E】

4. 一箭穿心

【操作要求】

1）新建源文件。

（1）启动 Flash，新建一个名为 J3-7-2D.fla 的影片源文件。

（2）设置影片属性，帧频为 20fps，影片大小为 400 像素×300 像素。

2）布置时间轴。

（1）将第一层命名为"背景"，在该层上方添加 3 个层，从上到下依次命名为"右心"、"动画"和"左心"。

（2）导入 J3-7-2D.jpg 文件到"背景"层舞台的中央，作为影片的背景。

（3）锁定"背景"图层。

3）制作动画。

（1）参照图 3-171【样图 F】，在"左心"层中绘制一个红色的心形，大小控制在 150 像素左右（不要求精确），定位于舞台中央。

（2）将心形的右半部分剪切到"右心"层，位置不变。

（3）在"动画"层的舞台上绘制一个杆身高为 5 像素、长度为 200 像素的箭。颜色为#FF9900，将其定位于（200，150）处。

（4）把箭转换成名为"箭"的图形元件后将该元件的实例复制到动画层的第 40 帧中，定位于（400，150）处。将"动画"层第 1 帧的属性设置为"运动渐变"。

4）制作影片剪辑。

（1）复制"动画"层的所有帧。

（2）新建一个名为"动画"、注册点在中央的影片剪辑元件，将复制的帧粘贴到该元件时间轴的第一层中。

（3）删除主时间轴上"动画"层中的所有帧，把影片剪辑"动画"放在"动画"层第 1 帧的舞台中。

（4）将"动画"实例的注册点定位于舞台的中央。

5）发布影片：保存影片源文件，并生成 swf 文件。

图 3-171 【样图 F】

5. 钟摆式公告牌动画

【操作要求】

1）新建源文件。

（1）启动 Flash，新建一个名为 J3-7-2E.fla 的影片源文件。

（2）设置影片属性，帧频为 20fps，影片大小为 400 像素×300 像素。

2）布置时间轴。

（1）将第一层命名为"背景"，在该层上方添加"动画"层。

（2）导入 J3-7-2E.bmp 文件到"背景"层舞台的中央，作为影片的背景。

（3）锁定"背景"图层。

3）制作动画。

（1）参照图 3-172【样图 G】，在"动画"层中绘制一个写有"网上论坛"的公告牌，公告牌颜色为#6633CC、大小宽 120 像素，高 45 像素的圆角矩形。矩形文字为黑体、24 像素白色。用灰色线系住，在线中间用 7×7 像素的灰色小球固定悬挂，小球渐变色为 #FFFFFF、#000000。

（2）将公告牌转换成名为"公告牌"、注册点在正上方的图形元件，将其定位于主时间轴舞台的（140，100）处。

（3）制作"公告牌"摆动角度与垂线成±30°的 20 帧补间动画。

4）制作影片剪辑。

（1）复制"动画"层的所有帧。

（2）新建一个名为"动画"、注册点在中央的影片剪辑元件，将复制的帧粘贴到该元件时间轴的第 1 层中。

（3）删除主时间轴上的"动画"层中的所有帧，把影片剪辑"动画"放在"动画"层第 1 帧的舞台中。

（4）将"动画"实例的注册点定位于舞台的中央。

5）发布影片：保存影片源文件，并生成 swf 文件。

图 3-172 【样图 G】

3.7.3 Flash 交互界面开发

1. 按钮控制影片播放

【操作要求】

在考生文件夹的 root 文件夹中新建 J3-7-3 文件夹，将练习素材文件夹中的 S3-7-3\S3-7-3A.fla 影片文件复制到 J3-7-3 文件夹中，重命名为 J3-7-3A.fla。打开 J3-7-3A .fla 影片源文件，参照图 3-173【样图 H】完成以下操作。

图 3-173 【样图 H】

（1）创建按钮元件：将主时间轴舞台上的按钮形状转换成名为"按钮"的按钮元件。
（2）定义按钮的状态。
① 在"按钮"元件的"指针经过"帧和"按下"帧处插入关键帧。
② 修改"按钮"元件的"指针经过"帧，将帧中形状的填充色改为#FF9900。
③ 修改"按钮"元件的"按下"帧，将帧中形状的填充色改为#FF0000。
（3）添加音效：用 Flash 公用声音库中的声音元件为按钮添加响应鼠标经过的声音 Plastic Button；为按钮添加响应鼠标按下的声音 Plastic Click。
（4）添加动作。
① 为主时间轴 action 层的第 1 帧添加 fscommand() 动作，使影片的尺寸不随播放器窗口的变化而变化。
② 为主时间轴舞台上的按钮添加动作，使按钮按下时"动画"实例停止播放，按钮松开时"动画"实例开始播放。
（5）导出影片：导出与源文件同名的.swf 影片文件和.swd 允许调试文件。

2. 计算

【操作要求】

在考生文件夹的 root 文件夹中新建 J3-7-3 文件夹，将练习素材文件夹中的 S3-7-3\S3-7-3B.fla 影片文件复制到 J3-7-3 文件夹中，重命名为 J3-7-3B.fla。打开 J3-7-3B .fla 影片源文件，参照图 3-174【样图 I】完成以下操作。

（1）创建按钮元件：将舞台中的文字"答案"转换成名为"button"的按钮元件，元件的注册点位于正中央。

（2）定义按钮的状态。

① 修改"button"按钮元件，使其在鼠标经过时颜色为#FF6600，文字增大 2 个像素。

② 修改"button"按钮元件，使其在鼠标按下时颜色为#FF0000、文字大小还原。

③ 修改"button"按钮元件，在点击区域绘制一个矩形大小能将文字盖住。

（3）添加音效：用 Flash 公用声音库中的声音元件为按钮添加响应鼠标经过的声音 Camera Shutter 35mm SLR；为按钮添加响应鼠标按下的声音 Industrial Door Switch。

（4）添加动作。

① 为主时间轴 action 层的第 1 帧添加 fscommand()动作，使影片的尺寸不随播放器窗口的变化而变化。

② 为主时间轴舞台上的"答案"按钮添加动作，使按钮释放时在其右侧的文本框中显示上两个文本框中输入数字之和。

（5）导出影片：导出与源文件同名的.swf 影片文件和.swd 允许调试文件。

图 3-174 【样图 I】

3. 重新定位

【操作要求】

在考生文件夹的 root 文件夹中新建 J3-7-3 文件夹，将练习素材文件夹中的 S3-7-3\S3-7-3C.fla 影片文件复制到 J3-7-3 文件夹中，重命名为 J3-7-3C.fla。打开 J3-7-3C .fla 影片源文件，参照图 3-175【样图 J】完成以下操作。

（1）创建按钮元件：将舞台右下角的图形转换成名为"button"的按钮元件，元件的注册点位于中央。

（2）定义按钮的状态。

① 修改"button"按钮元件，使其在鼠标经过时颜色为#FF6600。

② 修改"button"按钮元件，使其在鼠标按下时颜色为#FF0000。

（3）添加音效：用 Flash 公用声音库中的声音元件为按钮添加响应鼠标经过的声音 Camera Latch Metal Jingle；为按钮添加响应鼠标按下的声音 Keyboard Type Sngl。

（4）添加动作。

① 为主时间轴 action 层的第 1 帧添加 fscommand()动作，使影片的尺寸不随播放器窗口的变化而变化。

② 为主时间轴舞台上的"button"按钮添加动作，使按钮按下时舞台上的小狗根据左下角两个输入文本域中填写的数值重新定位。

（5）导出影片：导出与源文件同名的.swf 影片文件和.swd 允许调试文件。

图 3-175 【样图 J】

4. 音量调节器

【操作要求】

在考生文件夹的 root 文件夹中新建 J3-7-3 文件夹，将练习素材文件夹中的 S3-7-3\S3-7-3D.fla 影片文件复制到 J3-7-3 文件夹中，重命名为 J3-7-3D.fla。打开 J3-7-3D.fla 影片源文件，参照图 3-176【样图 K】完成以下操作。

（1）创建按钮元件：将舞台上的音量调节滑块转换成名为"滑块"的按钮元件。

（2）定义按钮的状态。

① 在"滑块"元件的"指针经过"帧和"按下"帧处插入关键帧。

② 修改"滑块"按钮元件的"指针经过"帧，将帧中形状填充色改为#FFFF00。

③ 修改"滑块"按钮元件的"按下"帧，将帧中形状轮廓线的颜色改为#00FF00。

（3）添加音效：用 Flash 公用声音库中的声音元件为按钮添加响应鼠标经过的声音 Camera Latch Metal Jingle；为按钮添加响应鼠标按下的声音 Latch Metal Click Verb。

（4）添加动作：在"滑块"按钮添加动作，使其被按下时"滑块"随着鼠标横向移动（不允许纵向移动），"滑块"注册点的移动范围在音量调节器内。

（5）导出影片：导出与源文件同名的.swf 影片文件和.swd 允许调试文件。

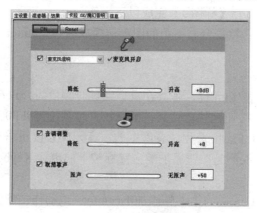

图 3-176 【样图 K】

5. 射击

【操作要求】

在考生文件夹的 root 文件夹中新建 J3-7-3 文件夹，将练习素材文件夹中的 S3-7-3\S3-7-3E.fla 影片文件复制到 J3-7-3 文件夹中，重命名为 J3-7-3E.fla。打开 J3-7-3E.fla 影片源文件，参照图 3-177【样图 L】完成以下操作。

（1）创建按钮元件：

① 在主时间轴"按钮"层的舞台上绘制一个填充色为#FD55C7 的圆（无轮廓）。

② 圆的直径为 30 像素，定位于（580，340）。

③ 选中圆形，将其转换成名为"发射"的按钮元件。

图 3-177 【样图 L】

（2）定义按钮的状态：

① 在"发射"元件的"指针经过"帧和"按下"帧处插入关键帧。

② 修改"发射"按钮元件的"指针经过"帧，将帧中图形的填充色改为#D2F38F。

③ 修改"发射"按钮元件的"按下"帧，将帧中图形的填充色改为#1ED8E1。

（3）添加音效：用 Flash 公用声音库中的声音元件为按钮添加响应鼠标经过的声音 Camera Latch Metal Jingle；为按钮添加响应鼠标按下的声音 Latch Metal Click Verb。

（4）添加动作：为主时间轴舞台上的按钮添加动作，使按钮按下时用舞台中的"动画"实例附加元件库中的"动画"，从而实现用"发射"按钮指挥发射气球器发射的效果（单击一次按钮发射一个气球）。

（5）导出影片：导出与源文件同名的.swf 影片文件和.swd 允许调试文件。

6. 给汽车换颜色

【操作要求】

在考生文件夹的 root 文件夹中新建 J3-7-3 文件夹，将练习素材文件夹中的 S3-7-3\S3-7-3F.fla 影片文件复制到 J3-7-3 文件夹中，重命名为 J3-7-3F.fla。打开 J3-7-3F.fla 影片源文件，参照图 3-178【样图 M】完成以下操作。

（1）创建按钮元件：将主时间轴舞台右下方的红色圆形形状转换成名为"色彩"的按钮。

（2）定义按钮的状态：

① 在"色彩"元件的"指针经过"帧和"按下"帧处插入关键帧。

② 修改"色彩"按钮元件的"指针经过"帧，将帧中形状的填充色改为黑色#000000。

③ 修改"色彩"按钮元件的"按下"帧，将帧中图形的填充色改为蓝色#0000FF。

（3）添加音效：用 Flash 公用声音库中的声音元件为按钮添加响应鼠标经过的声音 Plastic Button；为按钮添加响应鼠标按下的声音 Plastic Click。

（4）添加动作：为"色彩"实例添加动作，使舞台中央的"汽车"实例的颜色与"色彩"同步。

提示： 舞台中央的"汽车"实例包含 3 个关键帧，每个关键帧的舞台中央有一个图形实例，分别为"红色汽车"、"黑色汽车"、"蓝色汽车"。

（5）导出影片：导出与源文件同名的.swf 影片文件和.swd 允许调试文件。

图 3-178 【样图 M】

7. 杯子

【操作要求】

在考生文件夹的 root 文件夹中新建 J3-7-3 文件夹，将练习素材文件夹中的 S3-7-3\S3-7-3G.fla 影片文件复制到 J3-7-3 文件夹中，重命名为 J3-7-3G.fla。打开 J3-7-3G.fla 影片源文件，参照图 3-179【样图 N】完成以下操作。

（1）创建按钮元件：将舞台中"杯子"实例中的形状转换成名为"杯子"、注册点在中央的按钮元件。

（2）定义按钮的状态。

① 在"杯子"元件的"指针经过"帧和"按下"帧处插入关键帧。

② 修改"杯子"按钮元件的"指针经过"帧，将帧中形状添加颜色为#FFFF00、笔触样式为"极细"的轮廓线。

③ 修改"杯子"按钮元件的"按下"帧，将帧中形状添加颜色为#FFCC00、笔触样式为"极细"的轮廓线。

（3）添加音效：用 Flash 公用声音库中的声音元件为按钮添加响应鼠标经过的声音 Plastic Button；为按钮添加响应鼠标按下的声音 Plastic Click。

（4）添加动作：在"杯子"实例上添加动作，使"杯子"实例可以被鼠标拖曳；当"杯子"被释放时"杯盖"的注册点随"杯子"放置的位置重新与"杯子"的注册点重合。

（5）导出影片：导出与源文件同名的.swf 影片文件和.swd 允许调试文件。

图 3-179 【样图 N】

子项目 4 实现网页结构

在子项目 3 中已经使用 Photoshop 设计出网站首页及相关子页的效果图,接下来使用 Dreamweaver 将设计好的效果图实现为能够在互联网上供浏览者浏览的网页。为了顺利地制作出完整的网站,首先需要在本地磁盘上制作网站,然后再把网站上传到互联网的 Web 服务器上,在本地磁盘上的网站称为本地站点,位于互联网的 Web 服务器里的网站称为远程站点。

项目任务 4.1 创建本地站点

就像盖房子时需要足够的土地一样,制作网站也需要充分的操作空间。在制作网站之前,首先指定网站的操作空间——本地站点,然后再进入正式的操作阶段。操作者应该养成在开始所有操作之前预先设置本地站点,并保存文档的好习惯。

在网站开发初期,对站点进行仔细的规划和组织,可以为后期的工作节约时间,提高网页制作的效率。

"我的 E 站"站点结构如图 4-1 所示。

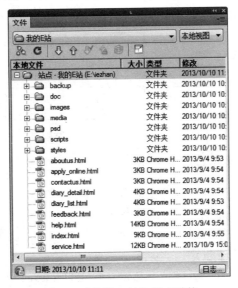

图 4-1 "我的 E 站"站点结构

能力要求

(1) 会对站点进行规划和组织。
(2) 能按照策划书中的内容创建站点的基本结构。
(3) 能将不同的文件进行分类，分别放置于不同的文件夹中以便管理。

任务实施

4.1.1 规划目录结构

创建 Web 站点的第一步是规划。为了达到最佳效果，在创建任何 Web 站点页面之前，应对站点的结构进行设计和规划。根据策划书中的相关内容，决定要创建多少页，每页上显示什么内容，页面布局的外观，以及页是如何互相连接起来的。

▶ 1. 建立"我的 E 站"站点目录结构

根据项目任务 2.2 中制定的项目策划书，将子项目 3 中准备好的素材进行归类整理，并设计网站的站点结构。

(1) 在 E 盘根目录下为站点创建一个根文件夹 iezhan。
(2) 在根文件夹下建立公共文件夹 images（公共图片），styles（样式表），scripts（脚本语言），doc（文字资料），media（动画、视频多媒体文件），backup（网站数据备份）等。
(3) 如果网站栏目比较多，可以为网站主要栏目内容分别建立子目录。每个主要栏目文件夹下都建立独立的 images 文件夹，根文件夹下的 images 用来放首页和一些次要栏目的图片。

提示：站点目录的层次不要超过 3 层，以方便维护。

规划完成后的"我的 E 站"网站站点部分目录结构如图 4-2 所示。

图 4-2　网站站点部分目录结构图

▶ 2. 建立站点目录结构的注意点

(1) 符合文件或文件夹的一般命名规范。
(2) 使用见名知义的原则对文件或文件夹进行命名。
(3) 使用小写的英文字母或拼音进行命名，不要运用过长的目录。
(4) 按栏目内容建立子目录。
(5) 在每个一级目录或二级目录下都建立独立的 images 目录。
(6) 目录的层次不要太深，建议不要超过 3 层，方便维护管理。

3. 公共文件夹的命名约定

由于网站开发大多数是以团队的形式进行的，所以公共文件夹的命名就显得尤其重要，表 4-1 是常用公共文件夹的命名约定。

表 4-1　常用公共文件夹的命名约定

文件夹的命名	存放内容
images	公共图片
styles	样式表
common	脚本语言
ftps	上传、下载
doc	网站相关文字资料、文档
media	动画、视频多媒体文件
backup	网站数据备份
bbs	论坛文件夹

4.1.2　熟悉 Dreamweaver 工作区

在建立站点前，首先要熟悉 Dreamweaver 工作区。Dreamweaver 提供了一个将全部元素置于一个窗口中的集成布局。在集成的工作区中，全部窗口和面板都被集成到一个更大的应用程序窗口中，如图 4-3 所示。

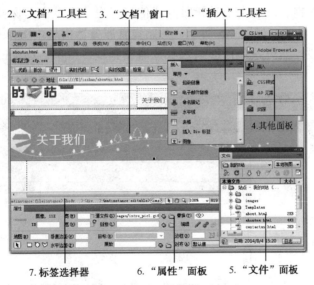

图 4-3　Dreamweaver 工作区

4.1.3　新建本地站点

Dreamweaver 是一个站点创建和管理的工具，因此使用它不仅可以创建单独的文档，还可以创建完整的 Web 站点。

1. 设置站点信息

(1) 启动 Dreamweaver，选择"站点"|"新建站点"菜单命令。

(2) 弹出"站点设置对象"对话框，如图 4-4 所示，Dreamweaver CS5 对"站点设置对象"对话框已经做了归类，总体分成 4 个：站点、服务器、版本控制、高级设置，对普通用户而言只需要设置站点、服务器即可，版本控制和高级设置一般只有大型应用软件开发用得到。

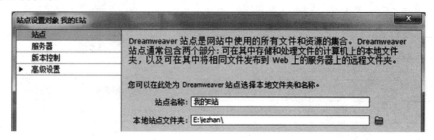

图 4-4　站点设置

站点设置方法：输入站点名称"我的 E 站"，在本地站点文件夹选择自己的工作文件夹"E:\iezhan\"（将要存储 Web 文件），设置完站点后，如果不需要设置服务器信息则可以直接单击"保存"按钮。

提示：可以单击"文件夹图标"来浏览并选择相应的文件夹。

2. 设置服务器信息

站点信息设置完后，如果要设置服务器信息，先不要单击"保存"按钮，而单击左侧的"服务器"设置。如图 4-5 所示，开始设置服务器信息，Dreamweaver CS5 把远程服务器和测试服务器设置项目都纳入服务器设置项目，单击图中的加号增加一个服务器设置。

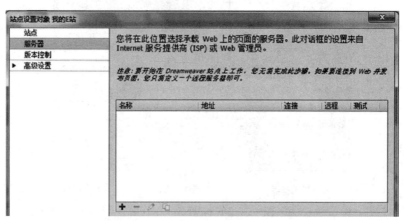

图 4-5　服务器设置

(1) 在基本设置中，如图 4-6 所示，输入服务器名称，这里选择的是本地/网络测试，服务器文件夹定位到测试目录即可。

如果需要设置编辑后直接上传到远程 Web 服务器，则可以通过 FTP/SFTP 等方式进行，示例设置方式如图 4-7 所示。

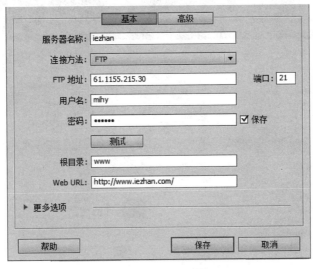

图 4-6 "本地/网络"设置

图 4-7 "FTP"设置

（2）高级设置中，如图 4-8 所示，只需要选择测试服务器模型即可，设置完成后单击"保存"按钮。

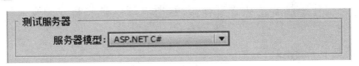

图 4-8 高级设置

可以看到服务器模型列表中已经有了最新的设置，如图 4-9 所示。

图 4-9 服务器模型列表

3. 保存设置

单击"保存"按钮，完成设置，Dreamweaver CS5 会自动刷新当前站点缓存。

4.1.4 管理本地站点

站点创建好后，会在工作界面右侧的文件面板中显示设定为本地站点的文件夹中的所有文件及子文件夹。

1. 文件管理

在 Dreamweaver 中进行文件管理的操作与在 Windows 中使用资源管理器来进行文件管理的操作类似。

（1）创建新文件。从欢迎屏幕创建空白页面。在"新建"列表中选择 HTML 或其他类型文件，如图 4-10 所示。

图 4-10 欢迎屏幕

从右侧"文件"面板中创建空白页面。用右键单击"站点"，在弹出的快捷菜单中选择"新建文件"命令，如图 4-11 所示。

提示：网页的制作一般都是从首页开始的，所以可以先把新建的页面保存为 index.htm 或 index.html 文件。

（2）移动、复制和删除文件。

① 使用"文件"面板完成。选择"站点"|"编辑"|"剪切"菜单命令，进行相应编辑操作，如图 4-12 所示。

图 4-11 使用"文件"面板新建文件　　图 4-12 使用"文件"面板管理文件

② 在 Windows 中通过资源管理器完成。

2. 站点编辑

（1）编辑站点。站点的修改是在"管理站点"对话框（如图 4-13 所示）中进行的，选择需要修改的站点后，单击"编辑"按钮，在站点创建向导中进行相应的修改。

（2）删除站点。站点的删除也是在"管理站点"对话框中进行的。选中要删除的站点，单击"删除"按钮。

提示：即使删除本地站点，实际的文件夹也不会被删除，而只是从文件面板中删除了该文件夹。

图 4-13　"管理站点"对话框

归纳总结

对于站点的构建，开始的规划很重要。有了一个清晰的规划，可以为以后的网站制作打好基础。

站点的目录结构是一个容易忽略的问题，大多数站点都是未经筹划的，随意建立子目录。目录结构的好坏，对阅读者来说并没有什么太大的感觉，但是对于站点本身的上传维护，内容未来的扩充和移植有着重要的影响。

此外，站点中文件及文件夹的命名也是一个重点，切忌使用中文或无意义的序列号。

项目训练

根据策划书中的站点规划对网站中各类素材进行整理归档，绘制出站点目录结构图，并完成小型商业网站的站点建立。

项目任务 4.2　设置首页文字段落与图片

图片和文字是网页的两大构成元素，缺一不可。文字提供给用户大量信息；图片不仅能够增加网页的吸引力，同时也大大地提升了用户在浏览网页的体验。因此重视页面上的每一个像素和每一个文字是网站制作者最基本的要求。

文字，需要符合排版要求；图片需符合网络传输及专题需要，必须精选。

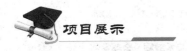

设置首页文字段落与图片后的首页效果如图 4-14 所示。

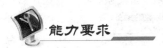

（1）掌握 HTML 基本概念。
（2）熟悉 HTML 基本结构。
（3）学会在网页中插入文本与段落。

(4)学会在网页中插入图片。
(5)学会在网页中插入特殊字符。

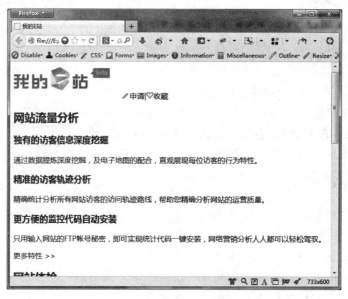

图 4-14 设置文字段落与图片的首页效果

4.2.1 掌握 HTML 基本概念

在项目任务 4.1 中已经建立了"我的 E 站"站点,并建立了相关的目录结构,新建了主页文件 index.html。在为其添加文本、图片等网页内容之前,先来了解一下浏览器是如何显示网页内容的。我们可以通过浏览器查看已有网页的源代码,如图 4-15 和图 4-16 所示,这些源代码就是浏览器可以"理解"的一种计算机语言——HTML。

图 4-15 网页效果

```
22 <div id="navfirst">
23 <ul id="menu">
24 <li id="h"><a href="/h.asp" title="HTML 系列教程">HTML 系列教程</a></li>
25 <li id="b"><a href="/b.asp" title="浏览器脚本教程">浏览器脚本</a></li>
26 <li id="s"><a href="/s.asp" title="服务器脚本教程">服务器脚本</a></li>
27 <li id="d"><a href="/d.asp" title="ASP.NET 教程">ASP.NET 教程</a></li>
28 <li id="x"><a href="/x.asp" title="XML 系列教程">XML 系列教程</a></li>
29 <li id="m"><a href="/ws.asp" title="Web Services 系列教程">Web Services 系
30 <li id="w"><a href="/w.asp" title="建站手册">建站手册</a></li>
31 </ul>
32 </div>
33
34 <div id="navsecond">
35 <h2>HTML教程</h2>
36 <ul>
37 <li><a href="/html/index.asp" title="HTML 教程">HTML</a></li>
38 <li><a href="/html5/index.asp" title="HTML5 教程">HTML5</a></li>
39 <li><a href="/xhtml/index.asp" title="XHTML 教程">XHTML</a></li>
40 <li><a href="/css/index.asp" title="CSS 教程">CSS</a></li>
41 <li><a href="/css3/index.asp" title="CSS3 教程">CSS3</a></li>
42 <li><a href="/tcpip/index.asp" title="TCP/IP 教程">TCP/IP</a></li>
43 </ul>
```

图 4-16 查看网页源代码

▶1. 什么是 HTML

HTML 是 Hyper Text Mark-up Language 的缩写，中文翻译为"超文本标记语言"，是制作网页的最基本语言，它的特点正如它的名称所示。

（1）Hyper（超）："超（hyper）"是相对于"线性（linear）"而言的，HTML 之前的计算机程序大多是线性的，即必须由上至下顺序运行，而用 HTML 制作的网页可以通过其中的链接从一个网页"跳转"至另一个网页。

（2）Text（文本）：不同于一些编译性的程序语言，例如 C、C++或 Java 等，HTML 是一种文本解释性的程序语言，即它的源代码将不经过编译而直接在浏览器中运行时被"翻译"。

（3）Markup（标记）：HTML 的基本规则就是用"标记语言"——成对尖括号组成的标签元素来描述网页内容是如何在浏览器中显示的。

▶2. HTML 历史

HTML 最早作为一种标准的网页制作语言是在 20 世纪 80 年代末由科学家蒂姆·伯纳斯-李（Tim Berners-Lee）提出的。当时他定义了 22 种标签元素，发展至 1999 年 12 月，由万维网联盟（W3C）出版的 HTML 4.01 规范中还保留着其中的 13 种标签元素。2000 年 5 月，HTML 已成为一项国际标准（ISO/IEC 15445:2000）。2008 年 1 月，万维网联盟已经出版了 HTML 5.0 规范的草案版。

早期的 HTML 版本不仅用标签元素描述网页的内容结构，而且还用标签元素描述网页的排版布局。我们知道，在网页的设计中，网页的内容结构一般变化较小，但是网页的排版布局可以千变万化。因此，当需要改变网页的布局时，就必须大量地修改 HTML 文档，这给网页的设计开发带来了很多的不便。从 HTML 4.0 开始，为了简化程序的开发，HTML 已经尽量将"网页的内容结构"与"网页的排版布局"分开。它的主要原则如下。

（1）用标签元素描述网页的内容结构；
（2）用 CSS 描述网页的排版布局；

（3）用 JavaScript 描述网页的事件处理，即鼠标或键盘在网页元素上的动作后的程序。

本教材将以 HTML 5 规范为标准进行讲解，本项目将主要讲述原则（1）的内容，原则（2）的内容将在子项目 5 中讲述。HTML 5 的详细规范内容可以通过万维网联盟网站（http://www.w3.org/TR/html5/）进行查询。

3. HTML 文件特点

（1）HTML 文件是一种包含成对标签元素的普通文本文件。因此，我们可以用任意一种文本编辑器来编写，例如 Windows 中的记事本、写字板等应用软件，也可以使用任何一种编辑 HTML 文件的工具软件，例如 Adobe 的 Dreamweaver 和 Microsoft 的 FrontPage 等。本教材就使用 Adobe 的 Dreamweaver 来编写网页。

（2）HTML 文件必须以.htm 或.html 作为扩展名。两者并没有太大的区别，只是对于一些老式计算机系统，限制文件的扩展名只能由 3 个字母组成，那么使用.htm 就会更为安全。本教材的示例中将使用.html 作为扩展名。

（3）HTML 文件可以在大多数流行的网页浏览器上显示，如目前流行的 Microsoft 的 Internet Explorer（以下简称 IE）和 Mozilla 的 Firefox（以下简称 Firefox）等。本教材将使用 Mozilla 的 Firefox 浏览器显示网页。

4.2.2　熟悉 HTML 基本结构

在 Dreamweaver CS5 中打开新建的 index.html 文档，并切换到代码视图，如图 4-17 所示，可以看到，HTML 文档是由各种 HTML 元素组成的，如 html（HTML 文档）元素、head（头）元素、body（主体）元素、title（标题）元素等。这些元素都是通过用尖括号组成的标签形式来表现的。实际上，HTML 程序编写的内容就是标签、元素和属性。

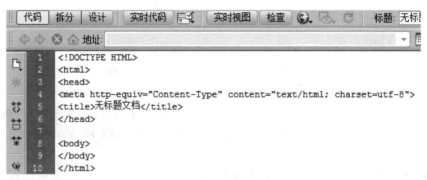

图 4-17　index.html 源代码

1. 标签、元素和属性

（1）标签。从 index.html 源代码中可以看出，HTML 标签是由一对尖括号<>及标签名称组成的，如<html>。HTML 标签通常是成对出现的，比如<title>和</title>，标签对中的第一个标签是开始标签，第二个标签是结束标签；也有单独呈现的标签，如<meta http-equiv= "Content-Type" content="text/html; charset=utf-8">等。一般成对出现的标签，其内容在两个标签中间。单独呈现的标签，则在标签属性中赋值。标签名称大小写是不敏感的，如<html>和<HTML>的效果是一样的，但是这里推荐使用小写字母，因为在 XHTML 中规定标签名称必须是小写字母。

网页的内容需在<html>标签中，标题、字符格式、语言、兼容性、关键字、描述等信息显示在<head>标签中，而网页需展示的内容则嵌套在<body>标签中。某些时候不按照标准书写代码虽然可以正常显示，但是作为职业素养，还是应该养成正规编写习惯。

（2）元素。HTML 元素指的是从开始标签到结束标签的所有代码。HTML 元素以开始标签起始，以结束标签终止，元素的内容是开始标签与结束标签之间的内容。HTML 元素分为"有内容的元素"和"空元素"两种。前者包括开始标签、结束标签及两者之间的内容，如<title>无标题文档</title>。后者则只有开始标签而没有结束标签和内容，如
。在 XHTML、XML 及未来版本的 HTML 中，所有元素都必须被关闭。在开始标签中添加斜杠，比如
，是关闭空元素的正确方法，HTML、XHTML 和 XML 都接受这种方式。

元素分为块元素与内联元素，块元素前后都有换行符，而内联元素总是在网页中随着文字流出现在"行内"。如后面将要学到的 h1、p、ul、div 等属于块元素，而 a、em、img 等属于内联元素。

（3）属性。在元素的开始标签中，还可以包含"属性"来表示元素的其他特性，它的格式是：<标签名称 属性名="属性值">，例如在超链接标签<a href ="http://www.cnblogs.com">博客园</a>使用了属性 href 来指定超链接的地址。属性值对大小写是不敏感的，也没有规定属性值一定要在引号中，但为了养成良好的编程习惯，还是应该统一在属性值外面加上双引号。

▶2. HTML 基本结构

从图 4-17 中可以看出，HTML 的基本结构如下。

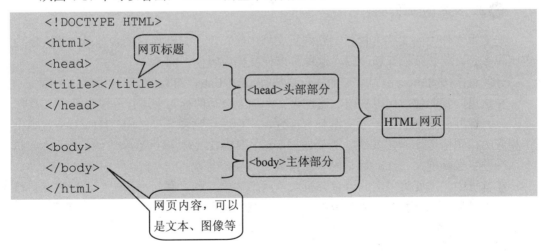

其中：

<!DOCTYPE>：向浏览器说明文档遵循的 HTML 标准的版本。

<html>：通常在此定义网页的文件格式。

<head>：表头区，记录文件基本资料，包括标题和其他说明信息等。

<title>：标题区，必须在表头区内使用，定义浏览该 HTML 文件时在浏览器窗口中的标题栏上显示的标题。

<body>：文本区，文件内容，即在浏览器中浏览该 HTML 文件时在浏览器窗口中显示的内容。

4.2.3 插入文本与段落

"我的 E 站"为江苏仕德伟网络科技股份有限公司旗下的产品之一，主要是通过独立的第三方数据分析为网络营销从业者提供客观、公正的网络营销指导建议，现正式投放市场的有"网站流量分析"、"网站体检"、"网站小护士"三大应用，在首页中需要简要介绍这三部分内容，并且插入网站的 LOGO。效果如图 4-14 所示。

▶1. 插入文本

首先在网页中输入文本，除了可以在网页中直接输入文本外，还可以将事先准备好的文件中的文本插入到网页中，具体操作步骤如下。

（1）在文件面板中，找到要插入的文本所在的文件，在 Dreamweaver 中打开。

（2）选择要复制的内容，在网页中进行粘贴。插入文本后效果如图 4-18 所示。

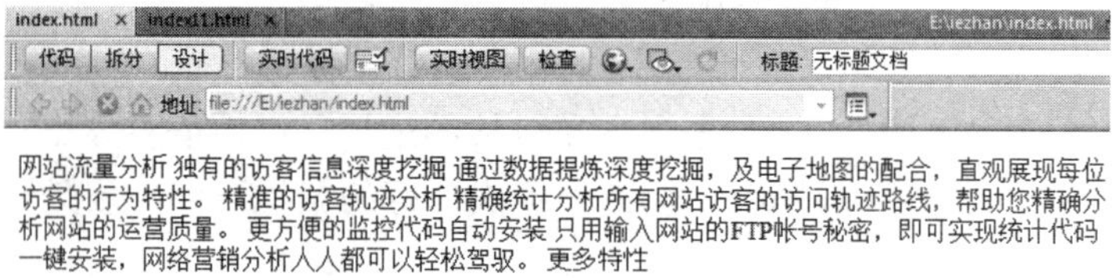

图 4-18 插入文本后的效果

提示：建议事先准备好文字素材，这样有利于团队合作，能够做到分工明确。

▶2. 文本的分段与换行

把文本文件中的文字素材复制到网页文档中时，不会自动换行或者分段，当文字内容比较多时，就必须换行和分段，这样可以使文档内容便于阅读。

分段直接按<Enter>键即可，而换行要按<Shift＋Enter>组合键。

在这里，我们使用代码视图，通过为文本加上合适的标签来进行分段与换行。

（1）标题标签<hn>。一般文章都有标题、副标题、章和节等结构，HTML 中也提供了相应的标题标记<hn>，其中 n 为标题的等级，HTML 总共提供 6 个等级的标题，n 越小，标题字号就越大。<hn>标记的一般格式为：<hn>标题</hn>（n=1，…，6）。

在首页中，需要将"网站流量分析"、"网站体检"和"网站小护士"设置为标题格式，在这里使用<h2>标签。每部分的介绍小标题则使用<h3>标签，如图 4-19 所示。

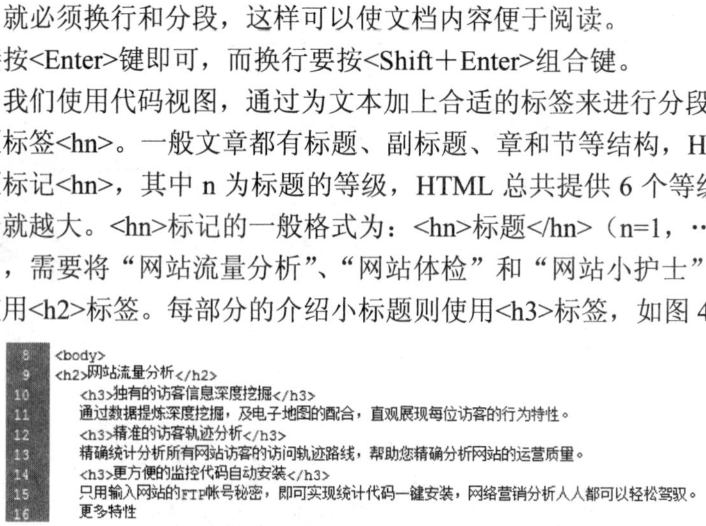

图 4-19 设置文本标题

提示：在代码视图中编写代码时要注意代码缩进等编码规范。

（2）段落标签<p></p>。为了排列的整齐、清晰，文字段落之间，常用<p></p>来做标记。文件段落的开始由<p>来标记，段落的结束由</p>来标记，如图 4-20 所示。

```
<body>
<h2>网站流量分析</h2>
    <h3>独有的访客信息深度挖掘</h3>
    <p>通过数据提炼深度挖掘，及电子地图的配合，直观展现每位访客的行为特性。</p>
    <h3>精准的访客轨迹分析</h3>
    <p>精确统计分析所有网站访客的访问轨迹路线，帮助您精确分析网站的运营质量。</p>
    <h3>更方便的监控代码自动安装</h3>
    <p>只用输入网站的FTP帐号秘密，即可实现统计代码一键安装，网络营销分析人人都可以轻松驾驭。</p>
    更多特性
```

图 4-20　设置文本段落

（3）换行标签
。在 HTML 文本显示中，默认是将一行文字连续地显示出来，如果想把一个句子后面的内容在下一行显示就会用到换行符
。换行符号标签是个单标签，也叫空标签，不包含任何内容，在 HTML 文件中的任何位置只要使用了
标签，当文件显示在浏览器中时，该标签之后的内容将在下一行显示。

4.2.4　添加图像

在首页中，还需要插入“我的 E 站”网站的 LOGO，在 Dreamweaver 中，给网页添加图像时，可以设置或修改图像属性并直接在“文档”窗口中查看所做的更改。

1. 插入图像

（1）将插入点放置在要显示图像的地方。

（2）在“常用”插入栏中，单击“图像”图标。

（3）打开“选择图像源文件”对话框进行选择，这里选择“logo.gif”文件，如图 4-21 所示。

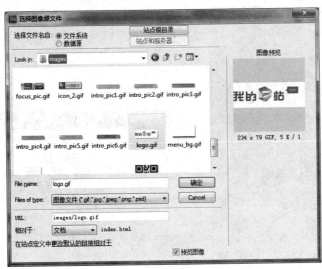

图 4-21　“选择图像源文件”对话框

2. 图像标签

图像在 HTML 代码中用 img 来表示，其基本的代码写法是：<img src="#1" alt="#2"

align="#3" border="#4">。

#1 为图片的 URL，关于 URL 就是指图片的绝对地址或者相对于当前网页的相对地址（考虑到网站的可移植性，建议使用相对地址）。

#2 为浏览器尚未完全读入图像时，在图像位置显示的文字。也是图像显示以后，当鼠标放在图片上时所显示的文字。

#3=left, center, right，使用图像的 align 属性，left 居左，center 居中，right 居右。如 <img src="images/logo.jpg" align="left">。

#4 为数字，指的是这个图像的边框宽度。

在代码视图中，使用 img 标签为网页中"申请"和"收藏"添加图标，如图 4-22 所示。

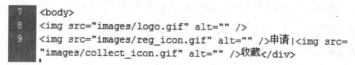

图 4-22　img 标签

添加图像后最终得到的效果如图 4-14 所示。

4.2.5　插入特殊符号

首页中插入文本和图像以后，我们发现"更多特性"后面需要加入一个空格和两个">"符号，这时就需要使用"文本"插入栏，单击"字符" BR· 图标的下拉按钮，选择需要的符号，如图 4-23 所示。

除了使用 Dreamweaver 提供的可视化工具菜单外，还可以通过添加特殊符号对应的 HTML 代码来完成，常用的特殊符号对应的 HTML 代码如图 4-23 所示。

图 4-23　"文本"插入工具栏与常用的特殊符号对应的 HTML 代码

在"更多特性"后面,输入" >>",就得到如图4-14所示的效果。

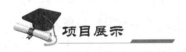

要制作网页,必须掌握 HTML 的基本概念和基本结构。文本和图像是网页中最基本的对象。应掌握在网页中插入文本的相关操作,同时学会文本段落的相关设置和对应标签的使用方法,并能熟练在网页中添加图像和特殊字符。

➡ 项目训练

运用学会的技能,在小型商业网站的首页中插入文本和图像,把自己的项目进行完善,注意 HTML 代码的书写规范。

项目任务 4.3 创建首页中列表

列表在网站设计中占有比较大的比重,用列表显示信息非常整齐直观,便于用户理解。列表与后面的 CSS 样式结合还能实现很多高级应用。HTML 列表主要包括无序列表、有序列表和自定义列表。

首页中"他们正在使用"、"E 站日志"和"帮助信息"都是使用列表来实现的。

➡ 项目展示

创建列表后的部分效果如图 4-24 所示。

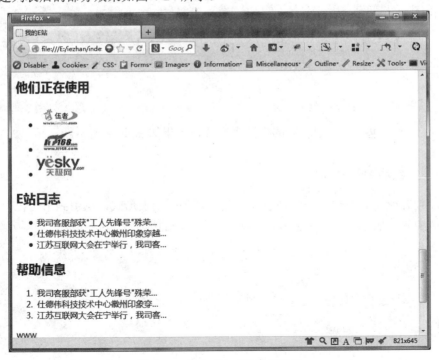

图 4-24 创建列表后的首页效果

能力要求

(1) 掌握列表的结构组成。
(2) 学会创建无序列表。
(3) 学会创建有序列表。
(4) 学会常见自定义列表。

4.3.1 创建无序列表

HTML 的列表元素是一个由列表标签封闭的结构,包含的列表项由<li></li>组成。无序列表就是列表结构中的列表项没有先后顺序的列表形式。大部分网页应用中的列表均采用无序列表,其列表标签采用<ul></ul>。编写方法如下:

```
<ul>
    <li></li>
    <li></li>
    <li></li>
</ul>
```

在 index.html 代码视图中,输入以下代码,可以实现"他们正在使用"的列表效果,如图 4-24 所示。

```
<ul>
    <li><img src="images/f_link_pic1.gif" alt="" /></li>
    <li><img src="images/f_link_pic2.gif" alt="" /></li>
    <li><img src="images/f_link_pic3.gif" alt="" /></li>
    ……
</ul>
```

"E 站日志"也可以使用相同的方法来实现,效果如图 4-24 所示。

4.3.2 创建有序列表

有序列表就是列表结构中的列表项有先后顺序的列表形式,从上到下可以有各种不同的序列编号,如 1、2、3 或 a、b、c 等。有序列表的标签为<ol></ol>。编写方法如下:

```
<ol>
    <li> </li>
    <li> </li>
    <li> </li>
</ol>
```

在 index.html 代码视图中,输入以下代码,可以实现"帮助信息"的列表效果,如

图 4-24 所示。

```
<ol>
    <li>我司客服部获"工人先锋号"殊荣…</li>
    <li>仕德伟科技技术中心徽州印象穿…</li>
    <li>江苏互联网大会在宁举行，我司客…</li>
</ol>
```

4.3.3 创建自定义列表

自定义列表不是一个项目的序列，它是一系列条目和它们的解释。自定义列表的开始使用<dl>标签，列表中每个元素的标题使用<dt>定义，后面跟随<dd>用于描述列表中元素的内容。自定义列表的定义（标签<dd>）中可以加入段落、换行、图像、链接、其他的列表等。编写方法如下：

```
<dl>
  <dt> </dt>
    <dd> </dd>
  <dt> </dt>
    <dd> </dd>
</dl>
```

给出一个自定义列表示例如下。在浏览器中预览的效果如图 4-25 所示。

```
<dl>
        <dt>www</dt>
              <dd>World Wide Web 的缩写。</dd>
        <dt>com</dt>
        <dt>com.cn</dt>
        <dt>cn</dt>
              <dd>这些都是域名的后缀。</dd>
        <dt>html</dt>
              <dd>超文本标记语言</dd>
              <dd>html 5功能更强大</dd>
</dl>
```

```
www
    World Wide Web的缩写。
com
com.cn
cn
    这些都是域名的后缀。
html
    超文本标记语言
    html 5功能更强大
```

图 4-25 自定义列表效果

提示：不一定每个 dt 标签要对应一个 dd，可以一对多或多对一（就像上面的例子）。

归纳总结

使用列表来整理一些排行表、日志等条目式的内容非常清晰且有层次感。列表和 CSS 结合还能制作各种导航、图像展示等效果，在网页中有很大的应用，因此应该熟练掌握列表的使用方法并灵活应用。

项目训练

运用学会的技能，在小型商业网站的首页中使用列表整理页面内容，完善项目，合理使用列表类型。

项目任务 4.4　插入首页表格

在网页制作中，表格是网页设计制作中不可缺少的元素，它可以作为一种在网上显示列表数据的手段，使 Web 设计人员可以快速地表示价格列表、统计比较、电子表格、图表等。它以简洁明了和高效快捷的方式将图片、文本、数据和表单元素有序地显示在页面上，让我们可以设计出漂亮的页面。使用表格排版的页面在不同平台、不同分辨率的浏览器里都能保持其原有的布局，正因为在不同的浏览器平台有较好的兼容性，所以表格是网页中最常用的排版方式之一。但为了符合新的 Web 标准，目前表格布局已逐步被 DIV+CSS 布局方式所替代。但其作为排版数据的功能依然受到设计人员的青睐。

项目展示

首页中"体检网站排行榜"就可以使用表格来实现，效果如图 4-26 所示。

图 4-26　插入数据表格效果

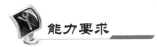 **能力要求**

（1）学会表格创建、结构调整与美化的方法。
（2）学会设置表格与单元格的主要属性。
（3）学会使用表格标签。

4.4.1 创建表格

要在首页中实现"体检网站排行榜"这个数据表格，首先要创建表格，然后在单元格中输入数据即可完成。

在文档窗口中，将光标放在需要创建表格的位置，单击"常用"插入栏中的"表格"按钮（如图 4-27 所示），弹出"表格"对话框（如图 4-28 所示），指定表格的属性后，在文档窗口中插入设置的表格。

图 4-27 "常用"插入栏

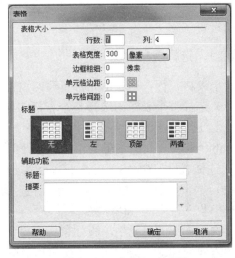

图 4-28 "表格"对话框

（1）"行数"文本框用来设置表格的行数，此处为 7 行。
（2）"列"文本框用来设置表格的列数，此处为 4 列。
（3）"表格宽度"文本框用来设置表格的宽度，可以填入数值，紧随其后的下拉列表框用来设置宽度的单位，有两个选项——百分比和像素。当宽度的单位选择百分比时，表格的宽度会随浏览器窗口的大小而改变。此处设置了 300 像素。
（4）"单元格边距"文本框用来设置单元格的内部空白的大小，此处为 0。
（5）"单元格间距"文本框用来设置单元格与单元格之间的距离，此处为 0。
（6）"边框粗细"用来设置表格的边框的宽度，此处为 0。
表格常用属性值的具体区别如图 4-29 所示。
（7）"标题"定义表格的标题。
（8）"摘要"可以在这里对表格进行注释。

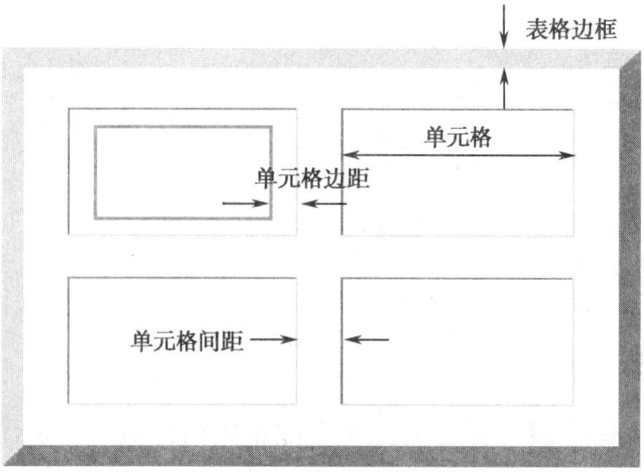

图 4-29 "表格"属性详解

4.4.2 编辑表格

为了达到预期的效果,有时候需要对表格进行编辑。表格的编辑包括表格和单元格属性的设置。

1. 选择表格对象

对于表格、行、列、单元格属性的设置都是以选择这些对象为前提的。

(1)选择整个表格。选择整个表格的方法是把鼠标放在表格边框的任意处后单击,当出现▦这样的标志时单击即可选中整个表格,或在表格内任意处单击,然后在状态栏选中<table>标签即可;或在单元格任意处单击,单击鼠标右键,在弹出的菜单中选择"表格"|"选择表格"命令。

(2)选择单元格。要选中某一单元格,按住<Ctrl>键,在需要选中的单元格单击即可;或者选中状态栏中的<td>标签。

要选中连续的单元格,按住鼠标左键从一个单元格的左上方开始,向要连续选择单元格的方向拖动。如要选中不连续的几个单元格,可以按住<Ctrl>键,单击要选择的所有单元格即可。

(3)选择行或列。要选择某一行或某一列,将光标移动到行左侧或列上方,鼠标指针变为向右或向下的箭头图标时,单击即可。

2. 设置表格属性

选中一个表格后,可以通过"表格"属性面板(如图 4-30 所示)更改表格属性。

图 4-30 "表格"属性面板

(1)"对齐"下拉列表框用来设置表格的对齐方式,默认的对齐方式一般为左对齐。

（2）"边框"文本框用来设置表格边框的宽度。
（3）"填充"文本框用来设置表格单元格的内部空白的大小。
（4）"间距"用来设置表格单元格之间的大小。

3. 设置单元格属性

把光标移动到某个单元格内，可以利用"单元格"属性面板（如图 4-31 所示）对这个单元格的属性进行设置。

图 4-31 "单元格"属性面板

（1）"水平"文本框用来设置单元格内元素的水平排版方式，是居左、居右或是居中。
（2）"垂直"文本框用来设置单元格内的垂直排版方式，是顶端对齐、底端对齐或是居中对齐。
（3）"高"、"宽"文本框用来设置单元格的宽度和高度。
（4）"不换行"复选框可以防止单元格中较长的文本自动换行。
（5）"标题"复选框使选择的单元格成为标题单元格，单元格内的文字自动以标题格式显示出来。
（6）"背景颜色"文本框用来设置单元格的背景颜色。

4. 设置表格的行与列

选中要插入行或列的单元格，单击鼠标右键，在弹出的菜单中选择"插入行"或"插入列"或"插入行或列"命令，如图 4-32 所示。

如果选择了"插入行"命令，在选择行的上方就插入了一个空白行，如果选择了"插入列"命令，就在选择列的左侧插入了一列空白列。

如果选择了"插入行或列"命令，会弹出"插入行或列"对话框（如图 4-33 所示），可以设置插入行还是列、插入的数量，以及是在当前选择的单元格的上方或下方、左侧或是右侧插入行或列。

要删除行或列，选择要删除的行或列，单击鼠标右键，在弹出的菜单中选择"删除行"或"删除列"命令即可。

5. 拆分与合并单元格

拆分单元格时，将光标放在待拆分的单元格内，单击属性面板上的"拆分" 按钮，在弹出的对话框（如图 4-34 所示）中，按需要设置即可。

合并单元格时，选中要合并的单元格，单击属性面板中的"合并" 按钮即可（如图 4-34 所示）。

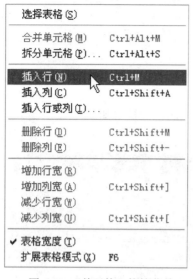

图 4-32 "单元格"快捷菜单　　　　图 4-33 "插入行或列"对话框

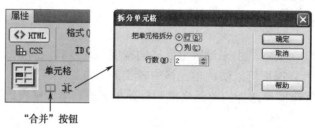

图 4-34 拆分与合并单元格

4.4.3 了解嵌套表格

表格之中还有表格即嵌套表格。网页的排版有时会很复杂，在外部需要一个表格来控制总体布局，如果内部排版的细节也通过总表格来实现，容易引起行高列宽等的冲突，给表格的制作带来困难。另外，浏览器在解析网页的时候，是将整个网页的结构下载完毕之后才显示表格，如果不使用嵌套，表格非常复杂，浏览者要等待很长时间才能看到网页内容。

引入嵌套表格，由总表格负责整体排版，由嵌套的表格负责各个子栏目的排版，并插入到总表格的相应位置中，各司其职，互不冲突。

另外，通过嵌套表格，利用表格的背景图像、边框、单元格间距和单元格边距等属性可以得到漂亮的边框效果，制作出精美的音画贴图网页。

提示： 嵌套表格的宽度受表格单元的限制，也就是说所插入的表格宽度不会大于容纳它的单元格宽度。

表格嵌套中，宽度建议设置为百分比值，但有时根据需要也要将百分比值更改为像素值。具体操作如下：先选中表格，然后单击属性面板中的"转换为像素"按钮，就会将表格宽度从百分比相对值转换为实际像素值，再单击旁边的"转换为百分比值"按钮，又可将表格宽度转换为百分比相对值，具体如图 4-35 所示。

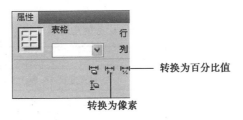

图 4-35 像素与百分比值

4.4.4 熟悉表格标签

除了用设计视图创建和编辑表格以外，也可以直接在代码视图中插入表格标签来完成表格的创建。

常用表格标签包括 table（表格）标签、tr（表格行）标签、th（表头）标签和 td（表格单元格）标签，它们组成了 HTML 的基本表格结构。更复杂的 HTML 表格还可能包括 caption、col、colgroup、thead、tfoot 及 tbody 元素。如图 4-36 所示为"体检网站排行榜"的部分表格结构。

```
38    <h2>体检网站排行榜</h2>
39    <table width="300" border="0" cellspacing="0" cellpadding="0">
40      <tr>
41        <td width="18">1</td>
42        <td width="126">www.jssdw.com</td>
43        <td width="46"> </td>
44        <td width="110">85分</td>
45      </tr>
46      <tr>
47        <td>2</td>
48        <td>www.jssdw.com</td>
49        <td> </td>
50        <td>85分</td>
51      </tr>
52      <tr>
53        <td>3</td>
54        <td>www.jssdw.com</td>
55        <td> </td>
56        <td>85分</td>
57      </tr>
58      <tr>
59        <td>4</td>
60        <td>www.jssdw.com</td>
61        <td> </td>
62        <td>85分</td>
63      </tr>
64    </table>
```

图 4-36 表格结构

▶ 1．表格属性

table 标签的常用属性如表 4-2 所示，其中 width、border、cellspacing 和 cellpadding 属性的度量单位有两种，即百分数和像素。当使用百分数作为单位时，其值为相对于上一级元素宽度的百分数，并用符号%表示，它不是一个固定值。以像素为单位时，宽度固定，但网页显示其宽度时取决于用户显示器的尺寸，因此一个 600 像素的表格在宽度为 1024 像素的显示器中就会比在宽度为 1280 像素的显示器中显得大一些。

表 4-2 table 标签的常用属性

属 性 名	意 义
width	表格宽度（百分数或像素）
border	表格线宽度（百分数或像素）
cellspacing	表格单元格边距（百分数或像素）（如图 4-29 所示）
cellpadding	表格单元格间距（百分数或像素）（如图 4-29 所示）

2. 表格行、单元格属性

tr 标签的常用属性如表 4-3 所示，th 标签和 td 标签的常用属性如表 4-4 所示。这些标签的属性中都有 align 和 valign 属性。如果在 th 标签和 td 标签中不设置 align 和 valign 属性，则默认情况下，th 在水平和垂直方向上都为居中对齐，加粗显示，td 标签的水平方向为左对齐，垂直方向为居中对齐。

表 4-3 tr 标签的常用属性

属 性 名	意 义
align	行元素中所包含元素的水平对齐方式，常用值为 left、center 和 right 等
valign	行元素中所包含元素的垂直对齐方式，常用值为 top、middle 和 bottom 等

表 4-4 th 和 td 标签的常用属性

属 性 名	意 义
colspan	列方向合并
rowspan	行方向合并
align	水平对齐方式，常用值为 left、center 和 right 等
valign	垂直对齐方式，常用值为 top、middle 和 bottom 等

align 和 valign 属性主要用在表格排版中，而按照 HTML 5 设计原则，网页的布局应尽量通过 CSS 来实现，而不是通过元素的属性设置来实现，所以尽量避免用属性来排版网页。

归纳总结

表格能够很好地排版网页中的文本、图像、列表等元素，能够整齐地显示数据。掌握表格和单元格的属性能够使我们对表格有一个全面的认识，进而更好地去应用表格。表格也是制作网页时的布局工具之一，所以熟练掌握它的应用方法就显得非常重要。

要掌握表格的应用，一定要多上机练习，出现问题时要努力想办法来解决，并且要吸取每次的经验和教训。

项目训练

（1）参照"我的 E 站"首页效果图，运用所学知识，完成首页中页脚部分"关于 E 站"、"关注我们"、"手机浏览"及版权部分的制作，如图 4-37 所示。

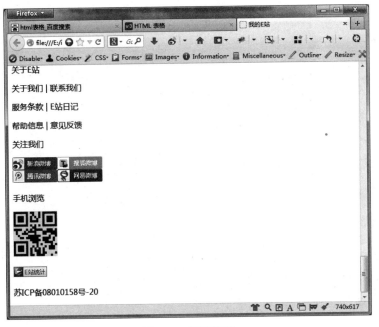

图 4-37　页脚部分

（2）参照自己项目效果图，在首页中需要应用表格的地方加入表格，并插入对应的文本、图片等，继续完善首页。

项目任务 4.5　插入首页表单

通过前面的制作，除了"banner"效果与"会员登录"外，已经基本完成了首页内容部分的制作，在这个项目中就来完成"会员登录"部分的制作。在"会员登录"中需要收集会员的信息，因此要通过表单来实现。

表单（form）用于收集用户输入的信息，然后将用户输入的信息送到它的 action 属性所表示的程序文件中进行处理。表单有很多应用，如登录、注册、调查问卷、用户订单等。

"会员登录"页面的效果如图 4-38 所示。

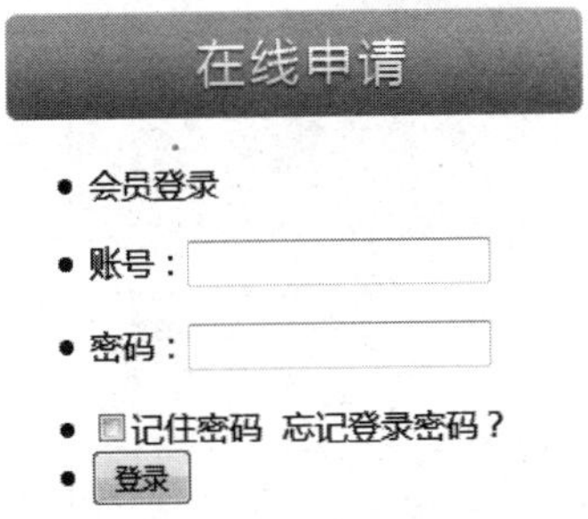

图 4-38　"会员登录"页面的效果

能力要求

（1）理解表单的工作原理。
（2）学会使用表单域及表单元素。
（3）能够灵活应用表单。

任务实施

4.5.1 认识表单

在使用表单制作"会员登录"效果前，我们先来看看表单是如何工作的。表单有哪些对象？它们对应的 HTML 标签是什么？

1. 表单的工作过程

（1）访问者在浏览有表单的页面时，可填写必要的信息，然后单击"提交"按钮。
（2）这些信息通过 Internet 传送到服务器上。
（3）服务器上专门的程序对这些数据进行处理，如果有错误则返回错误信息，并要求纠正错误。
（4）当数据完整无误后，服务器反馈一个输入完成信息。

2. 表单对象

在 Dreamweaver 中，表单输入类型称为表单对象。可以通过选择"插入"|"表单对象"菜单命令来插入表单对象，或者通过从如图 4-39 显示的"插入"栏的"表单"面板访问表单对象来插入表单对象。

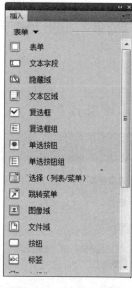

图 4-39 "表单"面板

（1）表单（form）。在文档中插入表单（form）。任何其他表单对象，如文本域、按钮等，都必须插入表单之中，这样所有浏览器才能正确处理这些数据。其语法格式如下：

```
<form name="form1" method="post" action=""></form>
```

（2）文本字段（input type="text/password"）和文本区域（textarea）。文本字段可接受任何类型的字母数字项。输入的文本可以显示为单行、多行（文本区域）或者显示为项目符号或星号（用于保护密码）。其语法格式如下：

```
<input type="text" name="textfield" id="textfield" />
<input type=" password" name="textfield" id="textfield" />
<textarea name="textarea" id="textarea" cols="45" rows="5"></textarea>
```

（3）复选框（input type="checkbox"）。复选框允许在一组选项中选择多项，用户可以选择任意多个适用的选项。其语法格式如下：

```
<input type="checkbox" name="checkbox" id="checkbox" />
```

（4）单选按钮（input type="radio"）。单选按钮代表互相排斥的选择。选择一组中的某个按钮，就会取消选择该组中的所有其他按钮。例如，用户可以选择"是"或"否"按钮。其语法格式如下：

```
<input type="radio" name="radio" id="radio" value="radio" />
```

（5）选择（列表/菜单）（select 和 option）。选择（列表/菜单）可以在列表中创建用户选项。"列表"选项在滚动列表中显示选项值，并允许用户在列表中选择多个选项。"菜单"选项在弹出式菜单中显示选项值，而且只允许用户选择一个选项。其语法格式如下：

```
<select name="select" id="select">
<option value="" selected=" selected" disabled></option>
<option value="" selected=" selected" disabled></option>
<option value="" selected=" selected" disabled></option>
</select>
```

（6）跳转菜单（select 和 option）。跳转菜单插入可导航的列表或弹出式菜单。跳转菜单允许插入一种菜单，在这种菜单中的每个选项都链接到文档或文件。其语法格式如下：

```
<select name="jumpMenu" id="jumpMenu" onChange="MM_jumpMenu('parent',this,0)">
    <option>项目1</option>
    <option>项目2</option>
</select>
```

(7) 图像域 (input type="image")。图像域使用户可以在表单中插入图像。可以使用图像域替换 "提交" 按钮，以生成图形化按钮。其语法格式如下：

```
<input type="image" name="imageField" id="imageField" src="images/1-1.png">
```

(8) 文件域 (input type="file")。文件域在文档中插入空白文本域和 "浏览" 按钮。文件域使用户可以浏览到其硬盘上的文件，并将这些文件作为表单数据上传。其语法格式如下：

```
<input type="file" name="fileField" id="fileField">
```

(9) 按钮 (input type="submit/reset")。按钮在单击时执行任务，如提交或重置表单。可以为按钮添加自定义名称或标签，或者使用预定义的 "提交" 或 "重置" 标签之一。其语法格式如下：

```
<input type="submit" name="button" id="button" value="提交">
<input type="reset" name="button" id="button" value="重置">
```

(10) 标签 (label)。在文档中给表单加上标签，以<label></label>形式开头和结尾。

```
<label></label>
```

表单是动态网页的灵魂，认识了表单，那么创建和使用表单时就可以根据需要进行选择。

4.5.2 创建表单

在首页中添加 "会员登录" 表单，首先必须创建表单。表单在浏览网页中属于不可见元素。在 Dreamweaver 中插入一个表单，当页面处于 "设计" 视图中时，用红色的虚轮廓线指示表单。如果没有看到此轮廓线，请检查是否选中了 "查看" | "可视化助理" | "不可见元素" 菜单命令。

(1) 将插入点放在希望表单出现的位置。选择 "插入" | "表单" 菜单命令，或选择 "插入" 栏上的 "表单" 类别，然后单击 "表单" 图标。插入表单后的效果如图 4-40 所示。

图 4-40　插入表单后的效果

(2) 用鼠标选中表单，在属性面板上可以设置表单的各项属性，如图 4-41 所示。

① 在"动作"文本框中指定处理该表单数据的脚本程序的路径。

② 在"方法"下拉列表中，选择将表单数据传输到服务器的方法。表单"方法"有：POST 和 GET。POST 在 HTTP 请求中嵌入表单数据；GET 将值追加到请求该页的 URL 中。默认使用浏览器的默认设置将表单数据发送到服务器。通常默认方法为 GET 方法。不要使用 GET 方法发送长表单。URL 的长度限制在 8192 个字符以内。如果发送的数据量太大，数据将被截断，从而导致意外的或失败的处理结果。而且，在发送机密用户名和密码、信用卡号或其他机密信息时，不要使用 GET 方法。用 GET 方法传递信息不安全。

图 4-41 表单属性

③ 在"目标"弹出式菜单中指定一个窗口，在该窗口中显示调用程序所返回的数据。如果命名的窗口尚未打开，则打开一个具有该名称的新窗口。目标值有：_blank，在未命名的新窗口中打开目标文档；_parent，在显示当前文档的窗口的父窗口中打开目标文档；_self，在提交表单所使用的窗口中打开目标文档；_top，在当前窗口的窗体内打开目标文档，此值可用于确保目标文档占用整个窗口，即使原始文档显示在框架中。

4.5.3 添加表单对象

插入表单以后，就可以在表单中添加表单对象了。在"会员登录"中主要包括一个文本字段，一个密码字段，一个复选框和一个按钮。

(1) 为了能够整齐地排列表单中的对象，首先借助列表来排版表单各个对象。添加列表和文本后代码如下：

```
<ul>
    <li>会员登录</li>
    <li><span>账号: </span></li>
    <li><span>密码: </span></li>
    <li>记住密码  <span>忘记登录密码? </span></li>
    <li></li>
</ul>
```

(2) 在相应的位置添加表单对象，可以选择"插入"|"表单"菜单命令，选择各个对象，也可以直接输入表单对象元素，完成后代码如下：

```
<ul>
    <li>会员登录</li>
    <li><p><span>账号: </span><input type="text"/></p></li>
```

```
            <li><p><span>密码: </span><input type="password" /></p></li>
            <li><input type="checkbox"  />记住密码  <span>忘记登录密码? </span></li>
            <li><input type="submit" value="登录"/></li>
    </ul>
```

最终在首页中的效果如图 4-38 所示。

归纳总结

表单是网页上用于输入信息的区域,可用<form>标签来定义一个表单,并在表单内放置表单控件,如 input,这类控件有很多类型,通过 type 属性进行设置。可以为表单提供单行文本框、单选按钮、复选框及按钮等。而 textarea 则能够实现多行文本的输入框。还可以通过 select 和 option 实现菜单功能。在网页中需要用到表单的地方很多,所以要熟练掌握表单的创建方法。

项目训练

(1) 完成"我的 E 站"中"在线申请"中表单的制作,如图 4-42 所示。

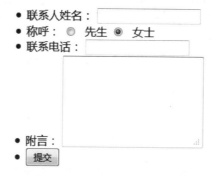

图 4-42 在线申请

(2) 参照自己项目效果图,完成"登录"、"注册"等表单的制作。

项目任务 4.6 设置网站的超链接

网页的最大优点及特征就是可以在多个网页文档中自由移动的"超链接"功能。完成完整的网站需要构成该网站的多个网站文档,并且需要连接这些网页文档,使它们之间能够互相跳转。这种连接就叫"超链接"。简单来说,超链接就是用来有机地连接各个网页文档的不可见的绳索。

最终设置完成图如图 4-43 所示。

图 4-43　完成网站超链接的设置

（1）学会设置站点内部超链接。
（2）学会设置站点外部超链接。
（3）学会使用图像映射设置超链接。
（4）能根据实际需要设置不同的超链接。

4.6.1　熟悉文档位置和路径

Dreamweaver 提供多种创建超链接的方法，使用这些方法可以创建文本的超链接、电子邮件的超链接、图像映射的超链接、下载文件的超链接和锚记超链接等。

熟悉文档的位置和路径对于创建超链接至关重要。每个网页都有一个唯一的地址，称为统一资源定位器（URL）。它有两种路径：一种是绝对路径，另一种是相对路径。

1．绝对路径

绝对路径提供所链接文档的完整 URL，而且包括所使用的协议，如 http://www.adobe.com/cn/aboutadobe/pressroom/news.html 就是一个绝对路径。必须使用绝对路径，才能链接到其他服务器上的文档。

提示：尽管对本地站点的超链接也可使用绝对路径，但不建议采用这种方法，因为一旦将此站点移动到其他位置，所有本地绝对路径的超链接都将断开。

▶ 2. 相对路径

当创建超链接时，通常不指定要链接到的文档的完整 URL，而是指定一个始于当前文档或站点根文件夹的相对路径。

（1）文档相对路径。对于大多数本地站点的超链接来说，文档相对路径是最适用的路径，也是 Dreamweaver 中默认的设置。例如，xszs/xszs.html 是文档相对路径。

提示：使用 Dreamweaver 中的"文件"面板移动或重命名文件/文件夹，则 Dreamweaver 将自动更新所有相关链接。

（2）站点根目录相对路径。站点根目录相对路径提供从站点的根文件夹到文档的路径，该路径总是以一个正斜杠开始，该正斜杠表示站点根文件夹。例如，/xszs/xszs.html 是文件（xszs.html）的站点根目录相对路径。

提示：如不熟悉此类型的路径，建议还是使用文档相对路径。

4.6.2 设置文本和图像超链接

网页中经常会遇到的就是为文本和图像创建超链接。创建链接的方法也很多，可以使用属性面板，也可以直接在代码视图中实现。

▶ 1. 超链接的创建

在属性面板中创建链接的方法主要有两种：一种是单击链接中的"文件夹" 📁 图标选择要链接的网页文档，而另一种是使用"指向文件" 🎯 图标在文件面板中选择要链接网页的文档。为"我的 E 站"网站 LOGO 和"申请"文本创建链接的步骤如下：

（1）首先选中 LOGO 图像，在属性面板中找到链接属性，通过前面两种方法将 LOGO 链接到 index.html 页面，如图 4-44 所示。

图 4-44 LOGO 链接设置

（2）选中"申请"文本，找到属性面板中的链接属性，可以以相同的方法创建到 apply_online.html 页面的链接，如图 4-45 所示。

图 4-45 "申请"文本链接设置

（3）超链接是用标签<a>定义的，在<a>标签下，有属性 href，href 的属性值为一个 URL 地址，即链接的目标地址。因此可以直接在代码视图输入<a>标签来实现超链接。例如<a href="apply_online.html">申请</a>。

▶ 2. 目标属性的设置

超链接的目标属性用于显示被链接的网页文档或网站的位置。由单一框架构成的网页文档，主要采用两种显示方式。一种是当前打开的网页文档消失，而显示链接的网页——_self（默认）；另外一种是在新的窗口中显示链接的网页——_blank（如图 4-46 所示）。

图 4-46 链接的目标

"目标"属性的 4 种值的详细介绍如下。

（1）_blank：保留当前网页文档的状态下，在新的窗口中显示被链接的网页文档。

（2）_parent：当前文档消失，显示被链接的网页文档。如果是多框架文档，则在父框架中显示被链接的网页文档。

（3）_self：当前文档消失，显示被链接的网页文档。如果是多框架文档，则在当前框架中显示被链接的网页文档。

（4）_top：与构造无关，当前文档消失，显示被链接的网页文档。

提示：网站中建议不要过多地使用"_blank"，以免打开窗口太多，造成浏览者使用上的不便。

4.6.3 设置图像映射链接

在"我的 E 站"中"关注我们"部分，有 4 个关注放置在一张图像上，这时候需要在一张图像上设置多个链接，这时就可以使用图像映射链接。所谓图像映射是指在一个图片中设定多个链接。通过设定图像映射，在单击图像的一部分时可以跳转到所链接的网页文档或网站。实现这一点只需要选中图片，使用属性面板中地图的热点工具（如图 4-47 所示），"地图"右侧的文本框中可填入为该映射命名的名字，若不填，则 Dreamweaver 自动加上一个名字为 Map。"地图"下面有 3 个图标，从左到右依次为矩形热点工具、圆形热点工具和多边形热点工具。

选中"关注我们"下面的图像，单击"矩形热点工具"图标，当鼠标变为"+"字形后，在图片上绘制出需要设置链接的部分。当鼠标拖出的选框和目标不重合时，可使用键盘上的箭头来调节。最后，在链接中输入要跳转到的网页文档或网站地址即可，如图 4-48 所示。

图 4-47 地图的矩形热点工具

图 4-48 热点的链接属性

4.6.4 设置锚记链接

我们的主页内容比较长，如果浏览内容网页文档到底部时，要再查看前面部分的内容,则需要向上拖动滚动条。这时使用 Dreamweaver 的锚记功能,则可以一下子移动到页面顶端。

命名锚记使用户可以在文档中设置标记(类似于书签),这些标记通常放在文档的特定主题处或页面顶端。然后再创建到这些命名锚记的链接,这些链接可以快速将访问者带到指定位置。创建到命名锚记链接分为两步:首先创建命名锚记,然后创建到该命名锚记的链接。

1. 创建命名锚记

(1)在"文档"窗口中,将插入点放在需要命名锚记的地方,这里就放置在 LOGO 之前。

(2)在"插入"工具栏的"常用"类别中,单击"命名锚记" 按钮。

(3)在"命名锚记"对话框中输入锚记名称 top。

(4)单击"确定"按钮,锚记标记 在插入点处出现,如图 4-49 所示。

图 4-49 插入命名锚记

提示:如果看不到锚记标记,可选择"查看"|"可视化助理"|"不可见元素"菜单命令。

2. 链接到命名锚记

锚记链接与一般链接相同,可以在链接中设定,输入"#锚记名称",如在文档顶部插入锚记并取名为 top 后,在文档底部的链接中输入"#top",这样在单击此链接时,会移动到文档的顶部。

此外,如要链接到同一文件夹内其他文档中的名为 top 的锚记,则需要在"#"前加上网页的名称,如 cxts.html#top。

提示:锚记名称区分大小写。

4.6.5 设置特殊链接

1. 下载文件的超链接

如果超链接指向的不是一个网页文件,而是其他文件,如.doc、.rar 文件等,单击链接的时候就会下载文件,如图 4-50 所示。

2. 网站外部链接

超链接可以直接指向地址而不是一个网页文档,单击链接可以直接跳转到相应的网站。例如,在"他们正在使用"这部分中,需要链接到外部网站,这时候只要在链接里输入网站对应的地址就可以跳转到相应的网站,如选中 IT168 的 LOGO 图像,在链接中输入 http://www.it168.com/,那么单击此链接就可以跳转到电商时代 IT 导购第一站网站。

图 4-50　链接指向 .docx 文件

▶3．空的超链接

有时还需要创建空链接，在链接里输入一个"#"或输入"javascript:;（javascript 后依次输入一个冒号和一个分号）"。例如首页中暂时没有链接地址的文本或图像，可以先设置成空链接，如"收藏"文本，就是设置了"javascript:;"空链接。

▶4．脚本的超链接

例如，在链接里输入"javascript:alert('此链接将返回首页！')"可生成一个弹出消息的警告框，如图 4-51 所示。

图 4-51　警告框

▶5．邮件链接的设置

在网页制作中，还经常看到这样的一些超链接：单击后会弹出邮件发送程序，联系人的地址也已经填写好了。其制作方法如下：选择文本或图像后，在链接中输入"mailto:邮件地址"即可。对应的 HTML 代码为<a href="mailto:xxgcx@siit.cn">xxgcx@siit. cn</a>。如为"联系我们"设置邮箱链接的话，先选中"联系我们"，然后在属性面板中的链接中输入"mailto:kf@jssdw.com"即可。

➡ 归纳总结

超链接是网站的核心，使用它可以将分散的网站或网页联系起来，构成一个有机的整体。

本项目任务主要介绍了几种常用的超链接的设置方法。归纳起来主要有 4 种链接方式：站点内部链接（在同一站点文档之间的链接）、站点外部链接（不同站点文档之间的链接）、锚记链接（同一网页或不同网页指定位置的链接）和电子邮件链接。

项目训练

完成"我的 E 站"网站的超链接设置，图片的超链接、文字的超链接、电子邮件的超链接、空链接、图像映射链接等。结合实践网站的实际需要，设置实践网站的超链接，完成后进行链接测试。

4.7 小结

子项目 4 主要介绍了如何在 Dreamweaver 软件中制作网页，包括创建网站的本地站点，设置页面文本和图像，创建列表，插入首页表格和表单，设置超链接，最终完成整个网站的内容制作。

创建网站站点时，要重视开始的规划。有了一个清晰的规划，可以为以后的网站制作奠定好基础。站点的命名也是一个重点，切忌使用中文或无意义的序列号。

除了掌握在 Dreamweaver 设计视图中插入网页的各种对象元素外，也要熟悉在代码视图中通过插入 HTML 代码来实现，熟练掌握 HTML 基本结构和各种常用对象的标签。

完成了本部分内容的学习后，主题实践网站的内容部分也可以全部完成了，接下来就要用 CSS 样式表来美化网页中的对象，并且进行网页的布局，使页面整齐美观地呈现给用户。

4.8 技能训练

4.8.1 建立站点

【操作要求】

（1）建立并设置本地根文件夹。在考生文件夹（C:\test）中新建本地根文件夹，命名为 root。

（2）定义站点。设置站点的本地信息：站点的名称为"数码产品"；本地根文件夹指定为 root 文件夹。将网页素材文件夹 S4-8 中的素材复制到该文件中，重命名为 J4-8。

4.8.2 编写 HTML 代码结构

【操作要求】

（1）根据给定的 canon 相机的相关信息，为其制作一个网页。

首先，大致浏览一遍产品的信息，将信息进行有层次的整理；然后，用 HTML 的基本模块（<h1>、<h2>、<h3>、<p>之类）把它翻译绘制成成型 HTML。

（2）给网页添加新元素。

① 将"商品名称、生产厂家"等字段名设置成加粗。

② 将"本商品不能开具增值税发票（可开具普通发票）"文字设置为强调的格式。

③ 在"商品介绍"与"本商品不能开具增值税发票（可开具普通发票）"之间加入一条分隔线。最终效果如图 4-52【样图 A】所示。

子项目 4　实现网页结构

商品编号：135896
商 城 价：￥20999.00
促销信息：已优惠￥1000.00
本商品不能开具增值税发票（可开具普通发票）

商品介绍

商品名称：佳能EOS 5D Mark Ⅱ
生产厂家：佳能
商品产地：日本
商品毛重：2.95

图 4-52　【样图 A】

子项目 5
使用 CSS 样式美化首页

在子项目 4 中已经使用 Dreamweaver 完成了首页及相关子页的内容设置，包括文本、图像、列表、链接、表格及表单等的设置。但是这些内容并没有呈现出设计图中的效果，在子项目 5 中将以首页为例在页面中引用 CSS 样式表来设置网页元素的格式，并对页面进行精确的定位布局，使页面完整美观地呈现给用户。

项目任务 5.1　引用 CSS 样式表

如果要统一网站中网页元素的格式，就需要使用 CSS 样式表。

样式表也叫 CSS（Cascading Style Sheet，层叠样式表）。现代网页制作离不开 CSS 技术，采用 CSS 技术，可以有效地对页面的布局、字体、颜色、背景和其他效果实现更加精确的控制，可以调整字间距、行间距、取消链接的下画线、固定背景图像等 HTML 标记无法表现的效果。

样式表的优点是，在对很多网页文件设置同一种属性时，无须对所有文件反复进行操作，只要应用样式表就可以更加便利地、快捷地进行操作。

此外，CSS 的主要优点是容易更新，只要对一处 CSS 规则进行更新，则使用该定义样式的所有文档的格式都会自动更新为新样式。

引用 CSS 样式前后的首页"网站流量分析"效果如图 5-1 所示。

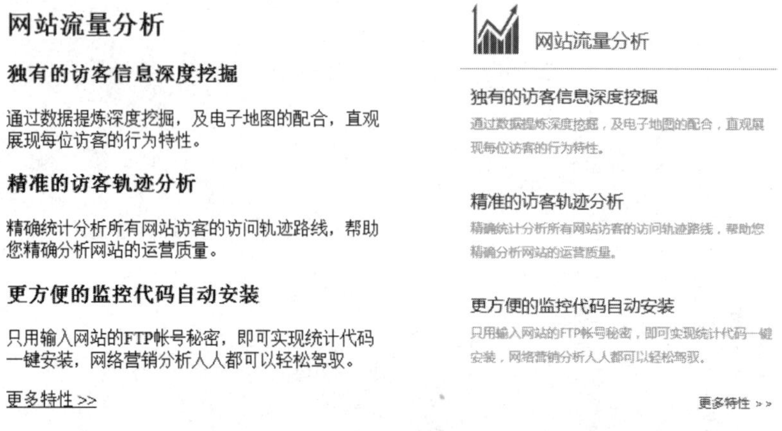

图 5-1　使用 CSS 样式前后的首页"网站流量分析"效果

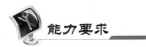

（1）学会创建 CSS 样式。
（2）掌握 CSS 的基本语法。
（3）学会在 Dreamweaver 设计视图和代码视图中引用样式表和编写 CSS 样式。

5.1.1 初识 CSS

为了使用 CSS 样式对页面进行排版和布局，首先要来认识 CSS，掌握它的用法。CSS 是 Cascading Style Sheet 的缩写，中文翻译为层叠样式表，它是一系列格式设置规则，可用来控制页面内容的外观。使用 CSS 设置页面格式时，内容与表现形式是相互分开的。页面内容（HTML 代码）位于 HTML 文件中，而定义代码表现形式的 CSS 规则位于另一个文件（外部样式表）或 HTML 文档的代码区域中。

CSS 格式设置规则由两部分组成：选择器和声明。选择器是标志已设置格式元素（如 p、img、类名称或 ID）的术语，而声明则用于定义样式元素。在下面的例子中，a 是选择器，介于大括号之间的所有内容都是声明。

```
a { font-family: "宋体"; font-size: 12px; font-weight: bold;}
```

声明由属性（如 font-family）和值（如宋体）两部分组成。上面例子中为<a>标签创建了新样式，网页中所有<a>标签的文本都将是 12 像素大小并使用宋体字体和粗体。

5.1.2 熟悉样式表种类和 CSS 选择器

根据运用样式表的范围是局限在当前网页文件内部还是其他网页文件，可以分为内联样式、内部样式表和外部样式表；根据运用样式表的对象可分为类、ID、标签和复合内容四种。

▶1. 根据运用样式表的范围分类

（1）内联样式。内联样式是写在标签中的，它只针对自己所在的标签起作用。例如：

```
<p style="font-size:12px;color:red;">这个style定义段落中的字体是12像素的红色字</p>
```

（2）内部样式表。内部样式表是写在<head></head>中的，它只针对所在的 HTML 页面有效。例如：

```
<html>
    <head>
        <title>我的 E 站</title>
```

```
            <style type="text/css">
            <!--
                p{ font-family: "宋体";   font-size: 12px;color: red;}
            -->
                </style>
                    </head>
        <body>
            <p >段落文字是宋体12像素红色。</p>
        </body>
</html>
```

在上面方框中的就是内部样式表的格式：

```
    <style type="text/css">
    <!--
       ……
    -->
        </style>
```

（3）外部样式表。一般情况下，网站中的多个网页会使用相同的 CSS 规则来设置页面元素的格式,如果使用内联或内部样式表将 CSS 代码放在 HTML 中就不是一个好办法。这时，可以把所有的样式存放在一个以.css 为扩展名的文件里，然后将这个 CSS 文件链接到各个网页中。

外部样式表是目前网页制作最常用、最易用的方式，它的优点主要如下。

① CSS 样式规则可以重复使用。

② 多个网页可共用同一个 CSS 文件。

③ 修改、维护简单，只需要修改一个 CSS 文件就可以更改所有地方的样式，不需要修改页面 HTML 代码。

④ 减少页面代码，提高网页加载速度，CSS 驻留在缓存里，在打开同一个网站时由于已经提前加载则不需要再次加载。

⑤ 适合所有浏览器，兼容性好。

2. 根据运用样式表的对象分类

运用样式表的对象也就是选择器类型，在 Dreamweaver 中有四种，如图 5-2 所示。

（1）类（可应用于任何 HTML 元素）。类，可以理解为用户自定义的样式。可以在文档窗口的任何区域或文本中应用类样式，如果将类样式应用于一整段文字，那么会在相应的标签中出现 class 属性，该属性值即为类样式的名称。例如，<span class="capital">Dreamweaver CS5 从入门到精通</span>。类名以.开头，这里为（.capital）。

（2）ID（仅应用于一个 HTML 元素）。ID 与类的区别在于，类的样式可以应用于任何网页元素，但是 ID 的样式只能运用在指定的 ID 号元素中。

若要定义包含特定 ID 属性的标签的格式,则先从"选择器类型"弹出菜单中选择"ID"选项，然后在"选择器名称"文本框中输入唯一的 ID 号（例如，#bot）。

提示：ID 必须以#开头，并且可以包含任何字母和数字组合（例如，#myID1）。如果没有输入开头的#，Dreamweaver 将自动输入。

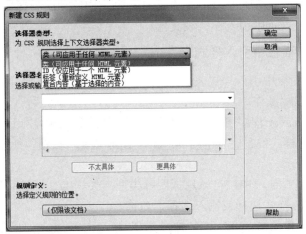

图 5-2　选择器类型

（3）标签（重新定义 HTML 元素）。重新定义 HTML 元素的默认格式。可以针对某一个标签来定义 CSS 样式表，也就是说定义的样式表将只应用于选择的标签。例如，为<a>重新定义了样式表，那么所有<a>标签将自动遵循重新定义的样式表。

（4）复合内容（基于选择的内容）。若要定义同时影响两个或多个标签、类或 ID 的复合规则，就需要选择"复合内容"选择器并输入用于复合规则的选择器名称。例如，输入"#bot:hover"，则鼠标经过#bot 元素的格式都将受此规则影响。

在复合内容中还有标签<a>的四种状态（如图 5-3 所示），每种状态具体介绍如下所示。

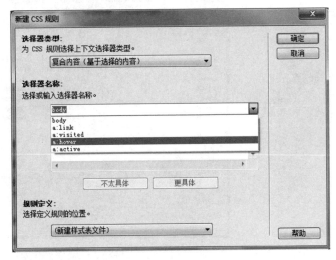

图 5-3　<a>的四种状态

① a:link：设定正常状态下链接文字的样式。
② a:visited：设定访问过的链接的外观。
③ a:hover：设定鼠标放置在链接文字之上时文字的外观。
④ a:active：设定鼠标单击时链接的外观。

5.1.3 在页面中引入 CSS 样式表

前面已经介绍了样式表的类型，在"我的 E 站"中，使用外部样式表，在给页面元素编写样式前，先在首页中引入样式表文件。

▶ 1. 在 CSS 面板中引入样式表

如果是在 CSS 面板中引入样式表，则在建立新 CSS 规则的同时可以完成样式表文件的创建，按照如下步骤操作。

（1）在 Dreamweaver 程序窗口中，打开"CSS 样式"面板，如图 5-4 所示。

（2）单击"CSS 样式"面板右下角的"新建 CSS 规则"按钮，打开"新建 CSS 规则"对话框，如图 5-2 所示。

在"选择器类型"选项中，可以选择四种类型：类、ID、标签和复合内容。

（3）为新建 CSS 样式选择或输入选择器名称。

① 对于类（自定义样式），其名称必须以点（.）开始，如果没有输入该点，则 Dreamweaver 会自动添上。自定义样式名可以是字母与数字的组合，但之后必须是字母。

② 对于标签（重新定义 HTML 标记），可以在"标签"下拉列表中输入或选择重新定义的标记。

③ 对于复合内容（CSS 选择器样式），可以在"选择器"下拉列表中输入或选择需要的选择器。

（4）在"规则定义"区域选择定义规则的位置，可以是"仅限该文档"或"新建样式表文件"。单击"确定"按钮，如果选择了"新建样式表文件"选项，会弹出"将样式表文件另存为"对话框（如图 5-5 所示），给样式表命名为 efp.css 并保存。

图 5-4 "CSS 样式"面板

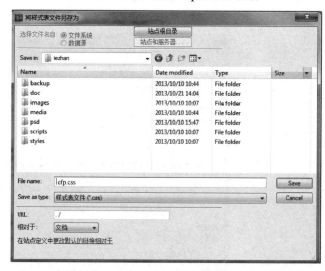

图 5-5 "将样式表文件另存为"对话框

提示：建议使用"新建样式表文件"，便于文件的管理和重复使用，有利于内容与表现的分离。

（5）在"CSS 规则定义"对话框中设置 CSS 规则定义。主要分为类型、背景、区块、方框、边框、列表、定位和扩展八类（如图 5-6 所示）。每个类别都可以进行不同类型规则的定义，定义完成后，单击"确定"按钮，完成创建 CSS 样式。

▶2. 在代码视图中引入样式表

首先可以编辑样式，保存时将文档的扩展名设置为.css，然后在代码视图中，通过链接的方式将编辑好的样式表附加到 HTML 文档，只要在 head 部分中插入 link 元素即可实现。代码如下：

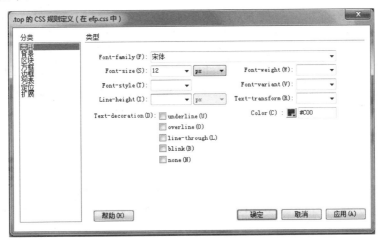

图 5-6 "CSS 规则定义"对话框

```
<link href="styles/efp.css" rel="stylesheet" type="text/css">
```

其中，type 指定所链接文档的 MIME 类型，CSS 的 MIME 是 text/css；rel 用于定义链接的文件和 HTML 文档之间的关系；href 是指外部样式表文件的位置。

5.1.4 熟悉 CSS 样式代码编写规则

▶1. 基本语法

CSS 的定义由三个部分构成：选择符（selector）、属性（property）和属性的取值（value）。基本格式如下：

```
selector {property: value}    （选择符 {属性: 值}）
```

选择符可以是多种形式，一般是要定义样式的 HTML 标记，例如 body，p，table，…，可以通过此方法定义它的属性和值，属性和值要用冒号隔开，如 body {color: black}，选择符 body 是指页面主体部分，color 是控制文字颜色的属性，black 是颜色的值，此例的效果是使页面中的文字为黑色。

如果属性的值是由多个单词组成的，则必须在值上加引号，比如字体的名称经常是几个单词的组合：p {font-family: "sans serif"}（定义段落字体集为 sans serif）。

如果需要对一个选择符指定多个属性时，就使用分号将所有的属性和值分开：p {text-align: center; color: red}（段落居中排列；并且段落中的文字为红色）。

为了使定义的样式表方便阅读，可以采用分行的书写格式：

```
P {
text-align: center;
```

```
color: black;
font-family: arial
}
```

上例的效果为段落排列居中，段落中文字为黑色，字体是 arial。

▶ 2. 选择符组

可以把相同属性和值的选择符组合起来书写，用逗号将选择符分开，这样可以减少样式重复定义。例如，h1, h2, h3, h4, h5, h6 { color: green }（这个组里包括所有的标题元素，每个标题元素的文字都为绿色）；p, table{ font-size: 9pt }（段落和表格里的文字尺寸为 9 号字）效果完全等效于 p { font-size: 9pt },table { font-size: 9pt }。

▶ 3. 类选择符

用类选择符能够把相同的元素分类定义不同的样式，定义类选择符时，在自定类的名称前面加一个点号。假如想要两个不同的段落，一个段落向右对齐，一个段落居中，可以先定义两个类：p.right {text-align: right}和 p.center {text-align: center}，然后用在不同的段落里，只要在 HTML 标记里加入定义的 class 参数：<p class="right">这个段落向右对齐的</p>，<p class="center">这个段落是居中排列的</p>。

提示：类的名称可以是任意英文单词或以英文开头与数字的组合，一般以其功能和效果简要命名。

类选择符还有一种用法，在选择符中省略 HTML 标记名，这样可以把几个不同的元素定义成相同的样式：.center {text-align: center}（定义.center 的类选择符为文字居中排列）。这样的类可以被应用到任何元素上。下面把 h1 元素（标题 1）和 p 元素（段落）都归为"center"类，这使两个元素的样式都跟随".center"这个类选择符：<h1 class="center">这个标题是居中排列的</h1>，<p class="center">这个段落也是居中排列的</p>。

提示：这种省略 HTML 标记的类选择符是我们今后最常用的 CSS 方法，使用这种方法，可以很方便地在任意元素上套用预先定义好的类样式。

▶ 4. ID 选择符

在 HTML 页面中 ID 参数指定了某个单一元素，ID 选择符是用来对这个单一元素定义单独的样式。ID 选择符的应用和类选择符类似，只要把 class 换成 id 即可。将上例中类用 id 替代：<p id="intro">这个段落向右对齐</p>，定义 ID 选择符要在 ID 名称前加上一个"#"号。和类选择符相同，定义 ID 选择符的属性也有两种方法。下面这个例子，ID 属性将匹配所有 id="intro"的元素：

```
#intro {
font-size:110%;
font-weight:bold;
color:#0000ff;
background-color:transparent
}
```

此例效果为字体尺寸为默认尺寸的 110%；粗体；蓝色；背景颜色透明。

下面这个例子，ID 属性只匹配 id="intro" 的段落元素：

```
p#intro {
font-size:110%;
font-weight:bold;
color:#0000ff;
background-color:transparent
}
```

提示：ID 选择符局限性很大，只能单独定义某个元素的样式，一般只在特殊情况下使用。

▶5. 包含选择符

可以单独对某种元素包含关系定义的样式表，元素 1 里包含元素 2，这种方式只对在元素 1 里的元素 2 定义，对单独的元素 1 或元素 2 无定义，例如，table a{font-size: 12px} 在表格内的链接改变了样式，文字大小为 12 像素，而表格外的链接的文字仍为默认大小。

▶6. 样式表的层叠性

层叠性就是继承性，样式表的继承规则是外部的元素样式会保留下来继承给这个元素所包含的其他元素。事实上，所有在元素中嵌套的元素都会继承外层元素指定的属性值，有时会把很多层嵌套的样式叠加在一起，除非另外更改。例如在 DIV 标记中嵌套 p 标记：

```
div { color: red; font-size:9pt}
……
<div>
<p>
这个段落的文字为红色 9 号字
</p>
</div>
```

此例表示 p 元素里的内容会继承 DIV 定义的属性。

当样式表继承遇到冲突时，总是以最后定义的样式为准。如果上例中定义了 p 的颜色：

```
div { color: red; font-size:9pt}
p {color: blue}
……
<div>
<p>
这个段落的文字为蓝色 9 号字
</p>
</div>
```

我们可以看到段落里的文字大小为 9 号字是继承 div 属性的，而 color 属性则依照最后定义的。

不同的选择符定义相同的元素时，要考虑到不同的选择符之间的优先级。ID 选择符，类选择符和 HTML 标记选择符，因为 ID 选择符是最后加在元素上的，所以优先级最高，其次是类选择符。如果想超越这三者之间的关系，可以用 !important 提升样式表的优先权，例如，p { color: #FF0000!important }，.blue { color: #0000FF}，#id1 { color: #FFFF00}，同时对页面中的一个段落加上这三种样式，它最后会依照被 !important 申明的 HTML 标记选择符样式为红色文字。如果去掉 !important，则依照优先权最高的 ID 选择符为黄色文字。

7. 锚的伪类

最常用的是 4 种 a（锚）元素的伪类，它表示动态链接在 4 种不同的状态：link、visited、active、hover（未访问的链接、已访问的链接、激活链接和鼠标停留在链接上）。把它们分别定义不同的效果：

```
a:link {color: #ff0000; text-decoration: none} /* 未访问的链接 */
a:visited {color: #00ff00; text-decoration: none} /* 已访问的链接 */
a:hover {color: #ff00ff; text-decoration: underline} /* 鼠标在链接上 */
a:active {color: #0000ff; text-decoration: underline} /* 激活链接 */
```

上面这个例子中，这个链接未访问时的颜色是红色并无下画线，已访问后是绿色并无下画线，鼠标在链接上时为紫色并有下画线，激活链接时为蓝色并有下画线。

提示：有时这个链接访问前鼠标指向链接时有效果，而链接访问后鼠标再次指向链接时却无效果了。这是因为把 a:hover 放在了 a:visited 的前面，这样的话由于后面的优先级高，当访问链接后就忽略了 a:hover 的效果。所以根据叠层顺序，在定义这些链接样式时，一定要按照 a:link，a:visited，a:hover，a:actived 的顺序书写。

8. 注释

可以在 CSS 中插入注释来说明代码的意思，注释有利于别人以后编辑和更改代码时理解代码的含义。在浏览器中，注释是不显示的。CSS 注释以 "/*" 开头，以 "*/" 结尾，例如：

```
/* 定义段落样式表 */
P {
text-align: center; /* 文本居中排列 */
color: black; /* 文字为黑色 */
font-family: arial /* 字体为 arial */
}
```

归纳总结

使用 CSS 将内容与表示形式分离，使得从一个位置集中维护站点的外观变得更加容易，因为进行更改时无须对每个页面上的每个属性都进行更新。将内容与表示形式分离还可以得到更加简练的 HTML 代码，这样将缩短浏览器加载时间。

本项目任务中需要掌握 CSS 的基本语法、代码编写规则、CSS 的选择器类型、CSS 的样式表类型，学会创建 CSS 样式的方法。除了学会使用 Dreamweaver 可视化工具引入 CSS 外部样式表外，还需要掌握链接 CSS 样式表的代码。此外，如想更好地掌握 CSS，还需要学习其他一些与 CSS 样式表密切相关的知识，如 HTML 语言、DHTML 语言等。

项目训练

根据策划书中定好的网页效果要求，拟订 CSS 样式草案。进一步熟悉创建 CSS 样式的方法，并通过链接外部样式表的方式将样式表链接到需要设置样式的网页中。为在样式表中编写样式做好准备。

项目任务 5.2　设置页面元素的样式

在本项目任务中主要在代码视图中对页面中的文本、背景、链接、列表、表格及表单等进行样式设置，从而掌握 CSS 样式代码的编写规则。在 CSS 面板中的操作方法比较简单，这里不再做详细介绍。

项目展示

首页中各部分元素设置样式后的部分效果如图 5-7～图 5-11 所示。

图 5-7　设置字体颜色及背景图像效果图

图 5-8　设置链接样式

图 5-9　设置列表样式

图 5-10 设置数据表格样式

图 5-11 设置表单样式

能力要求

（1）学会设置字体颜色等文本样式。
（2）学会设置背景图像效果。
（3）学会设置链接样式。
（4）学会设置列表样式。
（5）学会设置数据表格样式。
（6）学会设置表单样式。

任务实施

5.2.1 设置字体颜色样式

CSS 有许多样式化文本的属性，而我们平时主要用 CSS 控制文本的字体、格式、颜色和文本修饰等。以首页中的"网站流量分析"、"网站体检"及"网站小护士"为例来学习设置字体颜色样式。

▶ 1. 设置字体

关于字体的问题虽然小，但是却是前端开发中的基本，因为目前的网页，还是以文字信息为主，而字体，作为文字表现形式的最重要参数之一，自然有着相当重要的地位。

（1）通常内容应用的字体，font-family:宋体,微软雅黑,Arial,Verdana,arial,serif;。
（2）通常标题应用的字体，font-family:宋体,微软雅黑,Arial;只是字号的大小不一样。

为什么用了这么多字体？先来看看浏览器如何呈现这些字体吧！如图 5-12 所示。

```
查找计算机中有没有            如果没有verdana，就          如果没有geneva，就
verdana字体，如果有，         查找字体geneva，如          查找字体arial，如果
元素就用这种字体              果有就用这种字体            有就用这种字体

body{
    font-family:Verdana,Geneva,Arial,sans-serif;
                                              最后，如果这些具体的
}                                              字体都没有，就使用浏
                                              览器默认的某个"sans-
                                              serif"字体
```

图 5-12　浏览器如何呈现字体

用 font-family 属性可以创建自己喜欢的字体列表。但愿大多数浏览器都有我们首选的那种字体，如果没有，浏览器至少可以保证能从同一系列中提供一种普通的字体。

下面首先来看看"网站流量分析"、"网站体检"及"网站小护士"这三块的 HTML 结构，如图 5-13 所示。发现它们是相同的结构，所以就以"网站体检"为例，来设置各个元素的字体。

```
<h2>网站体检</h2>
    <h3>即时在线体检，2分钟呈现结果 </h3>
    <p>只需输入域名，2分钟内即可完成所有项目的在线体检。即时呈现结果。</p>
    <h3>全方位科学评估网站体检项</h3>
    <p>从seo到用户体验、网站速度等六大检查项让您全面了解网站质量，方便网站改进。</p>
    <h3>体检结果保存时间长达一年</h3>
    <p>每次的体检结果保存时间都长达一年，方便您的网站改进后做比较分析。</p>
    <a href="#">更多特性 &gt;&gt;</a>
```

图 5-13　"网站体检" HTML 结构

根据设计图，"网站体检"这部分的字体都应该是"微软雅黑"，因此将所有元素的字体设置为"微软雅黑"，CSS 样式如下：

```
h2,h3,p,a {font-family:"微软雅黑";}
```

▶2．设置字号

用 font-size 来设置字号，字号有很多单位，可以根据实际情况，来选择字体单位。

（1）px。

px 可以用像素定义字体大小，就像用于图像的像素值一样，用像素定义字体大小，就是告诉浏览器字母的高是多少像素。

```
font-size:14px;
```

提示：① 像素数字后必须紧跟 px，中间不能有空格。
　　　② 设置字体为 14px 意味着从字母的顶端到底部有 14 个像素。

（2）%。

%与像素精确地规定字体大小不同，百分数用于别的字体大小的相对值来定义字体大小。

```
font-size:150%
```

表明字体大小应该是另一个字体大小的 150%。然而，另一个字体大小指哪个父元素呢？因为 font-size 是一个从父元素继承来的属性，定义字体大小为 a%，是相对于父元素的。

```
body{ font-size:14px;}
h1{ font-size:150%}
```

说明：用像素定义了 body 字体的大小为 14px，用百分数 150%定义一号标题字，即 14×150％＝21px。

（3）em。

em 跟百分数一样，是另一种相对测量单位。不过用 em 不是指定百分数，而是指定比例因数。

```
font-size: 1.2em
body{ font-size:14px;}
h1{ font-size:150%}
h2 { font-size:1.2em}
```

说明：字体大小应该按比例放大 1.2 倍，<h2>标题会是父元素字体大小的 1.2 倍，大约为 17px。

（4）keywords。

keywords 可以把字体大小定义为：xx-small，x-small，small，medium，large，xx-large。浏览器将这些关键字转换成默认的像素值。

```
body{font-size:small;}
```

提示：在大多数浏览器中，这部分会将 body 文本显示为 12px。

现在大多数中文网站的标准为：中文网页一般文字正文都采用宋体 12 号（12px）字体，因为这个字体是系统对于浏览器特别优化过的字体。虽然 12～20px 的宋体字都还能看，但是宋体 12px 是最漂亮的，也是最普遍应用的。黑体一般是 14 号，因为一般很少用黑体做正文，主要都是标题或者是关键字。黑体 14px 是优化过的字体。英文网页一般用 11px 字号，verdana，是最经典，最好用的字体！

按照效果图，"网站体检"中的 h2、h3、p、a 应该设置成不同大小的字体。分别为 18px、16px、12px，CSS 样式如下：

```
h2 {font-size:18px;}
h3 {font-size:16px;}
p,a {font-size:12px;}
```

▶ 3. 颜色

通过字体、字号的设置，网页越来越漂亮了，如果给这些字体添加点颜色会怎么样呢？

网页颜色是根据红色、绿色和蓝色三原色以一定比例组成来指定的。可以把每种颜色指定为 0～100%的一个数，然后混合起来组成了一种颜色。例如，如果把红色 100%、绿色 100%和蓝色 100%混合起来，就得到白色；如果每种颜色成分只有 60%，得到灰色；红色 80%、绿色 40%得到橘红色；每种颜色都是 0%，得到黑色。

指定颜色的方法主要有用名字定义颜色，用红、绿、蓝值定义颜色，以及用十六进制代码定义颜色。

（1）用名字定义颜色。

这是 CSS 描述颜色最直接的方法，不过只能定义 17 种颜色，如图 5-14 所示。

```
body{
        background-color:silver;
}
```

在HTML 4.01版本中，确定了16种颜色的英语名称：

颜色	实名	16进制	颜色	实名	16进制	颜色	实名	16进制	颜色	实名	16进制
黑色	black	#000000	银灰色	silver	#c0c0c0	栗色	maroon	#800000	红色	red	#ff0000
深蓝色	navy	#000080	蓝色	blue	#0000ff	紫色	purple	#800080	品红色	fuchsia	#ff00ff
绿色	green	#008000	浅绿色	lime	#00ff00	橄榄色	olive	#808000	黄色	yellow	#ffff00
墨绿色	teal	#008080	青色	aqua	#00ffff	灰色	gray	#808080	白色	white	#ffffff

在CSS 2.1版本中，增加了1种颜色英文名称：

颜色	实名	16进制
橙色	orange	#ffa500

图 5-14 颜色的英语名称

（2）用红、绿、蓝值定义颜色。

```
body{
        background-color:rgb(80%,40%,0%);
}
body{
        background-color:rgb(204,102,0);
}
```

（3）用十六进制代码定义颜色。

```
body{
        background-color:#cc6600;
}
```

十六进制的色彩值，如果每两位的值相同，则可以缩写一半，例如：#000000 可以缩写为#000；#336699 可以缩写为#369。

在"网站体检"中，将标题"网站体检"设置为桃红色"#d7439d"，每个特点设置为灰色"#333333"，每个详细说明设置为浅灰色"#acacac"，CSS 样式如下：

```
h2 {font-size:18px;color:#d7439d;}
h3 {font-size:16px;color:#333333;}
p,a {font-size:12px; color: #acacac;}
```

▶4．其他属性

还有很多控制字体和文本格式的属性，如表 5-1 和表 5-2 所示。

表 5-1 CSS 文本属性（text）

属　性	描　述
color	设置文本的颜色
direction	规定文本的方向/书写方向
letter-spacing	设置字符间距
line-height	设置行高
text-align	规定文本的水平对齐方式
text-decoration	规定添加到文本的装饰效果
text-indent	规定文本块首行的缩进
text-shadow	规定添加到文本的阴影效果
text-transform	控制文本的大小写
unicode-bidi	设置文本方向
white-space	规定如何处理元素中的空白
word-spacing	设置单词间距

表 5-2 CSS 字体属性（font）

属　性	描　述
font	在一个声明中设置所有字体属性
font-family	规定文本的字体系列
font-size	规定文本的字体尺寸
font-size-adjust	为元素规定 aspect 值
font-stretch	收缩或拉伸当前的字体系列
font-style	规定文本的字体样式
font-variant	规定是否以小型大写字母的字体显示文本
font-weight	规定字体的粗细

在"网站体检"中，还需要将标题元素 h2 和 h3 默认的加粗属性去除，设置完毕后，效果如图 5-15 所示。其他属性可以等定位后再做调整。

图 5-15 设置字体颜色属性后"网站体检"的效果

5.2.2 设置背景效果

在"网站体检"效果图中,标题"网站体检"后面有一个背景图像,可以通过设置 CSS 背景样式来实现这个效果。

CSS 允许应用纯色作为背景,也允许使用背景图像创建相当复杂的效果。CSS 在这方面的能力远远在 HTML 之上。

▶1. 设置背景色

可以使用 background-color 属性为元素设置背景色。这个属性接受任何合法的颜色值。下面这条规则把元素的背景设置为灰色:

```
p {background-color: gray;}
```

可以为所有元素设置背景色,这包括 body 一直到 em 和 a 等行内元素。

background-color 不能继承,其默认值是 transparent。transparent 有"透明"之意。也就是说,如果一个元素没有指定背景色,那么背景就是透明的,这样其祖先元素的背景才能可见。

▶2. 设置背景图像

(1)背景图像。要把图像放入背景,需要使用 background-image 属性。background-image 属性的默认值是 none,表示背景上没有放置任何图像。

如果需要设置一个背景图像,则必须为这个属性设置一个 URL 值:

```
body {background-image: url(/i/eg_bg_04.gif);}
```

大多数背景都应用到 body 元素,不过并不仅限于此。下面例子为一个段落应用了一个背景,而不会对文档的其他部分应用背景:

```
p.flower {background-image: url(/i/eg_bg_03.gif);}
```

甚至可以为行内元素设置背景图像,下面的例子为一个链接设置了背景图像:

```
a.radio {background-image: url(/i/eg_bg_07.gif);}
```

理论上讲,甚至可以向 textareas 和 select 等替换元素的背景应用图像,不过并不是所有用户代理都能很好地处理这种情况。另外还要补充一点,background-image 也不能继承。事实上,所有背景属性都不能继承。

(2)背景重复。如果需要在页面上对背景图像进行平铺,可以使用 background-repeat 属性。属性值 repeat 导致图像在水平垂直方向上都平铺,就像以往背景图像的通常做法一样。repeat-x 和 repeat-y 分别导致图像只在水平或垂直方向上重复,no-repeat 则不允许图像在任何方向上平铺。默认地,背景图像将从一个元素的左上角开始平铺。请看下面的例子:

```
body {
  background-image: url(/i/eg_bg_03.gif);
  background-repeat: repeat-y;
}
```

(3) 背景定位。可以利用 background-position 属性改变图像在背景中的位置。下面的例子在 body 元素中将一个背景图像居中放置:

```css
body {
    background-image:url('/i/eg_bg_03.gif');
    background-repeat:no-repeat;
    background-position:center;
}
```

为 background-position 属性提供值有很多方法。首先，可以使用一些关键字：top、bottom、left、right 和 center。通常，这些关键字会成对出现，不过也不总是这样。还可以使用长度值，如 100px 或 5cm，最后也可以使用百分数值。不同类型的值对于背景图像的放置稍有差异。

① 关键字。图像放置关键字最容易理解，其作用如其名称所表明的。例如，top right 使图像放置在元素内边距区的右上角。根据规范，位置关键字可以按任何顺序出现，只要保证不超过两个关键字——一个对应水平方向，另一个对应垂直方向。如果只出现一个关键字，则认为另一个关键字是 center。所以，如果希望每个段落的中部上方出现一个图像，只需声明如下:

```css
p {
    background-image:url('bgimg.gif');
    background-repeat:no-repeat;
    background-position:top;
}
```

② 百分数值。百分数值的表现方式更为复杂。假设希望用百分数值将图像在其元素中居中，这很容易:

```css
body {
    background-image:url('/i/eg_bg_03.gif');
    background-repeat:no-repeat;
    background-position:50% 50%;
}
```

这会导致图像适当放置，其中心与其元素的中心对齐。换句话说，百分数值同时应用于元素和图像。也就是说，图像中描述为 50% 50%的点（中心点）与元素中描述为 50% 50%的点（中心点）对齐。

如果图像位于 0% 0%，其左上角将放在元素内边距区的左上角。如果图像位置是 100% 100%，会使图像的右下角放在右边距的右下角。

因此，如果想把一个图像放在水平方向 2/3、垂直方向 1/3 处，则可以这样声明:

```css
body {
    background-image:url('/i/eg_bg_03.gif');
    background-repeat:no-repeat;
```

```
    background-position:66% 33%;
}
```

如果只提供一个百分数值，所提供的这个值将用作水平值，垂直值将假设为 50%。这一点与关键字类似。

background-position 的默认值是 0% 0%，在功能上相当于 top left。这就解释了背景图像为什么总是从元素内边距区的左上角开始平铺，除非设置了不同的位置值。

③ 长度值。长度值解释的是元素内边距区左上角的偏移。偏移点是图像的左上角。比如，如果设置值为 50px 100px，图像的左上角将在元素内边距区左上角向右 50 像素、向下 100 像素的位置上：

```
body {
    background-image:url('/i/eg_bg_03.gif');
    background-repeat:no-repeat;
    background-position:50px 100px;
}
```

提示：这一点与百分数值不同，因为偏移只是从一个左上角到另一个左上角。也就是说，图像的左上角与 background-position 声明中的指定的点对齐。

（4）background 属性。可以将以上背景属性用 background 简写，如下所示：

```
body {
    background: #00ff00 url(bgimage.gif) no-repeat fixed top;
}
```

如果不设置其中的某个值，也不会出问题，比如 background:#ff0000 url(bgimage.gif); 也是允许的。

通常建议使用这个属性，而不是分别使用单个属性，因为这个属性在较老的浏览器中能够得到更好的支持，而且需要键入的字母也更少。

为"网站体检"设置背景图像时，选择的元素是 h2，需要设置背景图像不重复及图像的位置。同时需要将 h2 元素的宽度和高度设置为和背景图像一样大，背景才能完整显示，但是因为页面中有很多地方使用了 h2 元素，而添加这个背景的只有这个 h2，所以需要为这个 h2 添加一个类名，此处为"title2"，"网站流量分析"和"网站小护士"分别为"title1"和"title3"，CSS 样式如下：

```
    h2 { font-size:18px; font-weight: normal; width: 300px; height:
60px; text-align:center; line-height:60px; }
    h2.title1 { background: url(../images/apply_pic1.gif) 0 0 no-repeat;
color:#1877c6;}
    h2.title2 { background: url(../images/apply_pic2.gif) 0 0 no-repeat;
color:#d7439d;}
    h2.title3 { background: url(../images/apply_pic3.gif) 0 0 no-repeat;
color:#18c6b4;}
```

提示：宽度（width）和高度（height）样式属性用于改变指定元素的高度和宽度。共同的样式放在 h2 中，不同的样式放在各自的类中。

为了使文字出现在合适的位置，还设置了文本属性（text-align）使得文本水平居中。同时将行距（line-height）设置为和高度（height）相同，可以使文本在元素中垂直居中。这样基本得到如图 5-7 所示的效果，最终效果还需要等最后调整。

5.2.3 设置链接样式

在首页中，有很多文本和图像都设置了超链接，而链接默认的样式并不是我们想要的效果，因此我们需要对超链接设置样式，为了让链接表现得更加活泼，对链接的几种状态还可以设置不同的样式。首页中"在线申请"、"查看演示"就设置了三种状态，而页面中的文字链接基本上也都设置了两种状态。

▶1. 对"在线申请"设置样式

首先看一下 HTML 代码如下：

```
<a href="apply_online.html"><img src="images/1-1.png" alt="在线申请" /></a>
```

原来是通过插入图像的方式显示在线申请的图像，但是为了实现不同状态下显示不同图像的效果，这里需要将图像以背景的方式显示在页面中，另外为了区别页面中的其他链接，需要给链接设置一个类名，因此把 HTML 代码改成下面这样：

```
<a href="apply_online.html" class=" reg_online" ></a>
```

接下来对链接的三种状态写样式，分别为未访问的链接、已访问的链接及鼠标经过时的链接状态，对应三张不同的"在线申请"的图像，CSS 样式如下：

```
a.reg_online:link {display:block;background: url(../images/1-1.png) no-repeat 0 0;width: 283px;height: 50px;}
a.reg_online:hover{background: url(../images/1-2.png) no-repeat 0 0;}
a.reg_online:active { background: url(../images/1-3.png) no-repeat 0 0;}
```

这里，因为 a 本身是内联元素，为了设置元素的宽度和高度，需要将它转化为块元素，所以设置 display:block。最终的效果如图 5-8 所示。

▶2. 对"申请"文本设置样式

"申请"和"收藏"文本对应的 HTML 代码如下：

```
<img src="images/reg_icon.gif" alt="" /><a ref="apply_online.html">申请</a>|<img src="images/collect_icon.gif" alt="" /><a href="javascript:;">收藏</a>
```

同样可以给它们加上类名 top_right，区别于其他链接，这里只需要设置链接的两种样式，鼠标经过时状态颜色不一样（浅蓝色）且有下画线，其他状态没有下画线，颜色为灰色，因此设置样式如下：

```
a.top_right { color:#333;text-decoration:none;}
a.top_right:hover { color: #44619c;text-decoration:underline;}
```

设置文本是否有下画线用属性 text-decoration，属性值 none 为无下画线，underline 为有下画线。

对页面中其他超链接进行设置，效果如图 5-16 所示。

图 5-16 设置链接样式效果

5.2.4 设置列表样式

首页中的列表没有设置样式前都有默认的项目符号或者编号，我们希望改变这些项目标志，并将列表的文字设置为设计图中的样式。

▶1．列表标志

要修改用于列表项的标志类型，可以使用属性 list-style-type：

```
ul {list-style-type : square}
```

上面的声明把无序列表中的列表项标志设置为方块。如果要去除标志，则设置属性值为 none。"他们正在使用"下面的图像前面的标志就可以通过设置列表项为 none 来去除。

▶2．列表项图像

有时，常规的标志是不够的。如果想对各标志使用一个图像，这可以利用 list-style-image 属性做到：

```
ul li {list-style-image : url(xxx.gif)}
```

只需要简单地使用一个 url()值，就可以使用图像作为标志。

▶3．列表标志位置

CSS2.1 可以确定标志出现在列表项内容之外还是内容内部。这是利用 list-style-position 完成的。

```
ul{list-style-position:inside;}
```

4. 简写列表样式

为简单起见，可以将以上 3 个列表样式属性合并为一个方便的属性 list-style，就像这样：

```
li {list-style : url(example.gif) square inside}
```

list-style 的值可以按任何顺序列出，而且这些值都可以忽略。只要提供了一个值，其他的就会填入其默认值。

在首页中"E 站日志"和"帮助信息"中，我们要去除默认的项目标志，应用一个图像标志，为了与其他列表区分，我们也为列表设置类名为"about"，CSS 样式如下：

```
.about li { list-style-image : url(../images/point_icon.gif);}
.about li a { color: #666;text-decoration:none;}
```

最终效果如图 5-9 所示。

关于列表的高级应用，将在后面介绍。

5.2.5 设置数据表格样式

首页中的"体检网站排行榜"是使用表格来制作的，可以使用 CSS 表格属性改善表格的外观。CSS 常用表格属性如表 5-3 所示。

表 5-3　CSS 常用表格属性

属性	描述
border	用于设置表格边框的属性
padding	用于设置表格单元格的边框和单元格内容之间的空间量，可以提高表格的可读性
text-align	用于改变文本和字体的属性
vertiacal-align	用于将文本对齐到单元格的上部、中间或底部
width	用于设置表格或单元格的宽度
height	用于设置单元格的高度（通常也用于设置行的高度）
background-color	用于改变表格或单元格背景颜色
background-image	用于为表格或单元格的背景添加一副图像
border-collapse	设置是否把表格边框合并为单一的边框。 collapse：水平边框折叠，垂直边框互相邻接 separate：遵守独立的规则

如需在 CSS 中设置表格边框，则使用 border 属性。如下面的例子为 table、th 及 td 设置了蓝色边框：

```
table, th, td { border: 1px solid blue; }
```

预览后发现上例中的表格具有双线条边框。这是由于 table、th 及 td 元素都有独立的边框。如果需要把表格显示为单线条边框，则可以使用 border-collapse 属性。

```
table { border-collapse:collapse; }
```

现在我们为"体检网站排行榜"来设置样式。定义表格的宽度为 300px，边框设置为 0，适当设置单元格边距，文本设置为左对齐，颜色为#666666。CSS 代码如下：

```
table {width:300px;border:0;padding:10px;color:#666; font-size:14px;}
```

效果图中，数字"85"字号放大并加粗，给数字加上标签 span，并为其设置样式如下：

```
table tr td span {font-size:16px;font-weight:bold;}
```

完成后效果如图 5-10 所示。

5.2.6 设置表单样式

首页中登录部分是用表单来实现的，我们可以应用学过的知识来对表单进行样式的设置。为了得到预期的效果，修改部分 HTML 代码，并在相关元素中添加类，HTML 代码如下：

```
<form>
    <ul>
        <li>会员登录</li>
        <li><p><span>账号：</span><input type="text" class="login_txt"/></p></li>
        <li><p><span>密码：</span><input type="password" class="login_txt" /></p></li>
        <li><input type="checkbox" />记住密码  <span>忘记登录密码？</span></li>
        <li><a href="#" class="login_btn" /></a></li>
    </ul>
</form>
```

▶ 1．设置 form 样式

首先设置 form 的样式，使其按照效果图中的大小和背景来显示。

```
form {width:283px;height:263px;background-color:#b3b3b3;}
```

▶ 2．设置列表 ul 样式

由于表单元素用列表来排列，所以先设置列表样式，去除列表项标志，以及表单中的字体大小和颜色。

```
form ul {list-style-type:none;color:#fff;font-size:12px;}
```

▶ 3．设置段落 p 样式

确定每行的背景和大小，设置文本垂直居中。

```
form ul p {color:#666;background-color:#fff;width:224px;height:
30px;line-height:30px;}
```

4. 设置文本字段 input 样式

这里需要去除 input 默认的边框样式，要用到边框属性 border。边框分为上边框、右边框、下边框、左边框。每个边框都可以规定元素边框的样式（border-style）、宽度（border-width）和颜色（border-color）。

（1）边框样式（border-style）。设置元素所有边框的样式，或者单独地为各边设置边框样式。它有 10 个属性值，分别如下。

none：无样式。

hidden：同样是无样式，主要用于解决和表格的边框冲突。

dotted：点划线。

dashed：虚线。

solid：实线。

double：双线，两条线加上中间的空白等于 border-width 的取值。

groove：槽状。

ridge：脊状，和 groove 相反。

inset：凹陷。

outset：凸出，和 inset 相反。

其中 groove、ridge、inset、outset 有些像 3D 效果，它的效果受 border-color 的影响。

border-style 作用在四个方向时，如果它书写四个参数值，将按照上—右—下—左的顺序定义边框。如果只设置一个，将用于四个边框统一设置。如果设置两个值，第一个作用于上下，第二个则作用于左右。如果设置三个值，第一个作用于上边框，第二个作用于左右边框，第三个作用于下边框。

（2）边框颜色（border-color）。这个属性用来定义所有边框颜色，或者为四个边分别设置颜色。它可以取颜色的值或被设置为透明（transparent）。border-color 属性值的个数与其所对应方向的边框效果的设置方法和 border-style 的设置方法相同。

（3）边框宽度（border-width）。border-width 可定义四个边框的宽度，即边框的粗细程度，它有 4 个可选属性值：

medium（是默认值，通常大约是 2 像素）。

thin（比 medium 细）。

thick（比 medium 粗）。

用长度单位定值。可以用绝对长度单位（cm，mm，in，pt，pc）或者相对长度单位（em，ex，px）。

border-width 属性值设置的个数与所对应方向产生的效果和 border-style、border-color 的设置方法相同。

（4）边框（border）。border 是一个综合性写法，它设置的是四个边框的宽度、样式和颜色，不能对某一个边框单独设置。它的格式：

```
border: border-width border-style border-color;
```

例如：

```
.bk01 {border:3px solid #FF0000;}
```

（5）单边边框的设置方法。border-top 的设置格式和 border 相同，依次设置宽度、样式、颜色。border-top 是将宽度、样式、颜色三种属性值放在一起设置的属性，如果要单独设置其中的任意一项也可以使用以下属性：border-top-width（单独设置上边框宽度）、border-style（单独设置上边框样式）、border-color（单独设置上边框颜色）。如以下两种方式设置相同：

```
#sbk01 { border-top:1px dashed #FF0000; }
#sbk01 { border-top-width:1px;border-top-style:dashed; border-top-color:#FF0000;}
```

为登录中的文本字段设置样式如下：

```
form input.login_txt{border:none;width:180px;height:28px;line-height:28px;color:#999;}
```

5. 设置按钮样式

登录按钮的做法与"在线申请"类似，代码如下：

```
form a.login_btn:link {display:block;background: url(../images/2-1.jpg) no-repeat 0 0;width: 224px;height: 46px;}
form a.login_btn:hover {background: url(../images/2-2.jpg) no-repeat 0 0;}
form a.login_btn:active {background: url(../images/2-3.jpg) no-repeat 0 0;}
```

以上设置完毕后效果如图 5-11 所示。

归纳总结

本项目任务通过对首页中部分元素设置样式，主要介绍了 CSS 常用的样式，包括文本、背景、链接、列表、边框、表格及表单的样式，详细的样式可以查询 CSS 参考手册。掌握了基本的 CSS 样式设置，可以使网页中的文本更具可读性，链接样式灵活，能制作出漂亮的表格和表单，所以一定要理解和掌握。

项目训练

（1）根据"我的 E 站"首页效果图，完成其他元素样式的设置，另外完成"在线申请"页面的样式设置。

（2）根据实践项目的效果图，完成首页中元素的样式设置。

项目任务 5.3　使用 DIV+CSS 布局首页

在上一个项目任务中，已经对首页中的一些文本、图像、链接、列表、表格及表单等进行了样式的设置，但是页面还没有达到设计图的效果，我们需要对页面进行布局，可以使用 DIV 元素来划分页面的各个模块，然后进一步使用 CSS 样式对 DIV 进行定位和格式化，最终完成首页的布局。

使用 DIV+CSS 完成首页布局的效果如图 5-17 所示。

图 5-17　首页布局效果

 **能力要求**

（1）学会使用 DIV 添加页面结构。
（2）掌握盒模型。
（3）学会 float 浮动布局。
（4）学会绝对定位。

 **任务实施**

5.3.1 插入 DIV

<div> 标签可以把文档分割为独立的、不同的部分。它可以用作严格的组织工具，并且不使用任何格式与其关联。如果用 id 或 class 来标记 <div>，那么该标签的作用会变得更加有效。

在布局首页前，需要用<div>开始和结束标记把属于一个逻辑部分的元素包围起来。也就是说，div 为文档添加了额外的结构。借助结构，把页面分成几个合理的逻辑结构，这样有助于网页结构的清晰和样式化。同时可以使用 id 或 class 对这些 div 进行标志，这么做不仅为 div 添加了合适的语义，而且便于进一步使用样式对 div 进行格式化，可谓一举两得。

▶1. 划分整体结构

从首页效果图中，我们可以看出，页面可以分成页眉区（header）、广告区（banner）、主要内容区（content）、其他信息区（other_info）及页脚区（bottom）。用 div 标签将页面划分为以上几部分，并用 id 属性对每个区域进行标志，如图 5-18 所示。

| header |
| banner |
| content |
| other_info |
| bottom |

图 5-18　首页版块划分

其结构代码如下：

```
<body>
```

```html
<!--header -->
<div id="header">
    <!--此处为页眉区 -->
</div>
<!--banner -->
<div id="banner">
    <!--此处为banner区 -->
</div>
<!--login -->
<div id="login">
    <!--此处为登录部分 -->
</div>
<!--content -->
<div id="content">
    <!--此处为主要内容区 -->
</div>
<div id="other_info">
    <!--此处为其他信息区 -->
</div>
<!--bottom -->
<div id="bottom">
    <!--此处为页脚区 -->
</div>
</body>
```

提示：<!--注释-->为 HTML 中的注释。注释出现在 HTML 源文件中，但浏览器并不显示它们，在适当位置添加注释是很好的习惯，有助于自己和团队对源代码的理解与修改。

2. 添加更多结构

划分整体结构以后，我们发现有些结构中还需要继续添加结构，比如页眉区，可以将"申请"和"收藏"放在一起，主要内容区中每个应用的介绍可以放在一起等，这些结构有助于别人理解网页及维护网页，并应用样式来定位和格式化。按照逻辑，完成页面所有结构的添加，并用相应的类名来表示 div，如"网站流量分析"添加 div 后代码如下：

```html
<div class="apply">
    <h2 class="title1">网站流量分析</h2>
        <h3>独有的访客信息深度挖掘</h3>
            <p>通过数据提炼深度挖掘，及电子地图的配合，直观展现每位访客的行为特性。</p>
        <h3>精准的访客轨迹分析</h3>
```

```
            <p>精确统计分析所有网站访客的访问轨迹路线，帮助您精确分析网站的运营
质量。</p>
            <h3>更方便的监控代码自动安装</h3>
            <p>只用输入网站的 FTP 帐号秘密，即可实现统计代码一键安装，网络营销分
析人人都可以轻松驾驭。</p>
            <a href="doc/more.docx">更多特性 &gt;&gt;</a>
            <a href="#" class="apply_icon"></a>
        </div>
```

提示：结构是在需要时进行添加的，而不是为了结构而添加结构。只要能完成任务，结构越简单越好。如果添加<div>只是想使页面中有更多的结构，那么这样做除了使页面变得复杂之外没有任何真正的好处。

5.3.2 熟悉盒模型

页面结构搭建好之后，就可以使用 CSS 样式来布局网页了。要灵活使用 CSS 布局技术，首先要理解盒模型的概念。

▶1. 什么是盒模型

W3C 组织建议把所有网页上的对象都放在一个盒（box）中，可以通过创建定义来控制这个盒子的属性。盒模型主要定义四个区域：内容（content）、内边距（padding）、边框（border）、外边距（margin）。它们之间的层次相互影响。盒模型的示意图如图 5-19 所示。

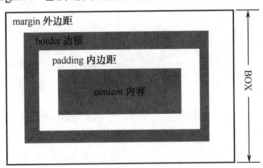

图 5-19 盒模型示意图

我们可以把这些属性转移到我们日常生活中的盒子上来理解，日常生活中所见的盒子也具有这些属性，所以叫它盒模型。那么内容（content）就是盒子里装的东西；而内边距（padding）就是怕盒子里装的东西损坏而添加的泡沫或者其他抗震的辅料；边框（border）就是盒子本身了；至于外边距（margin）则说明盒子摆放的时候的不能全部堆在一起，要留一定空隙保持通风，同时也为了方便取出来。在网页设计上，内容常指文字、图片等元素，但是也可以是小盒子（DIV 嵌套），与现实生活中盒子不同的是，现实生活中的东西一般不能大于盒子，否则盒子会被撑坏的，而 CSS 盒子具有弹性，里面的东西大过盒子本身最多把它撑大，但它不会损坏的。内边距只有宽度属性，可以理解为生活中盒子里的抗震辅料厚度，而边框有大小和颜色之分，我们又可以理解为生活中所见盒子的厚度及这个盒子是用什么颜色材料做成的，外边距就是该盒子与其他东西要保

留多大距离。

通过盒模型，可以为内容（content）设置外边距（margin）、内边距（padding）及边框（border）属性。width 和 height 属性可以定义内容的宽度和高度而不是整个盒子的宽度和高度，内边距出现在内容区域的周围。如果在元素上添加背景，那么背景应用于元素的内容和内边距组成的区域。因此可以用内边距在内容周围创建一个隔离带，使内容不与背景混合在一起。添加边框会在内边距区域外边增加一条线。这些线可以有不同的样式和宽度，如实线、虚线、点画线。在边框外边的是外边距，外边距是透明的，一般使用它控制元素之间的间隔。

2. 理解盒模型

在 CSS 布局之前，必须要彻底理解盒模型，这里再强调几个方面。

（1）margin 总是透明的，padding 也是透明的，但 padding 受背景影响，能够显示背景颜色或背景图像。

（2）border 是不透明的，这是因为实线边框的遮盖。当定义虚线或点画线边框时，在部分浏览器中可以看到被边框遮盖的背景。盒模型背景可以深入到 padding 和 border 区域，但部分浏览器不支持 border 区域背景显示，如 IE 和 Netscape 浏览器。

（3）margin 可以定义负值，但 border 和 padding 不支持负值。

（4）margin、border 和 padding 都是可选的。内边距、边框和外边距可以应用于一个元素的所有边，也可以应用于单独的边，如：

```
padding-top:20px;          //为元素单独设置上内边距
padding:15px;              //元素的所有内边距都为 15px
padding:1px 2px 3px 4px;   //分别为每个边设置内边距，顺序为上右下左
/*外边距 margin 用法同内边距 padding*/
border-top:1px solid #ccc; //为元素单独设置上边框
border:2px dashed #000;    //为所有边设置边框
```

（5）每一个盒子所占页面区域的宽度和高度等于 margin 外沿的宽度和高度。盒子的大小并不总是内容区域的大小。

（6）浏览器窗口是所有元素的根元素，也就是说 html 是最大的盒子，也有浏览器把 body 看做最大的盒子。

5.3.3 CSS 布局网页

在开始布局之前，要认识到 CSS 布局的特色就是结构和表现分离。在结构和表现分离后，代码才简洁，更新才方便，这也是使用 CSS 进行网页布局的目的所在。

1. CSS 网页布局的基本思路

（1）用 div 划分各个区域，这部分在 5.3.1 中已经实现。

（2）用 CSS 定位各个区域的位置，将用 float 布局。

（3）定义每个区域中块状元素的间距和边距。

（4）定义每个区域的背景色、字体颜色、边框线。这步已经在项目任务 5.2 中基本

实现了，只需微调。

2. float 布局

在正常情况下，浏览器从 HTML 文件的开头开始，从头到尾依次呈现各个元素，块元素从上到下依次排列，内联元素在块元素内从左到右依次排列。而 CSS 的某些属性却能够改变这种呈现方式，这些属性就是这里要讲的，主要是 float 与 position 属性，另外还有 clear 属性以协助 float，z-index 属性协助 position。这些属性值均无法继承。

float 属性定位：float 属性值可以为 left、right、none。none 为默认值，表示不漂移该元素，浏览器以正常方式显示之。若设置为 left 或 right，则表示将该元素漂移到左方或右方。那什么叫漂移呢？

简单地说，漂移是指将某元素从正常流中抽出，并将其显示在其父元素的左方或右方的一个过程。下面来举例说明。

假设我们有以下 html，为了能更清楚地看到布局，我们将整体结构都加上了一个红色的边框，子结构加上蓝色的边框，并给段落加上橙色的背景色，源代码如下。

html 代码：

```html
<html>
<body>
<!--header -->
<div id="header">
    页眉区
    <!--此处为页眉区 -->
</div>
<!--content -->
<div id="content">
    <!--此处为主要内容区 -->
    <!--此处为导航区 -->
    <div id="leftbar">
        <ul>
            <li>首页</li>
            <li>关于我们</li>
            <li>联系我们</li>
            <li>服务条款</li>
            <li>E 站日记</li>
            <li>帮助信息</li>
            <li>意见反馈</li>
        </ul>
    </div>
    <!--此处为内容区 -->
    <div id="main">
        <p>
```

仕德伟技术中心介绍：仕德伟技术中心是苏州市人民政府认定的企业技术中心，致力于面向中小企业电子商务和网络营销产品的研发，在 saas、云计算等领域已有相关产品投放市场，现已服务客户 2 万余家，相继获得商务部电子商务示范企业、中国服务外包成长型百强企业、江苏省软件企业（江苏省规划布局内重点软件企业）等资质及荣誉称号。

```html
        </p>
      </div>
</div>
<!--bottom -->
<div id="footer">
     版权信息
     <!--此处为页脚区 -->
</div>
</body>
```

CSS 代码：

```css
#header, #footer, #content
{
    border: solid 1px red;
}
#leftbar, #main
{
    border: solid 1px blue;
}
p
{
    background-color: Orange;
}
```

这段 html 在浏览器中将显示如图 5-20 所示。

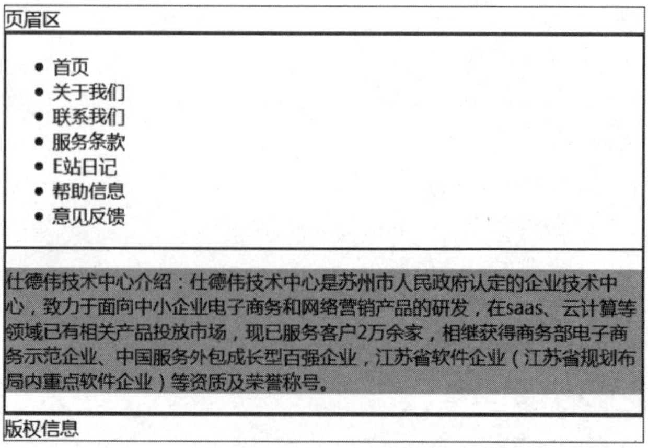

图 5-20　原始页面效果

如果将其中的 leftbar 设置为 float:left；width:20%，那么其效果将如图 5-21 所示。

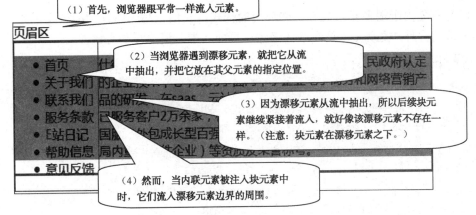

图 5-21 设置 leftbar 的 float 为 left 后效果

以上就是 float 的原理。不过，在实际实践中，我们通常需要的是 leftbar 与 main 各自成一列，而不希望 main 的内容还流入到 leftbar 的下面。因此我们可以给 main 指定 margin-left:20%，效果如图 5-22 所示。

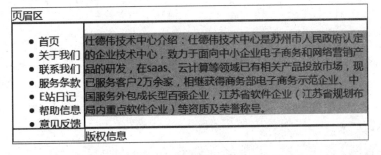

图 5-22 设置 main 的外边距后效果

从上图我们发现了一个问题，那就是 leftbar 突破了其父元素 content 的区域。是的，漂移元素不再受其父元素区域的限制，或者说漂移元素不会使其父元素的区域撑大。这导致 footer 的呈现不满足我们的需要。这时 clear 属性可以帮助我们，我们给 footer 加上 clear:left 的属性试试，效果如图 5-23 所示。

图 5-23 设置 clear 属性后效果

掌握了 float 布局以后，我们来完成首页的 CSS 布局。样式按照区域写在相应的位置，并写上注释。

（1）首先由于很多元素会有一些公用的样式，我们先写一些共同的样式，比如设置元素默认的内外边距为 0，页面默认字体，页面居中，清除浮动等。

```
/*common style*/
body, h1, h2, h3, h4, h5, h6, hr, p, blockquote, dl, dt, dd, ul, ol, li, pre, form, fieldset, legend, button, input, textarea, th, td { margin:0; padding:0;} /*设置元素内外边距为 0*/
body, button, input, select, textarea { font:12px/1.5 "微软雅黑","\5b8b\4f53"; color:#666; } /*设置默认的字体颜色等*/
ol, ul, li { list-style-type:none;} /*设置项目符号无*/
.clear { clear:both; font-size:0px; height:0px;}
.clearfix { *zoom:1;}
.clearfix:after { display:block; height:0; visibility:hidden; content:""; clear:both;} /*以上 3 条规则为清除浮动*/
.bc { margin-left: auto; margin-right: auto;} /*设置元素居中*/
.fl { float:left; display:inline;} /*向左浮动*/
.fr { float:right; display:inline;} /*向右浮动*/
.w990 {width:990px;} /*定义网页整体大小为 990px*/
```

（2）网页整体大小都为 990px。设置页眉区大小为 990px，为 header 添加类 w990，并且使层居中，添加类 bc。设置 LOGO 为左漂移，右侧 top_right 为右漂移。效果如图 5-24 所示。

```
/*header*/
.top_right {margin-top:10px;}
.top_right a { margin-right: 5px; color:#333;text-decoration:none;}
.top_right a:hover { color: #44619c; color: #44619c;text-decoration:underline;}
.top_right img { margin: 0 3px -2px 7px;}
```

图 5-24　页眉区效果

（3）banner 部分是一个图像展示的效果，用 jQuery 来实现，当前先用背景和图片来展示，为 banner 设置背景色为# fa8a38，调整图像位置。效果如图 5-25 所示。

```
/*banner*/
#banner { width: 100%; height: 400px; background-color:#fa8a38;}
#banner img {margin-left:150px; }
```

图 5-25　banner 效果

（4）为 content 设置宽度 990px，并设置居中。然后设置每个应用都为左漂移，因此要为 content 清除浮动（<div id="content" class="w990 bc clearfix">）。再为 apply 设置的样式，包括其宽度，内外边距等，调整之前设置的 apply 内部元素的样式。效果如图 5-26 所示。

```css
/*apply*/
.apply { width: 300px; padding-right: 45px;}
.pr0 { padding-right: 0px;}
.apply h2 {font-size:18px;font-weight: normal;width: 300px;height: 60px;text-align:center;line-height:60px;}
.apply h2.title1 {background: url(../images/apply_pic1.gif) 0 0 no-repeat;color:#1877c6;}
.apply h2.title2 {background: url(../images/apply_pic2.gif) 0 0 no-repeat;color:#d7439d;}
.apply h2.title3 {background: url(../images/apply_pic3.gif) 0 0 no-repeat;color:#18c6b4;}
.apply h3 {font-size:16px;color:#333333;font-weight: normal;line-height:30px;}
.apply p { line-height: 22px; height: 66px; overflow: hidden; color:#acacac;}
.apply .about_more {color: #1877c6; text-align:right;text-decoration:none;display:block;}
.apply a.apply_icon:link {display:block;background: url(../images/3-1.png) no-repeat 0 0;width: 172px;height: 39px;margin-left:50px;}
.apply a.apply_icon:hover{background: url(../images/3-2.png) no-repeat 0 0;}
.apply a.apply_icon:active{background: url(../images/3-3.png) no-repeat 0 0;}
```

图 5-26　content 效果

（5）other_info（其他信息部分，包括体检网站排行榜、他们正在使用、E 站日志及帮助信息）的设置方法基本和 content 类似。要为 other_info 设置一个背景图像，以及设置其外边距，使其与 content 有一定间距。效果如图 5-27 所示。

```css
/*other_info*/
#other_info { width: 100%; height: 295px;margin-top:20px; background: url(../images/other_info_bg.gif) 0 0 repeat-x;}
.check_top { width: 240px; color: #666;margin-top:20px;}
/*check_top*/
.check_top h3 { font-size:18px;font-weight:normal;}
table                                                                  { width:300px;border:0;padding:10px;color:#666;font-size:14px;}
table tr td span {font-size:16px;font-weight:bold;}
/*use_apply*/
.use_apply { width: 280px; margin-top:20px;margin-left: 120px; margin-right: 110px;}
.use_apply h3 { font-size:18px;font-weight:normal;}
.use_apply ul {margin-top:10px;}
.use_apply ul li { width: 138px; float: left;}
/*about*/
.about h3 { font-size:18px;font-weight:normal; margin-top:20px; margin-bottom:10px;}
.about li { padding-left: 10px; background: url(../images/point_icon.gif) 2px center no-repeat;}
.about li a { color: #666;text-decoration:none;line-height: 22px;}
```

图 5-27　other_info 效果

（6）bottom 部分分为底部信息和版权信息，先为元素添加适当结构，为 bottom 设置背景图像，底部信息的三部分设置均为左漂移，方法与前面的 other_info 也类似。最后设置版权部分的样式（copy_right），效果如图 5-28 所示。

```
/*bottom*/
#bottom { width: 100%; background: #e5e5e5 url(../images/
bottom_bg.gif) 0 0 repeat-x; border-bottom: 1px solid #d4d4d4;}
.w560 { width: 560px;}
.mt20 {margin-top:20px;}
.mb20 {margin-bottom:10px;}
.bd4 { border-bottom: 1px solid #d4d4d4;}
.bf2 { border-top: 1px solid #f2f2f2;}
.aboutus { width: 120px; color: #acacac;}
.aboutus span,.focus span, .mobile span{ color: #666;font-
weight:bold;font-size:14px;padding-bottom:10px;display:block;}
.aboutus a { color: #acacac;text-decoration:none;}
.focus { width: 210px; margin-left: 60px; margin-right: 60px;}
/*copyright*/
.copyright {text-align:center;padding-top:20px;}
```

图 5-28　bottom 效果

至此，首页的效果基本已经实现了，其中的登录部分，要定位在 banner 的右侧，可以使用 CSS 中的 position 属性来实现，然后用 z-index 来控制层的层叠关系。

3．position 定位

position 可以设置为以下 4 个值。

（1）static：默认值，表示以正常流的方式排版元素。

（2）absolute：将元素从正常流中抽出，并摆在页面指定的位置（由 top、left、right、bottom 属性指定），该元素不会对其他元素产生任何影响（这是与漂移元素的一个很大的不同）。

（3）fixed：将元素从正常流中抽出，并摆在浏览器窗口指定的位置（由 top、left、right、bottom 属性指定），它使元素不随着页面的滚动而滚动，永远固定在浏览器的某个位置上。

（4）relative：元素仍然是页面流的一部分，浏览器先以正常模式排定所有元素，在最后一刻，浏览器将该元素偏移一定的位置（由 top、left、right、bottom 属性指定）。

如果有好几个指定 position 的元素重叠，那么它们哪个在前哪个在后呢？这时可以用 z-index 属性来实现，该属性值越大越靠前。

回到首页布局中，为了使得登录区域相对于 banner 定位，将 login 放置到 banner 中，并将 banner 设置为相对定位，login 设置为绝对定位。效果如图 5-29 所示。

```
/*login*/
#login {position:absolute;top:20px;right:150px;}
a.logintxt { color:#44619c; }
a.registertxt { color:#666;text-decoration: underline; }
a.reg_online:link            {display:block;background: url(../images/1-1.png) no-repeat 0 0;width: 283px;height: 50px;}
a.reg_online:hover{background: url(../images/1-2.png) no-repeat 0 0;}
a.reg_online:active { background: url(../images/1-3.png) no-repeat 0 0;}
form {width:283px;height:263px;margin-top:10px;}
form ul li {padding: 5px 0;}
form ul {color:#fff;font-size:12px;width:230px; position: absolute; z-index:3; left:20px;}
form .membt {font-size:14px;margin-top:20px;}
form ul p {color:#666;background-color:#fff;width:224px;height:30px;line-height:30px;}
form ul p input.login_txt {border:none;width:180px;height:28px;line-height:28px;color:#999;}
form  a.login_btn:link {display:block;background: url(../images/2-1.jpg) no-repeat 0 0;width: 224px;height: 46px;}
form  a.login_btn:hover  {background: url(../images/2-2.jpg) no-repeat 0 0;}
form  a.login_btn:active  {background: url(../images/2-3.jpg) no-repeat 0 0;}
.login_bg {margin-top:10px; width: 283px; height: 263px; position: absolute; top: 50px; left: 0px; background: #000; filter: alpha(opacity=30); opacity: 0.3; z-index: 1;}
```

图 5-29 login 效果

最终首页的效果如图 5-17 所示。

归纳总结

本项目任务通过用 DIV 搭建网站结构、用 CSS 布局技术完成对首页的布局，必须熟练掌握网页逻辑结构的划分、盒模型、float 浮动布局及定位。合理使用类和 id 属性，掌握 CSS 的语法规则，尽量优化代码，防止重复。

项目训练

（1）根据"在线申请"效果图，完成页面的布局，效果如图 5-30 所示。

图 5-30 "在线申请"页面

（2）完成"关于我们"页面的布局，效果如图 5-31 所示。

图 5-31 "关于我们"页面

（3）根据实践项目首页的效果图，完成首页布局。

5.4 小结

子项目 5 主要介绍了 CSS 样式，可以通过三种方法将 CSS 应用于 HTML 页面上：内联样式、内部样式表和外部样式表。附加外部样式表有很多优点，是目前 HTML 文档应用样式最常用的方式。

CSS 由一个选择符和一个声明构成。选择符开始一个规则并指出该规则应用到 HTML 文档的哪部分。声明由属性和属性值组成，用来设置指定选择符的样式。当样式表中的规则比较多时，可以通过注释来管理样式表。

要将 CSS 样式应用到特定的 HTML 元素，就需要找到这个元素，这时可以通过选择器来找到指定的 HTML 元素，并赋予样式声明，从而实现各种效果。选择器种类很多，包括标签选择器、类选择器、ID 选择器和一些高级选择器。

CSS 中常用的样式属性包括文本、背景、边框、列表、链接等，掌握这些属性可以熟练地设置元素的样式，包括对文本、图像、表格、表单的样式设置。

CSS 布局技术应该建立在盒模型、浮动和定位等概念之上。应熟练掌握网页居中、清除浮动等常用技巧。理解 float 浮动布局，并灵活应用，float 和列表结合使用，还可以制作很多美观的水平菜单。理解 CSS 定位，结合使用相对定位和绝对定位可以完成一些特效。

5.5 技能训练

5.5.1 使用 CSS 布局技术完成网页

【操作要求】
（1）完成网页结构。
在"数码产品"站点中，新建一个首页 index.html，完成首页的 HTML 结构。
（2）用 CSS 布局技术布局网页。
引用外部样式表，编写样式，完成首页效果，如图 5-32 所示。

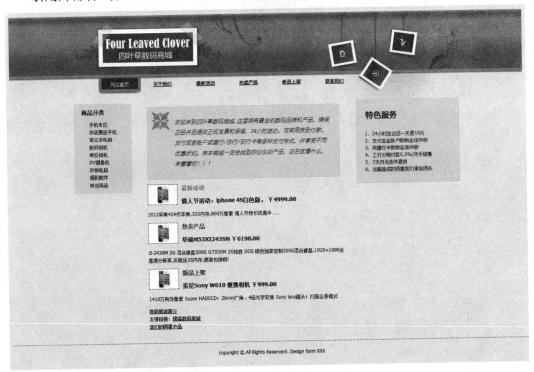

图 5-32 【样图 A】

5.5.2 使用列表和 CSS 制作菜单

【操作要求】
（1）完成菜单结构。
在"数码产品"站点中，新建一个页面，用列表完成两个菜单的 HTML 结构。

（2）用 CSS 完成菜单样式。

引用外部样式表，编写样式，完成垂直菜单和水平菜单效果。如图 5-33 和图 5-34 所示。

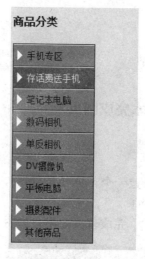

图 5-33 【样图 B】

图 5-34 【样图 C】

子项目 6 创建并应用网页模板

通过前面项目的实施,已经初步完成了网站首页的制作,但是一个完整的网站会有多个页面,而有些页面在布局上都是相同的,这时使用 Dreamweaver 中的模板就可以大大提高相同布局网页的制作效率。创建模板既是为了节省网站的开发时间,也是为了统一网站的风格,更是便于团队合作及网站的维护和更新。下面我们来学习网页模板的制作。

项目任务 6.1 创建并应用网页模板

模板是创建其他文档的样板文档,它决定文档的基本结构和文档设置,例如字符格式、段落格式、页面格式等其他样式。利用 Dreamweaver 创建一个样板文档,并为其设置可编辑区域,则其他类似页面可以基于此模板创建,并在可编辑区域输入不同的内容形成不同的网页。需要注意的是如果没有将某个区域定义为可编辑区域,那么由此模板文件生成的页面就无法编辑该区域中的内容。因此,模板文件中至少应有一个可编辑区域。

网页模板文件效果如图 6-1 所示。

图 6-1 网页模板文件效果

(1)理解模板的概念与作用。
(2)理解模板的可编辑区域与锁定区域的区别和用途。
(3)学会通过模板创建网页的方法。

6.1.1 创建模板

在 Dreamweaver 软件中，模板的创建主要有三种方法。下面以创建"我的 E 站"的子页为例，来看一下模板的创建方法。

1. 创建空模板

（1）打开文件面板的"资源"选项卡，在左侧按钮中选中"模板" 类别，如图 6-2 所示。

（2）在"模板"面板的右下角单击"新建模板" 按钮，即生成模板文件，如图 6-2 所示。

（3）这时会在"名称"对应的列表下出现未命名模板"Untitled"，将其修改为"moban"，如图 6-3 所示。

图 6-2 "资源"选项卡中新建模板　　　　图 6-3 模板文件的编辑

（4）单击"编辑" 按钮，则进入模板文件编辑界面，可以开始模板页面的制作。

2. 将普通网页另存为模板

如果已经完成了一个子页面的制作（aboutus.html），那么只需要将这个子页另存为模板即可完成网站模板的制作。具体操作方法如下。

（1）打开已制作完成的子页，以"aboutus.html"页面为例，保留子页中共同需要的区域（即锁定区域），删除每张页面中内容发生变化的部分，如图 6-4 所示。

（2）选择"文件"|"另存为模板…"菜单命令将网页另存为模板。

（3）在弹出的"另存模板"对话框中（如图 6-5 所示），"站点"下拉列表框用来设置模板保存的站点。"现存的模板"选框显示了当前站点的所有模板。"另存为"文本框用来设置模板的命名。单击"保存"按钮，就把当前网页（.html）转换为了模板（.dwt），同时将模板另存到选择的站点。

子项目 *6* 创建并应用网页模板

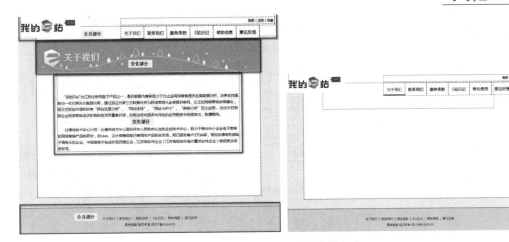

图 6-4 删除内容发生变化的部分

（4）单击"保存"按钮后，系统将自动在根目录下创建 Templates 文件夹，并将创建的模板文件保存在该文件夹中，如图 6-6 所示。

图 6-5 "另存模板"对话框

图 6-6 保存在 Templates 文件夹下的模板文件

提示： 在保存模板时，如果模板中没有定义任何可编辑区域，系统将显示警告信息。可以先单击"确定"按钮，然后再定义可编辑区域。

3．从文件菜单中新建模板

选择"文件"|"新建"菜单命令，打开"新建文档"对话框（如图 6-7 所示），然后在类别中选择"空模板"，并选取相关的模板类型"HTML 模板"，直接单击"创建"按钮即可。

6.1.2 制作模板页面

如果在创建模板过程中，选择上面介绍的方法一和方法三，那么下面就要开始模板页面的制作了。前面我们已经学习了如果制作网站的首页，模板页面的制作与首页制作的方法相同，不同的地方在多个子页中内容不同的地方我们只需要用 div 表示出来，而不需要在其间加入文字、图片等内容。

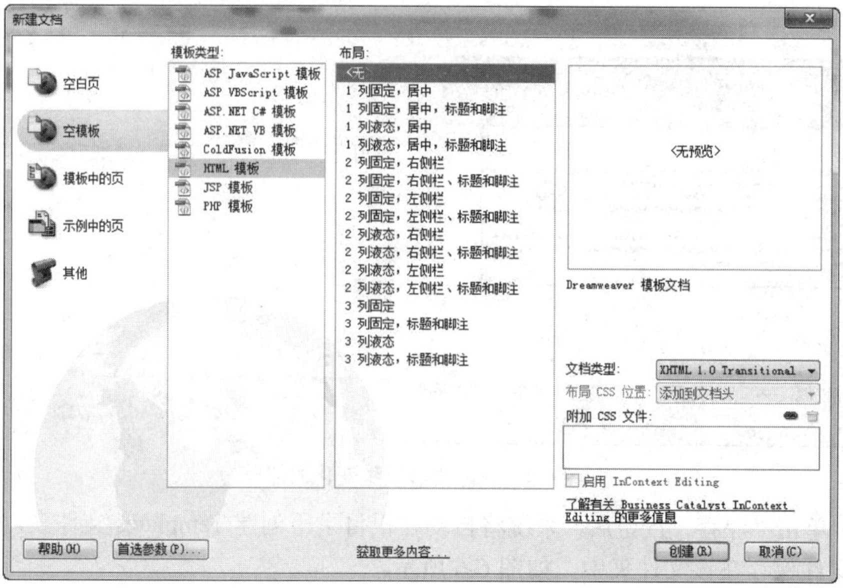

图 6-7 "新建文档"对话框

下面以"我的 E 站"为例来看一下模板页面的制作,首页对比设计好的多个子页面,我们发现这些子页的 LOGO、导航及页脚部分都是一样的,而中间部分的内容根据页面主题的不同是有变化的。所以我们要制作的模板页面,应将其相同部分制作出来,而不同部分用一个空白的 div 层表示,具体效果如图 6-4 右侧图所示。当确定好模板的具体效果后,就可以开始模板页面的制作了。

(1)首先打开前面新建的"moban.dwt"模板页,其对应的 div 布局图如图 6-8 所示,根据布局图完成其 div 框架,具体代码如下。

```
<body >
<div ><!--页面顶端内容相同部分-->
    <!--网站 LOGO-->
    <div>
        <div></div><!--文字:登录/注册/收藏-->
        <!--导航-->
    </div>
</div>
<div ><!--页面内容不同部分-->
</div>
<div ><!--页面底端内容相同部分-->
    <div >
    </div>
</div>
</body>
```

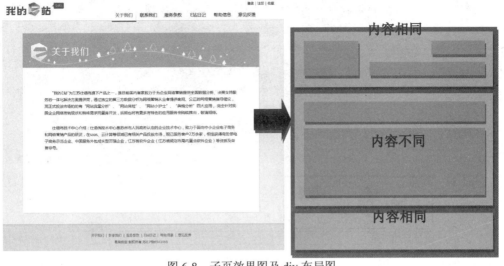

图 6-8 子页效果图及 div 布局图

（2）在注释对应的位置输入内容，具体说明代码如下，输入代码后页面效果如图 6-9 所示。

```html
<body >
<div ><!--页面顶端内容相同部分-->
    <a href="../index.html"><img src="../images/logo.gif" alt="" /></a> <!--网站LOGO，插入图片LOGO.gif，并给图设置超链接，可以链接到首页-->
    <div>
        <div><a href="#">登录</a>|<a href="#">注册</a>|<a href="javascript:;">收藏</a></div><!--插入文字：登录/注册/收藏，并给其设置空链接-->
        <!--导航是利用无序列表创建的，并为其设置超链接-->
        <ul>
            <li><a href="../aboutus.html" class="cur">关于我们</a></li>
            <li><a href="../contactus.html">联系我们</a></li>
            <li><a href="../service.html">服务条款</a></li>
            <li><a href="../diary_list.html">E站日记</a></li>
            <li><a href="../help.html">帮助信息</a></li>
            <li><a href="../feedback.html">意见反馈</a></li>
        </ul>
    </div>
</div>
<div ><!--页面内容不同部分只需要用div表示即可-->
</div>
<div ><!--页面底端内容相同部分，包括底端导航以及版权所有-->
    <div >
```

```
            <a href="../aboutus.html">关于我们</a>|<a href="../
contactus.html">联系我们</a>|<a href="../service.html">服务条款</a>|<a
href="../diary_list.html">E站日记</a>|<a href="../help.html">帮助信息
</a>|<a href="../feedback.html">意见反馈</a>
            <p>易商锦囊 版权所有　苏ICP备6543465</p>
        </div>
    </div>
  </body>
```

图6-9　利用div实现的模板页面

（3）HTML代码部分完成后，就需要开始对模板进行美化了。在制作首页时已经创建了很多类样式，这些类样式在模板页面中同样也可以使用，所以可以先将前期已写好的CSS样式表文件efp.css导入到模板页面中，只要在<title>标签中输入如下代码即可，其页面效果如图6-10所示。

```
    <link rel="stylesheet" type="text/css" href="../css/efp.css">
```

图6-10　导入样式后的模板文件效果

（4）打开efp.css，并在此文件中创建模板页面中需要用到的样式，具体包括如下样式。

① 类样式"intro_body",用于实现对整个模板网页背景的设置,代码如下:

```
.intro_body { background: #f1f3f8 url(../images/body_bg.gif) 0 0 repeat-x;}
```

② 类样式"intro_wrap",用于设置主要内容所在层的大小及外观,具体代码如下:

```
.intro_wrap { width: 870px; height: auto!important; height: 650px; min-height: 650px; border: 1px solid #dcdcdc; background: #fff;}
```

③ 导航效果包含对<li>标签样式的设置及<a>标签样式的设计,具体代码如下:

```
.menu { width: 600px; padding-top: 6px;}
.menu li { width: 90px; height: 50px; line-height: 50px; text-align: center; float: left;}
.menu li a { color: #393939; display: block; margin-right: 0px;}
.menu li a:hover,.menu li a.cur { text-decoration: none; color: #5d76a9; background: url(../images/menu_bg.gif) 0 0 no-repeat;}
```

④ "登录|注册|藏"所对应的样式,具体代码如下所示:

```
.top_right div a { margin: 0 5px;}
```

"页脚"所对应的样式,具体代码如下所示:

```
.footer,.footer a { color: #808080;}
.footer { padding: 30px 0 60px 0;}
.footer a { margin: 0 7px;}
```

(5)写好样式后,将以上样式与原有样式结合后运用到对应的标签上,即可看到设置了样式的模板效果如图6-11所示,具体应用如下代码所示。

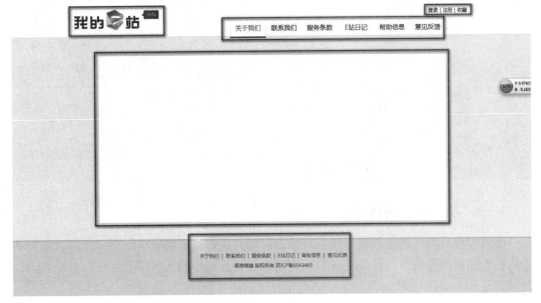

图6-11 加样式后的模板效果

```html
<body class="intro_body">
<div class="w990 bc clearfix pb40">
    <a href="../index.html" class="fl"><img src="../images/logo.gif" alt="" /></a>
    <div class="fr top_right mt10 tr">
        <div><a href="#">登录</a>|<a href="#">注册</a>|<a href="javascript:;">收藏</a></div>
        <ul class="menu tl clearfix f16">
            <li><a href="../aboutus.html" class="cur">关于我们</a></li>
            <li><a href="../contactus.html">联系我们</a></li>
            <li><a href="../service.html">服务条款</a></li>
            <li><a href="../diary_list.html">E站日记</a></li>
            <li><a href="../help.html">帮助信息</a></li>
            <li><a href="../feedback.html">意见反馈</a></li>
        </ul>
    </div>
</div>
<div class="intro_wrap bc mb40">
  <div >
  <p></p>
  </div>
</div>
<div class="bottom tc">
  <div class="footer l24">
      <a href="../aboutus.html">关于我们</a>|<a href="../contactus.html">联系我们</a>|<a href="../service.html">服务条款</a>|<a href="../diary_list.html">E站日记</a>|<a href="../help.html">帮助信息</a>|<a href="../feedback.html">意见反馈</a>
      <p>易商锦囊 版权所有  苏ICP备6543465</p>
  </div>
</div>
</body>
```

6.1.3 插入可编辑区域

模板创建好后,要在模板中建立可编辑区域,只有在可编辑区域里,才可以编辑基于模板生成的网页内容。原则上,可以将网页上任意选中的区域设置为可编辑区域,但是最好是基于 HTML 代码的,这样在制作时更加清楚。

1. 插入可编辑区域

以给"我的 E 站"的模板插入可编辑区域为例，模板中在样式为"intro_wrap bc mb40"的 div 层中需要插入可编辑区域。具体操作步骤如下。

（1）在文档窗口中，选中需要设置为可编辑区域的部分，单击"常用"插入栏的"模板"按钮，在弹出菜单中选择"可编辑区域"命令，如图 6-12 所示。

（2）在弹出的"新建可编辑区域"对话框中，如图 6-13 所示，给该区域命名，然后单击"确定"按钮。

新添加的可编辑区域有蓝色标签，标签上是可编辑区域的名称，如图 6-14 所示。对应的 HTML 代码为：

```
<!-- TemplateBeginEditable name="content" --><!--TemplateEndEditable -->
```

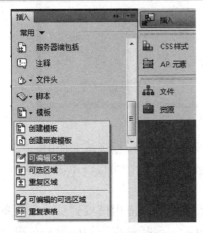

图 6-12 "常用"插入栏的"模板"按钮

图 6-13 "新建可编辑区域"对话框

图 6-14 可编辑区域

2. 删除可编辑区域

（1）使用标签删除。删除可编辑区域，可以选中可编辑区域的标签 <mmtemplate:editable>，用右键单击该标签，在弹出的快捷菜单中选择"删除标签"命令即可，如图 6-15 所示。

（2）使用菜单删除。将光标置于要删除的可编辑区域内，选择"修改"|"模板"|"删除模板标记"菜单命令，光标所在区域的可编辑区即被删除。

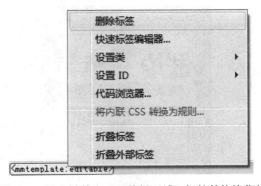

图 6-15 用右键单击"可编辑区域"标签的快捷菜单

6.1.4 应用模板

1. 创建基于模板的文档

在 Dreamweaver 中创建基于模板的文档，其方法有很多种，常见的有如下几种。

（1）选择"文件"|"新建"|"模板中的页"菜单命令，在弹出的"新建文档"对话框中选择站点中的模板，单击"创建"按钮，如图6-16所示，就生成了基于"moban.dwt"模板文件的网页。

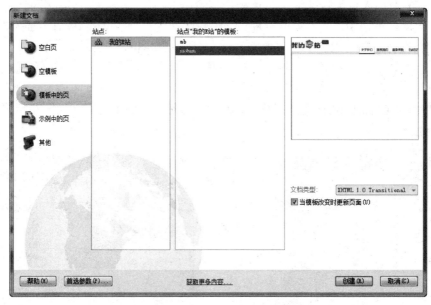

图6-16 "新建"|"模板中的页"

（2）先新建一普通网页文档，再从"模板"面板中拖一个模板到该文档中。

（3）先新建一普通网页文档，再从"模板"面板中选定一个模板，单击右键，在弹出快捷菜单中选择"套用"命令，如图6-17所示。

（4）先新建一普通网页文档，选择"修改"|"模板"|"应用模板到页…"菜单命令，在弹出的"选择模板"对话框中，如图6-18所示，选择站点中的模板，单击"选定"按钮。

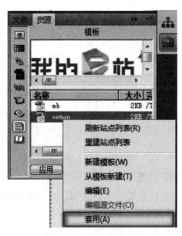

图6-17 "模板"面板|单击右键"套用"

图6-18 "选择模板"对话框

使用上述方法中的任意一种均可创建基于模板的文档，创建完成后在文档窗口的右上角会显示模板文件的名字，如图6-19所示。

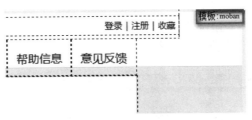

图 6-19 基于模板的文档

新建好基于模板网站的网页后,在可编辑区域中输入相关网页的主要内容,即可完成该网页的制作,具体操作如下。

(1)生成基于模板的网页,默认名字为"Untitled-1",即没有保存,故得到由模板生成的网页后,首先要做的事情就是将新生成的网页保存至站点目录中,如生成的是"关于我们"子页,可取名为"aboutus.html"。

(2)将网页的标题内容更改为"关于我们",如图 6-20 所示。

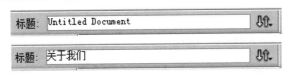

图 6-20 "关于我们"子页中标题的设置

(3)仔细观察基于模板的网页文档会发现,除了添加可编辑区域的地方可以进行操作,其他地方都是禁止操作的,由于模板只设置了一个可编辑区域("content"),因此只需要在此区域插入子页效果图中相应的图片及文本即可,如图 6-21 所示。

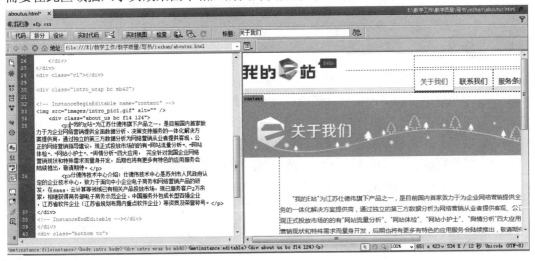

图 6-21 "关于我们"子页主要内容

提示:进入子页制作阶段,可以根据实际情况对原先的子页效果图进行修改,不必严格对照制作。

(4)由于在创建的模板文件中已包含了 efp.css 中所有样式规则,而子页又是由模板文件生成的,故子页中也包含了所有 CSS 样式规则,这一点从"关于我们"子页 head 部分的代码(如图 6-22 所示)中可以看出。因此,子页中可以继续使用 efp.css 中已有的规则来设置网页元素的格式。

```
<!-- InstanceBeginEditable name="doctitle" -->
<title>关于我们</title>
<!-- InstanceEndEditable -->
<!-- InstanceBeginEditable name="head" -->
<!-- InstanceEndEditable -->
<link rel="stylesheet" type="text/css" href="css/efp.css">
</head>
```

图 6-22 "关于我们"子页 head 部分的代码

（5）制作完成后对网页进行保存（如图 6-23 所示），保存后的文件选项卡右上角的 "*"号会自动消失。

图 6-23 未保存的子页面 aboutus.html

（6）重复前面"实现过程"中的第（1）步到第（4）步，完成"联系我们"contactus.html 与"服务条款"service.html 等子页的制作。

2. 将页面从模板中分离

在应用了模板的文档中，只有可编辑区域的内容才可以修改，如果要在此文档中对页面的锁定区域进行修改，必须先把页面从模板中分离出来。选择"修改"|"模板"| "从模板中分离"菜单命令后，该页面就与套用的模板无关，变为普通页面，可以在任何区域进行修改。

3. 修改模板文件

如果在编辑子页的过程中发现固定区域存在问题，就需要在"模板"面板中选定需要修改的模板。单击"编辑" 按钮或双击模板名称打开模板，在"文档"窗口中进行编辑，完成后保存，保存后可选择是否更新已应用模板的文档，具体操作如下。

（1）打开模板文件（moban.dwt），然后对需要修改区域进行编辑。

（2）保存修改后的模板文件，在弹出的对话框中单击"更新"按钮（如图 6-24 所示），这样由此模板文件生成的所有网页将自动更新。

（3）更新完成后会弹出"更新页面"窗口，在"显示记录"部分可以看到"完成"字样，确认无误后，单击"关闭"按钮（如图 6-25 所示）。

提示：如果由模板页生成的网页有很多，可以使用"文件"菜单中的"保存全部"命令来一步完成保存工作。

4. 更新站点中使用模板的文档

如没有在保存模板文件时单击"更新"按钮，或系统出现其他情况，仍然可以使用"修改"|"模板"|"更新页面…"菜单命令，来对基于模板的文档进行更新，如图 6-26 所示。

图 6-24 "更新模板文件"对话框

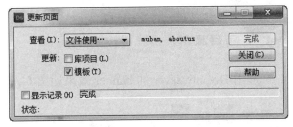
图 6-25 "更新页面"窗口 1

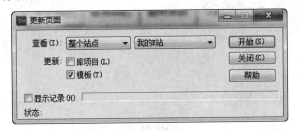
图 6-26 "更新页面"窗口 2

除此之外，也可以使用"修改"|"模板"|"更新当前页"菜单命令，只更新当前页面。

归纳总结

Dreamweaver 中模板的功能就是把网页布局和内容分离，在布局设计好之后将其存储为模板，这样相同布局的页面可以通过模板创建，因此能够极大地提高工作效率，并有利于团队合作。运用模板对于网站的定期更新和改版可以起到事半功倍的效果。

本项目任务要求学会创建模板、定义模板的可编辑区域及模板的应用。

项目训练

根据策划书中的规划，先根据子页的相同布局生成模板文件，然后使用统一的模板文件生成网站中具有相同布局的子页，再根据每个网页上的具体内容进行子页制作，并进一步完善由模板生成的网页。

项目任务 6.2　添加多媒体元素

如今的网站呈现出多元化的趋势，仅仅是以前的文本和图片不能满足人们的需求，很多的多媒体元素如视频、声音等也在网页制作中占有一席之地。在 Dreamweaver 中可以将一些媒体文件插入到网页，如 Flash 和 Shockwave 影片、Java APPLET、Active X 控件及各种格式的音频文件等。

Dreamweaver 被认为是最好的网页编辑软件的最大理由是因为它拥有无限扩展性，它有着类似 Photoshop 滤镜概念的插件。插件可以用于拓展 Dreamweaver 的功能，可以从外部下载插件后安装到 Dreamweaver 中使用。通过这种方式，可以使初学者轻松制作出需要用复杂的 JavaScript 或样式表来实现的效果。

应用 Dreamweaver 的 banner 效果如图 6-27 所示。

图 6-27　banner 的效果

（1）学会在网页中使用 marquee 标签创建滚动的文本字幕。
（2）学会在 Dreamweaver 软件中使用各种不同的插件，实现网页的动态效果。
（3）能在网页中添加音乐、ActiveX 控件、Java APPLET 等。

6.2.1　插入多媒体元素

1. 网页中声音的插入

声音能极好地烘托网页页面的氛围，网页中常见的声音格式有 WAV、MP3、MIDI、AIF、RA、或 Real Audio 格式。

（1）背景音乐的添加。在页面中可以嵌入背景音乐。这种音乐多以 MP3、MIDI 文件为主，在 Dreamweaver 中，添加背景音乐有两种方法，一种是通过手写代码实现，还有一种是通过插件实现。以在"aboutus.html"页面中加入背景音乐为例。

①"代码"实现。在 HTML 语言中，通过<bgsound>这个标签可以嵌入多种格式的音乐文件，具体步骤如下。

- 在站点文件夹"iezhan"中新建 media 文件夹，并将准备好的背景音乐文件存放在 media 文件夹里。
- 打开需要添加背景音乐的网页"aboutus.html"，切换到"拆分"视图，将光标定位到可编辑区域结束标签<!-- InstanceEndEditable -->之前。

- 在光标的位置写下下面这段代码，如图 6-28 所示。

```
<bgsound src="media/ mid491.mid" />
```

```
        <p>仕德伟技术中心介绍：仕德伟技术中心是苏州市人民政府认
定的企业技术中心，致力于面向中小企业电子商务和网络营销产品的研
发，在saas、云计算等领域已有相关产品投放市场，现已服务客户2万余
家，相继获得商务部电子商务示范企业、中国服务外包成长型百强企业
，江苏省软件企业（江苏省规划布局内重点软件企业）等资质及荣誉称号。</p>
</div>
<bgsound src="media/mid491.mid" />
<!-- InstanceEndEditable --></div>
</div>
<div class="bottom tc">
```

图 6-28　插入背景音乐的代码

提示：如果希望循环播放音乐，则将刚才的源代码修改为以下代码即可：<bgsound src="media/mid491.mid" loop="true">。

②“插件”实现。使用“插件”的方法，可以将声音直接插入到网页中，但只有浏览者在浏览网页时具有所选声音文件的适当插件后，声音才可以播放。如果希望在页面显示播放器的外观，则可以使用这种方法。具体步骤如下。

- 打开网页（aboutus.html），将光标放置于想要显示播放器的位置，如可编辑区域中文字的下方。
- 单击“常用”插入栏中的“媒体”按钮，从下拉列表中选择“插件”命令，如图 6-29 所示。

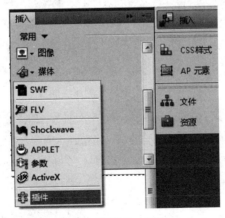

图 6-29　“媒体”|“插件”

- 弹出“选择文件”对话框如图 6-30 所示，在对话框中选择相应的音频文件。
- 单击“确定”按钮后，插入的插件在“文档”窗口中以图 6-31 所示图标来显示。
- 选中该图标，在属性面板中对播放器的属性进行设置，如宽设为 500、高设为 45，如图 6-32 所示，以便在浏览器窗口中能显示出完整的播放器。
- 要实现循环播放音乐的效果，单击属性面板中的“参数”按钮，然后单击“+”按钮，在“参数”列中输入 loop，并在“值”列中输入 true。如要实现自动播放，可以继续编辑参数，在参数对话框的“参数”列中输入 autostart，并在值中输入 true，单击“确定”按钮，如图 6-33 所示。

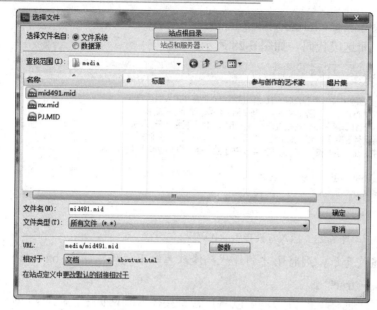

图 6-30 "选择文件"对话框

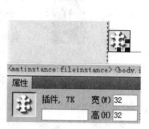

图 6-31 "文档"窗口中的插件图标

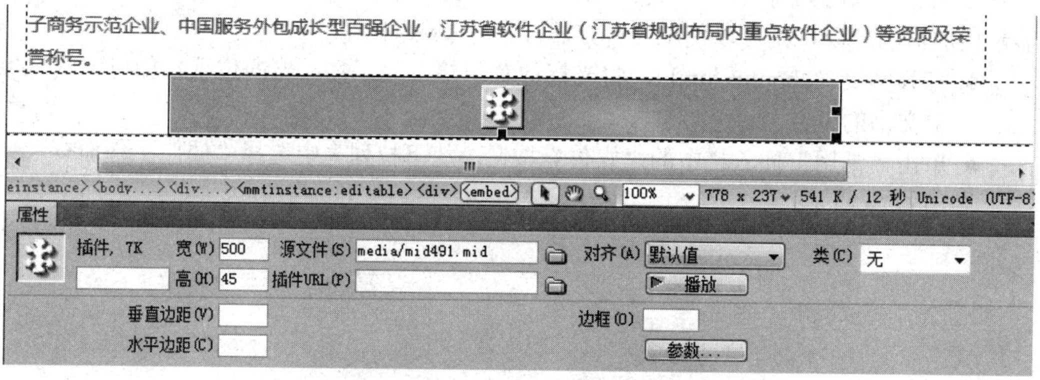

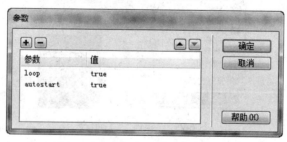

图 6-32 "插件"的属性面板

图 6-33 "插件"的参数

打开浏览器预览,在浏览器中就显示了播放插件,实现了页面中插入音乐的效果,如图 6-34 所示。

提示:如果希望不显示插件,只需将宽和高均设为 0 即可。

(2)视频的添加。在 Dreamweaver 中使用视频多媒体文件也是通过插入插件来实现的。需要先插入插件图标后,再选择需要的媒体文件,具体操作方法与上面使用插件实现插入音频一样,不再重复。

仕德伟技术中心介绍：仕德伟技术中心是苏州市人民政府认定的企业技术中心，致力于面向中小企业电子商务和网络营销产品的研发，在saas、云计算等领域已有相关产品投放市场，现已服务客户2万余家，相继获得商务部电子商务示范企业、中国服务外包成长型百强企业、江苏省软件企业（江苏省规划布局内重点软件企业）等资质及荣誉称号。

图 6-34　浏览器中的预览效果

插入媒体文件时需要插件的原因是因为浏览器本身不能播放网页中插入的音乐和视频，故只能通过应用程序帮助播放。

（3）Java APPLET。有时在互联网上可以看到，虽然不是 Flash 效果但是图像或文本以特殊方式发生变化的网页，这些效果是使用 Java APPLET 表现出来的。以文字渐隐滚动效果为例，具体操作步骤如下。

① 在要插入滚动文本的 div 中插入 APPLET 如图 6-35 所示，选择*.class 文件。
② 设定 APPLET 图标的大小，即滚动文字的范围。
③ 切换到代码界面，修改属性<parm name~>部分的代码。
④ 通过更改参数可以设定文本的颜色、内容、速度等。
⑤ 使用 APPLET 后页面的预览效果如图 6-36 所示。

图 6-35　"媒体"|"APPLET"

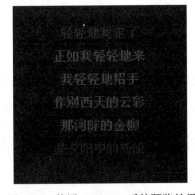

图 6-36　使用 APPLET 后的预览效果

2. 使用标签<marquee>、</marquee>实现滚动字幕

（1）代码格式。

```
<marquee>这里是你想要滚动的文字</marquee>
```

注解：<marquee> </marquee>是一对控制文字滚动的代码，放在它们之间的文字显示出来的效果就是从右到左移动的。代码中间的字可以换成自己想要的字。

（2）参数详解。

① scrollAmount，表示速度，值越大速度越快。默认值为 6，建议设为 1~3 比较好。
② width 和 height，表示滚动区域的大小，width 是宽度，height 是高度。特别是在垂直滚动时，一定要设 height 的值。
③ direction，表示滚动的方向，默认为从右向左：←←←。可选的值有 right、down、up。滚动方向分别为：right 表示→→→，up 表示↑，down 表示↓。
④ behavior，用来控制属性，默认为循环滚动，可选的值有 alternate（交替滚动）、

slide（幻灯片效果，指的是滚动一次，然后停止滚动）。

⑤ onmouseover="stop()"——鼠标经过状态时停止滚动，onmouseout="start()"——鼠标移出状态滚动。

提示：图片也可以滚动，与文本类似，也是使用标签<marquee>、</marquee>来实现。

6.2.2 应用行为

一般说来，动态网页是通过 JaveScript 或基于 JaveScript 的 DHTML 代码来实现的。包含 JaveScript 脚本的网页，还能够实现用户与页面的简单交互。但是编写脚本既复杂又专业，需要专门学习，而 Dreamweaver 提供的"行为"的机制，虽然行为也是基于 JaveScript 来实现动态网页和交互的，但却不需书写任何代码。在可视化环境中按几个按钮，填几个选项就可以实现丰富的动态页面效果，实现人与页面的简单交互。行为是实现网页上交互的一种捷径。

▶ 1. 行为的概念

行为是用来动态响应用户操作、改变当前页面效果或是执行特定任务的一种方法。行为是由对象、事件和动作构成的。例如，当用户把鼠标移动至对象上（称为事件），这个对象会发生预定义的变化（称为动作）。

（1）对象。对象是产生行为的主体。网页中的很多元素都可以成为对象，如整个 HTML 文档、图像、文本、多媒体文件、表单元素等。

（2）事件。事件是触发动态效果的条件。在 Dreamweaver 中可以将事件分为不同的种类，有的与鼠标有关，有的与键盘有关，如鼠标单击、键盘某个键按下。有的事件还和网页相关，如网页下载完毕、网页切换等。

（3）动作。动作是最终产生的动态效果。动态效果可以是图片的翻转、链接的改变、声音播放等。用户可以为每个事件指定多个动作。动作按照其在"行为"面板列表中的顺序依次发生。

▶ 2. "行为"面板

在 Dreamweaver 中，对行为的添加和控制主要通过"行为"面板来实现，选择菜单栏中的"窗口"|"行为"命令或按<Shift+F4>组合键，打开行为面板，如图 6-37 所示。

在行为面板上可以进行如下操作：

（1）单击"+"按钮，打开动作菜单，添加行为，如图 6-38 所示。

（2）单击"-"按钮，删除行为。

（3）单击事件列右方的三角符号，打开事件菜单，可以选择事件。

（4）单击"向上"箭头或"向下"箭头，可将动作项向前移或向后移，改变动作执行的顺序。

▶ 3. 行为的创建

一般创建行为有三个步骤：选择对象、添加动作、调整事件。创建行为可以使用 Dreamweaver 内置的行为，也可以下载安装扩展行为。

（1）使用 Dreamweaver 内置的行为。Dreamweaver 内置了 20 多种行为，如弹出信息、打开浏览器窗口、播放声音等。使用这些内置的行为，可以轻松实现各种效果，使网页更具交互性。

图 6-37 "行为"面板

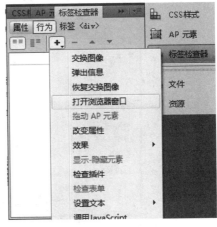
图 6-38 添加行为

（2）下载并安装扩展行为。

① 插件的概念。插件（Extension）也称为扩展，是用来扩展 Dreamweaver 产品功能的文件。Macromedia Extension Package（MXP）文件是用来封装插件的包，可以简单地把它看成是一个压缩文件。除了封装扩展文件以外，还可以将插件相关文档和一系列演示文件都装到里面。

② 插件管理器。插件管理器（Extension Manager）就是用来解压插件包的软件，如图 6-39 所示。选择"文件"|"安装扩展"菜单命令，在"选取要安装的扩展"对话框中，如图 6-40 所示，选择*.mxp 文件，单击"打开"按钮，插件管理器将根据 MXP 里的信息自动选择安装到相应的软件和目录中。

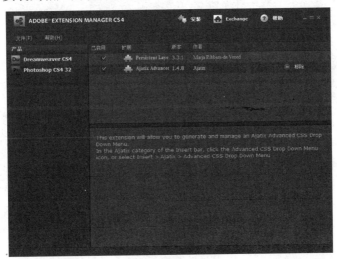
图 6-39 插件管理器

③ 插件的种类。Dreamweaver 中的插件主要有三种：命令（Command）、对象（Object）、行为（Behavior）。命令可以用于在网页编辑时实现一定的功能，如设置表格的样式。对象用于在网页中插入元素，如在网页中插入图片或者视频。行为主要用于在网页上实现

动态的交互功能,如单击图片后,弹出窗口。

图 6-40 安装插件

6.2.3 运用 JavaScript 实现 banner 效果

JavaScript 是一种广泛用于客户端 Web 开发的脚本语言,常用来给 HTML 网页添加动态功能,如响应用户的各种操作。它最初由网景公司的 Brendan Eich 设计,是一种动态、弱类型、基于原型的语言,内置支持类。

下面看一下首页中利用 JavaScript 如何实现 banner 效果。

(1) 打开首页文件"index.html",切换到"代码"编辑界面。

(2) 在"会员登录"对应的 div 层前,输入如下代码:

```
//创建一个banner效果对应的div层
<div >
   <ul>
      <li><a href="# "></a></li>
      <li><a href="#"></a></li>
      <li ><a href="#"></a></li>
      <li><a href="#"></a></li>
   </ul>
   <p></p>
</div>
```

(3) 为该图层设计 CSS 样式,实现设计 banner 的大小、每个列表项中的对应的背景图片等,具体代码如下所示:

```
/*----- banner -----*/
.banner { width: 100%; height: 400px; position: relative;}
.banner_list {  width:  100%;  height:  400px;  overflow: hidden;position: relative;}
```

```
    .banner_list li { width: 100%; height: 400px; left: 0px; top: 0px;}
    .banner_list      .banner_pic0     {background:      #fa8a38
url(../images/banner_pic0.jpg) no-repeat 20% 0 ;}
    .banner_list      .banner_pic1     {background:      #529dde
url(../images/banner_pic1.jpg) no-repeat 15% 0;}
    .banner_list      .banner_pic2     {background:      #da7998
url(../images/banner_pic2.jpg) no-repeat 20% 0;}
    .banner_list      .banner_pic3     {background:      #66d0cc
url(../images/banner_pic3.jpg) no-repeat 15% 0;}
    .banner_list a {display:block;width: 100%; height: 400px;}
    .banner_page { width: 100%; position: absolute; bottom: 15px; left:
0px; z-index: 11;}
    .banner_page span { width: 24px; height: 8px; overflow: hidden;
display: inline-block; margin-left: 8px; cursor: pointer; background:
url(../images/banner_icon.gif) 0 0 no-repeat;}
    .banner_page span.cur { background: #fff; cursor: auto;}
```

（4）将设计的 CSS 类样式应用到 banner 图层中，具体代码如下所示：

```
<div class="banner">
    <ul class="banner_list">
        <li class="banner_pic0"><a    href="http://www.siit.cn">
</a></li>
        <li class="banner_pic1"><a href=""></a></li>
        <li class="banner_pic2"><a href=""></a></li>
        <li class="banner_pic3"><a href=""></a></li>
    </ul>
    <p class="banner_page tc"></p>
</div>
```

（5）运用 JavaScript，由于 JavaScript 代码的编写需要一定的基础，此处给定 JavsScript 代码（script 文件夹下的 efp.js 脚本文件），我们只需要将此代码应用到首页中，即可看到动态的 banner 效果了。在<head></head>标签中输入如下代码：

```
<script type="text/javascript" src="scripts/efp.js"></script>
```

归纳总结

制作多媒体动态效果网页需要同组成员共同出谋划策，相互协作，设计出符合客户要求的方案，并且最终需要通过客户的审核才能敲定。

项目训练

根据策划书中定好的网页的多媒体效果，制订草案。小组讨论草案得出最终方案。根据最终方案进行分工，每人完成一部分页面的制作，最后进行整合。交给客户审核，并根据客户的需求进行修改。

6.3 小结

子项目 6 主要介绍了如何在 Dreamweaver 软件中创建编辑网页模板，如何使用模板创建子页面，如何更新修改页面。如何使用插件、JavaScript 等为网页添加多媒体效果，最终完成整个网站的制作。

完成了子项目 6 的学习后，主题实践网站的静态部分就全部完成了，该静态网站就可以试运行了，还可以将此静态网站上传至互联网的空间上，以便客户初步检验。

6.4 技能训练

【操作要求】

（1）建立并设置本地根文件夹。

在考生文件夹（C:\test）中新建本地根文件夹，命名为 root。

（2）定义站点。

设置站点的本地信息：站点的名称为"数码产品"；将本地根文件夹指定为 root 文件夹。将网页素材文件夹 J6-4 中的素材复制到该文件中。

（3）创建并设置模板。

创建模板：将 root\J6-4.html 文件另存为模板，保存在 root 文件夹中，命名为 J6-4.dwt。

设置模板：参照图 6-41【样图 A】，将 J6-4.dwt 模板中的可编辑区域分别命名为 EditRegion1～EditRegion3。

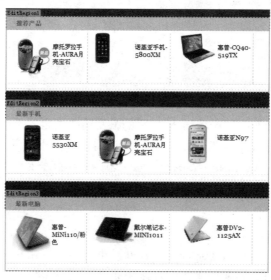

图 6-41 【样图 A】

（4）用模板生成页面。

用模板新建页面：用 J6-4.dwt 模板新建页面，命名为 J6-4A.html，保存在 root 文件夹中。修改模板的可编辑区域，将页面中可编辑区域单元格中的内容删除，完成 J6-4A.html 页面内容。

子项目 7
"我的 E 站"测试与发布

项目的调试是一项持续的工作，在站点开发的每个步骤中都要进行，即便是把站点发布到 Web 之后仍需要继续测试。发布后通过开发方对自己站点的严格测试及委托方的测试验收，才能更快更好地发现其中隐藏的问题，对其不断进行改进和完善，网站才能不断优化并得到客户的肯定。

项目任务 7.1　常见 IE 中 BUG 及其修复方法

在制作网站的过程中，浏览器兼容问题是我们必须重点关注的一个问题。所谓的浏览器兼容性问题，是指因为不同的浏览器对同一段代码有不同的解析，造成页面显示效果不统一的情况。在大多数情况下，我们的需求是，无论用户用什么浏览器来查看我们的网站或者登录我们的系统，都应该是统一的显示效果。所以浏览器的兼容性问题是前端开发人员经常会碰到和必须要解决的问题。

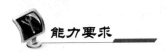

（1）了解 IE 中常见的 BUG。
（2）学会对 IE 常见 BUG 的修复。

7.1.1　div 的垂直居中问题

在 CSS 中有 vertical-align 属性，表示垂直居中，但是它只对(X)HTML 元素中拥有 valign 特性的元素才生效，例如表格元素中的<td>、<th>、<caption>等，而像<div>、<span>、<li>这样的元素是没有 valign 特性的，因此使用 vertical-align 对它们不起作用。那么如何来解决这类元素的垂直居中问题呢？

▶1. 单行垂直居中

在导航的样式设计中，我们期望最终的效果如图 7-1 所示，文字是垂直居中的，但是当我们设置了 vertical-align 属性看到的却是如图 7-2 所示的效果，文字并没有垂直居中。

图 7-1 导航效果

图 7-2 设置了 vertical-align 属性的导航效果

这类效果针对的是<li>标签，如果像<li>、<div>等一个容器中只有一行文字，对它实现居中相对比较简单，我们只需要设置它的实际高度 height 和所在行的高度 line-height 相等即可。

如对导航效果中的<li>标签的 CSS 样式可做如下设置：

```
.menu li { width: 90px; height: 50px; line-height: 50px; text-align: center; float: left;}
```

▶2. 多行未知高度文字的垂直居中

如果一段内容，它的高度是可变的，那么我们就可以使用设定 padding，使上下的 padding 值相同。同样的，这也是一种"看起来"的垂直居中方式，它只不过是使文字把<div>完全填充的一种访求而已。效果如图 7-3 所示。

图 7-3 多行文字效果

可以使用类似下面的代码实现：

```
.contact_us { padding:25px;}
```

提示：这种方法的优点就是它可以在任何浏览器上运行，并且代码很简单，只不过这种方法应用的前提就是容器的高度必须是可伸缩的。

7.1.2 margin 加倍的问题

1. 上下 margin 叠加问题

有时我们会遇到这样的情况，当两个对象呈上下关系，且 CSS 样式中都具备 margin 属性，同时都不是浮动（未设 float）时，margin 属性会造成外边距的叠加。

例如两个 div 层，其 id 分别为 a 和 b，HTML 代码如下所示：

```html
<div id="a"></div>
<div id="b"></div>
```

对整个 HTML 文档及 id 为 a、b 的 div 层进行如下的 CSS 设置：

```css
*{margin:0px;padding:0px;}
#a {
 background-color: #999;
 height: 100px;
 width: 200px;
 margin:10px;
}
#b {
 background-color: #969;
 height: 100px;
 width: 200px;
 margin:10px;
}
```

其在浏览器中呈现的效果如图 7-4 所示：

图 7-4　margin 叠加效果

从图 7-4 可见，上面的 div 跟下面的 div 间隔 10px，而不是预想的 20px。其实这不是一个 BUG，而是 CSS 的设计者故意而为之的。因为如果我们要对段落进行控制，假设第一段与上方距离 10px，那么第二段与第一段之间的距离就变成 20px，这不是我们想要的，因此故意设计出了 margin 的上下叠加。如果一定要消除叠加的话，只需要给下面那个 div 添加向左浮动即可。

2. 左右 margin 加倍问题

延续上面的例子,如果我们把 id 为 a 和 b 的 div 都设置成向左浮动(float:left),margin 上下空白叠加的问题不存在了,但是又出现了新的问题——在 IE6 中出现左右 margin 加倍问题。

增加左浮动样式后的 CSS 代码如下:

```css
*{margin:0px;padding:0px;}
#a {
 background-color: #999;
 height: 100px;
 width: 200px;
 margin:10px;
 float:left;
}
#b {
 background-color: #969;
 height: 100px;
 width: 200px;
 margin:10px;
 float:left;
}
```

其在 IE6 和 Firefox 中的不同效果图,如图 7-5 和图 7-6 所示,在 IE6 中 id 为 a 的 div 距页面左侧的间隔明显比在 Firefox 中大了一倍,大概有 20px。

图 7-5 IE6 下的效果

图 7-6 Firefox 下的效果

其解决方案即设置对象的 display:inline;就可以搞定了。修改后代码如下,修改后的效果如图 7-7 所示。

```css
*{margin:0px;padding:0px;}
#a { background-color: #999;
height: 100px;
```

```
width: 200px;
margin:10px;
float:left;
display:inline;
}
#b { background-color: #969;
height: 100px;
width: 200px;
margin:10px;
float:left;
display:inline;
}
```

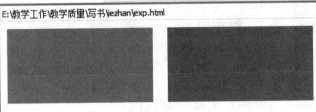

图 7-7　修改后 IE6 下的效果

7.1.3　浮动 IE 产生的双倍距离

在 IE6 中，如果把其中第一个 div 设置成浮动效果，就会产生双倍距离，以上面的 div 为例，将 id 为 a 的图层的样式进行如下的修改：

```
#a{
background-color: #999;
height: 100px;
width: 200px;
float:left;
margin:10px 0 0 100px;
}
```

其边界为距顶端 10px，距左侧 100px，在 IE6 和 Firefox 中的效果分别如图 7-8 和图 7-9 所示，但是我们会发现距左侧的距离有 200px，相当于此 div 的宽度。

图 7-8　IE6 下的效果

图 7-9 Firefox 下的效果

其解决方法是设置对象的 display:inline;即可。修改后的代码如下：

```css
#a{
background-color: #999;
height: 100px;
width: 200px;
float:left;
margin:10px 0 0 100px;
display:inline;
}
```

7.1.4 IE 与最小（min-）宽度和高度的问题

先来看这样一个例子，给 id 为 c 的 div 设置背景图片，原背景图片大小为 65 像素×129 像素，其 CSS 样式代码如下：

```css
#c{
background-image:url(images/body_bg.gif);
min-width:65px;
min-height:129px;
background-color: #999;
}
```

```html
<div id="c"></div>
```

其在 IE6 和 Firefox 中的效果如图 7-10 所示，在 IE 中看不到背景图片效果。

图 7-10 修改后在 IE6 和 Firefox 中的效果

这是因为在 CSS 样式中虽然有 min-这个定义,但实际上 IE 不认得 min-把正常的 width 和 height 当作有 min 的情况来使。这就存在如下的问题,如果只用宽度和高度,正常的浏览器中这两个值就不会变,但如果只用 min-width 和 min-height 的话,在 IE 下相当于没有设置宽度和高度。要解决这个问题,可以进行如下的设置。

```
#c{
background-image:url(images/body_bg.gif);
min-width:65px;
min-height:129px;
background-color: #999;
}
html>body #c{
width:auto;
height:auto;
min-width:65px;
min-height:129px;
background-color: #999;
}
```

7.1.5 页面的最小宽度

在上一节中谈到了 min-,其中 min-width 是个非常方便的 CSS 命令,它可以指定元素最小也不能小于某个宽度,这样就能保证排版一直正确。但 IE 不认得这个,而它实际上把 width 当做最小宽度来使。为了让这一命令在 IE 上也能用,可以做如下设计:把一个<div> 放到<body> 标签下,然后为其设计 CSS 样式。

```
<body>
 <div id="container"></div>
</body>
#container{
min-width: 600px;
width:e-xpression(document.body.clientWidth < 600? "600px": "auto" );
}
```

说明:在 CSS 设计中,第一行的 min-width 是正常的;第 2 行的 width 使用了 JavaScript,只有 IE 才认得,从而也使 HTML 文档不太正规,它实际上通过 JavaScript 的判断来实现最小宽度。

7.1.6 DIV 浮动 IE 文本产生 3 像素的 BUG

在 IE 中如果前一个对象左浮动,后一个对象采用外补丁的左边距来定位,则后一个对象内的文本会离前一个对象有 3px 的间距。解决的方法如下,其前后对比效果如图 7-11 所示。

```
#box{ float:left; width:400px;}
#left{ float:left; width:50%;}
#right{ width:50%;}
*html #left{ margin-right:-3px; //这句是关键}
<div id="box">
 <div id="left"></div>
 <div id="right"></div>
</div>
```

图 7-11　3 像素 BUG 的解决

7.1.7　float 清除浮动

1. 浮动产生原因

当一个盒子里使用了浮动属性（float），从而导致父级对象盒子不能被撑开,这样浮动就产生了。举个例子如图 7-12 所示,本来两个黑色对象盒子是在红色盒子内的,因为对两个黑色盒子使用了浮动（float）,所以两个黑色盒子产生了浮动,导致红色盒子不能撑开,这样浮动就产生了。

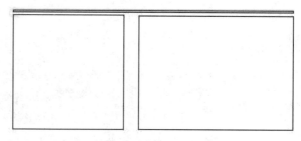

图 7-12　浮动产生样式效果截图

简单地说,浮动是因为使用了 float:left 或 float:right 或两者都使用了而产生的浮动。

2. 浮动产生负作用

（1）背景不能显示。由于浮动产生,如果对父级设置了 CSS 背景颜色或 CSS 背景图片（background）,而父级又不能被撑开,所以导致 CSS 背景不能显示。

（2）边框不能撑开。如图7-12中，如果父级设置了CSS边框属性（border），由于子级里使用了 float 属性，产生浮动，父级不能被撑开，导致边框不能随内容而被撑开。

（3）margin padding 设置值不能正确显示。由于浮动导致父级子级之间设置了padding、margin 属性的值不能正确表达，特别是上下边的 padding 和 margin 不能正确显示。

3. CSS 解决浮动，清除浮动方法

为了更好地说明浮动解决的方法，我们假设有三个盒子对象，一个父级里包含了两个子级，其对应的 HTML 代码片段如下：

```html
<div class="divcss5">
    <div class="divcss5-left">left 浮动</div>
    <div class="divcss5-right">right 浮动</div>
</div>
```

其中父级设置".divcss5"的类样式，两个子级分别设置类样式为".divcss5-left"和".divcss5-right"，其具体的 CSS 代码如下：

```css
.divcss5{
width:400px;
border:1px solid #F00;
background:#FF0;
}
.divcss5-left,.divcss5-right{
width:180px;
height:100px;
border:1px solid #00F;
background:#FFF
}
.divcss5-left{ float:left;}
.divcss5-right{ float:right;}
```

对应 HTML 源代码片段如图 7-13 所示。

下面看一下解决这个问题的几种方法。

（1）对父级设置适合 CSS 高度。对父级设置适合高度样式即可清除浮动，上例中只需要对".divcss5"设置一定高度即可。一般设置高度需要能确定内容高度才能设置，从上例中我们知道内容高度是 100px，再加上上下边框共为 2px，这样具体父级高度为 102px，修改的 CSS 代码如下，修改后的效果如图 7-14 所示。

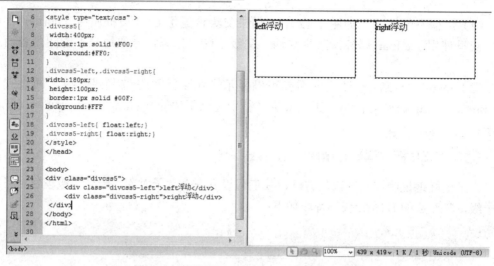

图 7-13 假设图层对应的 HTML 代码及效果

```
.divcss5{
 width:400px;
border:1px solid #F00;
background:#FF0;
 height:102px;
}
.divcss5-left,.divcss5-right{
width:180px;height:100px;
 border:1px solid #00F;
background:#FFF;
}
.divcss5-left{ float:left}
.divcss5-right{ float:right}
```

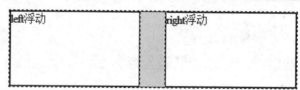

图 7-14 使用 height 高度清除浮动

提示：使用设置高度样式，清除浮动产生，前提是对象内容高度要能确定并能计算好。

（2）clear:both 清除浮动。为了统一样式，新建一个样式选择器 CSS 命名为 ".clear"，并且对应选择器样式为 "clear:both"，然后在父级 "</div>" 结束前添加一个 div，并引入 "class="clear"" 样式。这样即可清除浮动，CSS 代码和 HTML 代码如下，具体效果如图 7-15 所示。

CSS 代码：

```css
.divcss5{
 width:400px;
border:1px solid #F00;
background:#FF0;
}
.divcss5-left,.divcss5-right{
width:180px;height:100px;
 border:1px solid #00F;
background:#FFF;
}
.divcss5-left{ float:left}
.divcss5-right{ float:right}
.clear{clear:both;}
```

HTML 代码：

```html
<div class="divcss5">
    <div class="divcss5-left">left 浮动</div>
    <div class="divcss5-right">right 浮动</div>
    <div class="clear"></div>
</div>
```

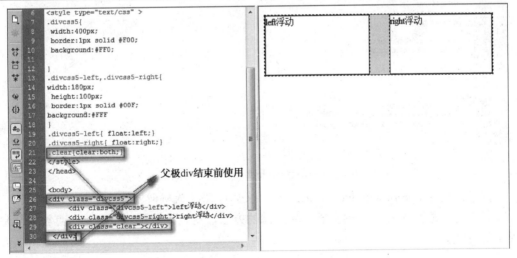

图 7-15　使用 clear:both 清除浮动

提示：clear 清除 float 产生浮动，可以不用对父级设置高度也无需继承父级高度，方便适用，但会多加 CSS 和 HTML 标签。

（3）父级 div 定义 overflow:hidden。对父级 CSS 选择器加 overflow:hidden 样式，可以清除父级内使用 float 产生的浮动。因为 overflow:hidden 属性相当于是让父级紧贴内容，这样即可紧贴其对象内内容（包括使用 float 的 div 盒子），从而实现了清除浮动。overflow:hidden 解决方法的 CSS 代码如下，HTML 代码不变，具体效果如图 7-16 所示。

```css
.divcss5{
 width:400px;
border:1px solid #F00;
background:#FF0;
 overflow:hidden;
}
.divcss5-left,.divcss5-right{
width:180px;
height:100px;
border:1px solid #00F;
background:#FFF
}
.divcss5-left{ float:left}
.divcss5-right{ float:right}
```

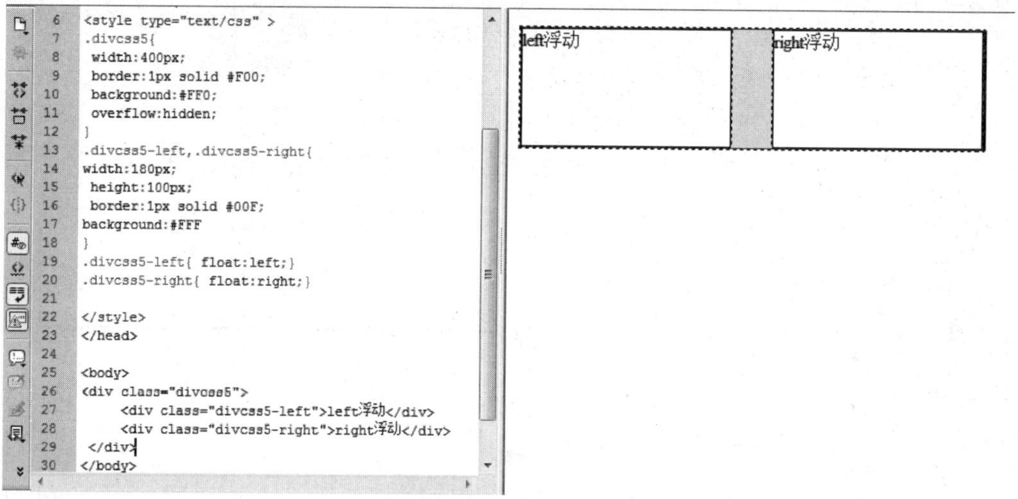

图 7-16 overflow:hidden 清除浮动截图

提示：使用 overflow:hidden 的优点是用很少的 CSS 代码即可解决浮动产生。

以上三点即是兼容各大浏览器清除浮动的方法，这里推荐第三点和第二点解决清除浮动的方法。

7.1.8 高度不适应

高度不适应是当内层对象的高度发生变化时外层高度不能自动进行调节，特别是当内层对象使用 margin 或 paddign 时。例如：

```
<div id="box">
<p>p 对象中的内容</p>
</div>
```

CSS：

```
#box {background-color:#eee; }
#box p {margin-top: 20px;margin-bottom: 20px; text-align:center; }
```

解决方法：在 p 对象上下各加 2 个空的 div 对象，CSS 代码为.1{height:0px;overflow:hidden;}或者为 div 加上 border 属性，具体代码如下所示，对比效果如图 7-17 所示。

```
<div id="box">
<div class="1" ></div>
<p>p 对象中的内容</p>
<div class="1" ></div>
</div>
```

CSS：

```
#box {background-color:#eee; }
#box p {margin-top: 20px;margin-bottom: 20px; text-align:center; }
.1{height:0px;overflow:hidden;}
```

或

```
<div id="box">
<p>p 对象中的内容</p>
</div>
```

CSS：

```
#box {background-color:#eee; border:1px solid #000;}
#box p {margin-top: 20px;margin-bottom: 20px; text-align:center; }
```

图 7-17　高度不适应解决效果对比

归纳总结

在网站的设计和制作中，做好浏览器兼容，才能够让网站在不同的浏览器下都正常显示。但是因为不同浏览器使用内核及所支持的 HTML 等网页语言标准不同，以及用户客户端的环境不同（如分辨率不同）造成的显示效果不能达到理想效果。最常见的问题就是网页元素位置混乱，错位。

目前暂没有统一的能解决这样问题的工具，最普遍的解决办法就是不断地在各浏览器间调试网页显示效果，通过对 CSS 样式控制及通过脚本判断并赋予不同浏览器的解析标准。

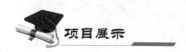

请检测项目网站的兼容性，并对其中出现的 BUG 进行修复。

项目任务 7.2　站点的测试与调试

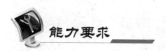

对网站进行测试是保证整体项目质量的重要一环。对网站的测试包括功能测试、性能测试、安全性测试、稳定性测试、浏览器兼容性测试、可用性/易用性测试、链接测试、代码合法性测试等，而目前需要进行的是最基本的测试。在 Dreamweaver CS5 中提供了一种快速有效的站点测试功能，通过在本地进行测试调试，可以防止手工检查容易出现的疏漏而导致的错误网页以提高工作效率。

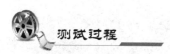

（1）学会对制作好的站点进行差错检测。
（2）学会辅助功能报告的生成。

7.2.1　检查站点范围的链接

通过"检查站点范围的链接"功能查找本地站点的一部分或整个站点中"断开的链接"。但需要注意的是 Dreamweaver 检查的只是在站点之内对文件的链接，同时会生成一个选定文件的外部链接列表，但并不会检查这些外部链接。

以"我的 E 站"为例，"检查站点范围的链接"的操作步骤如下。

（1）选择"站点"|"检查站点范围的链接"菜单命令，这时会自动打开"结果"面板中的"链接检查器"选项卡，并列出"断掉的链接"的文件及链接的目标文件，如图 7-18 所示。

图 7-18　站点范围的链接

（2）通过选择"断掉的链接"下拉列表框中的其他选择，还可以显示"外部链接"和"孤立的文件"，如图 7-19 所示。

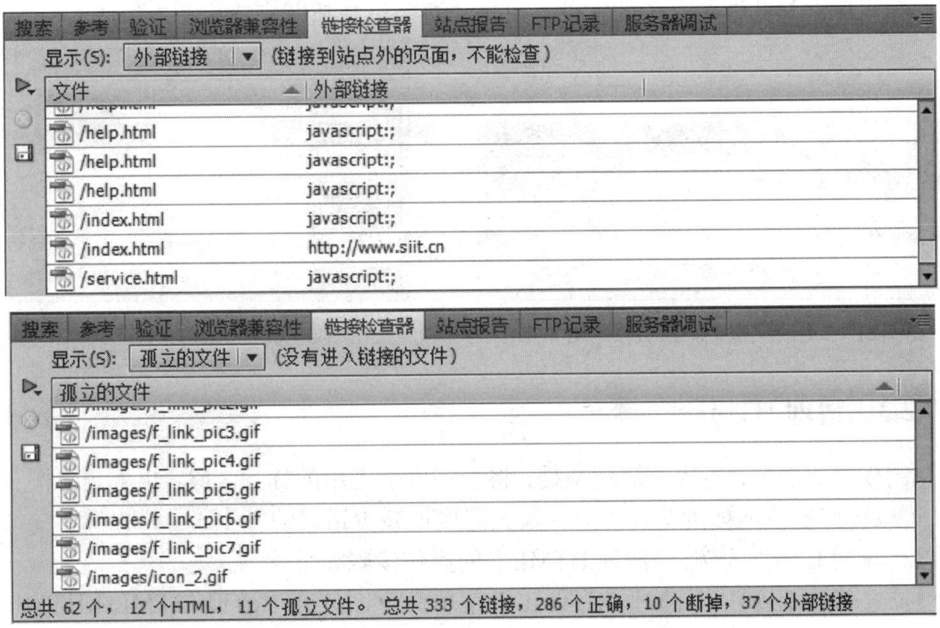

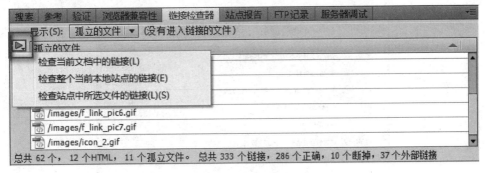

图 7-19　显示"外部链接"和"孤立文件"

（3）单击 ▷ 按钮还能检查不同的内容，然后根据报告做出相应的更改即可，如图 7-20 所示。

图 7-20　其他检查

7.2.2 改变站点范围的链接

要想改变众多网页链接中其中的一个，则会涉及很多文件，因为链接是相互的。如果改变了其中的一个，其他网页中有关该网页的链接也要改变。如果一个一个地更改显然是一件非常烦琐的事情。利用 Dreamweaver 的"改变站点范围的链接"功能则可快速无错地改变所有链接。

以"我的 E 站"为例，"改变站点范围的链接"的操作步骤如下。

（1）选择"站点"|"改变整个站点范围链接"菜单命令，在弹出的"更改整个站点链接"对话框中选择要更改的链接文件及要改为的新链接文件，如图 7-21 所示。

（2）单击"确定"按钮，系统弹出一个"更新文件"对话框，如图 7-22 所示。对话框中将列出所有与此链接有关的文件，单击"更新"按钮即完成更新。

图 7-21 "更改变整个站点链接"对话框

图 7-22 "更新文件"对话框

7.2.3 清理 HTML

在制作完成之后，还应该清理文档，将一些多余无用的标签去除，也就是给网页"减肥"，可以更好更快地被浏览者访问，最大限度地减少错误的发生。

以"我的 E 站"为例，"清理 HTML"的操作步骤如下。

（1）选择"命令"|"清理 XHTML"菜单命令，打开"清理 HTML/XHTML"对话框。

（2）勾选"移除"栏目中的"空标签区块"和"多余的嵌套标签"复选框，勾选"选项"栏目中的"尽可能合并嵌套的<font>标签"和"完成后显示记录"复选框，如图 7-23 所示。

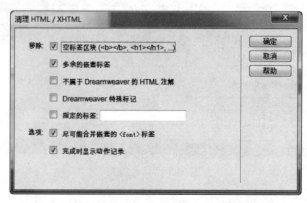
图 7-23 "清理 HTML/XHTML"对话框

（3）单击"确定"按钮，完成"清理 HTML"操作。

7.2.4 清理 Word 生成的 HTML

很多人习惯使用微软的 Word 编辑文档，当将这些文档复制到 Dreamweaver 中之后也同时加入了 Word 的标记，所以在网页发布前应当先予以清除。

以"我的 E 站"为例，"清理 Word 生成的 HTML"的操作步骤如下。

（1）选择"命令"|"清理 Word 生成的 HTML"菜单命令，打开"清理 Word 生成的 HTML"对话框，如图 7-24 所示。

（2）在"基本"标签中选择 Word 版本号，并根据需要勾选其他复选框。

（3）单击"详细"标签，勾选所需要的选项，单击"确定"按钮开始清理，完成之后会弹出信息框给出清理结果。

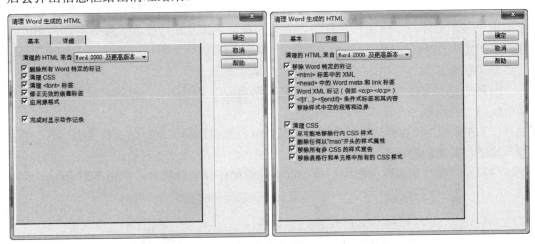

图 7-24 "清理 Word 生成的 HTML"对话框

7.2.5 同步

同步是在本地计算机和远程计算机对两端的文件进行比较，不管哪一端的文件或文件夹发生变化，同步功能都能将变化反映出来，便于作者决定上传或者下载。同步功能避免了许多盲目性，在网页维护中尤为重要。

以"我的 E 站"为例，"同步"的操作步骤如下。

（1）展开站点管理器，并与远端主机建立 FTP 联机（此处在"项目任务 7.3 网站的发布"中将会介绍）。

（2）选择"站点"|"同步站点范围"菜单命令，弹出"同步文件"对话框，如图 7-25 所示。

（3）单击"预览"按钮，可在"远端站点"中看到整个发布网站的文件列表，如图 7-26 所示。

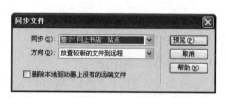
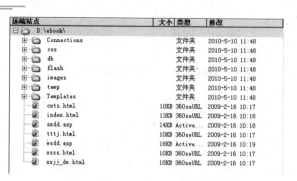

图 7-25 "同步文件"对话框　　　　图 7-26 远端站点文件列表

7.2.6 生成辅助功能报告

工作流程报告可以改进 Web 小组中各成员之间的协作。可以运行工作流程报告显示谁取出了某个文件，哪些文件具有与之关联的设计备注及最近修改了哪些文件。还可以通过"指定名称/值"参数来进一步完善设计备注报告。

以"我的 E 站"为例，"生成辅助功能报告"的操作步骤如下。

（1）选择"文件"|"检查页"|"检查辅助功能"菜单命令，报告将出现在"结果"面板组的"站点报告"面板中。

（2）在出现的"报告"对话框中，选择要报告的类别和要运行的报告类型。单击"运行"按钮，开始创建报告。

（3）在"站点报告"面板中，执行以下任意操作以查看报告，如图 7-27 所示。

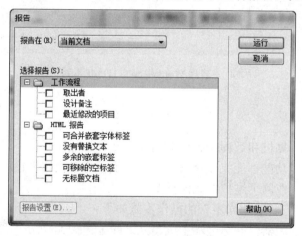

图 7-27 "报告"对话框

- 单击要按其排序的列标题对结果进行排序。
- 单击"保存报告"按钮保存该报告。

7.2.7 站点测试指南

（1）确保页面在目标浏览器中能够如预期的那样工作，并确保这些页面在其他浏览器中或者工作正常，或者"明确地拒绝工作"。

（2）页面在不支持样式、层、插件或 JavaScript 的浏览器中应清晰可读且功能正常。

对于在较早版本的浏览器中根本无法运行的页面，应考虑使用"检查浏览器"行为，自动将访问者重定向到其他页面。

（3）应尽可能多地在不同的浏览器和平台上预览页面。这样就有机会查看布局、颜色、字体大小和默认浏览器窗口大小等方面的区别，这些区别在目标浏览器检查中是无法预见的。

（4）检查站点是否有断开的链接，并修复断开的链接。由于其他站点也在重新设计、重新组织，所以网站中链接的页面可能已被移动或删除。可运行链接检查报告对链接进行测试。

（5）监测页面的文件大小及下载这些页面所用的时间。

（6）运行一些站点报告来测试并解决整个站点的问题。检查整个站点是否存在问题，例如无标题文档、空标签及冗余的嵌套标签等。

（7）检查代码中是否存在标签或语法错误。在完成对大部分站点的大部分发布以后，应继续对站点进行更新和维护。

通过进行站点测试及生成的测试报告可检查出可合并的嵌套字体标签、辅助功能、遗漏的替换文本、冗余的嵌套标签、可删除的空标签和无标题文档。

对于测试报告，可保存为 XML 文件，然后将其导入模板实例、数据库或电子表格中，再将其打印出来或显示在 Web 站点上，以便 Web 小组中各成员的查看和根据报告内容进行更新。

根据策划书中定好的站点的功能，逐个进行检查。小组讨论检查结果，商议解决办法，并生成网站测试报告。交给客户审核，并根据客户的需求进行修改。

项目任务 7.3　网站的发布

项目分析

将网页制作完成之后，就需要将所有的网页文件和文件夹及其中的所有内容上传到服务器上，这个过程就是网站的上传，即网页的发布。

能力要求

（1）掌握上传站点时链接站点的准备工作。

（2）学会申请空间的方法。

（3）学会上传网站的方法。

7.3.1 站点的上传

将网页制作完成之后，就需要将所有的网页文件和文件夹及其中的所有内容上传到服务器上，这个过程就是网站的上传，即网页的发布。一般来说有以下两种方式。

（1）通过 HTTP 方式将网页发布，这是很多免费空间经常采用的服务方式。用户只要登录到网站指定的管理页面，填写用户名和密码，就可以将网页文件一个一个地上传到服务器，这种方法虽然简单，但不能批量上传，必须首先在服务器建立相应的文件夹之后，才能上传，对于有较大文件的和结构复杂的网站来说费时费力。

（2）使用 FTP 方式发布网页，优点是用户可以使用专用的 FTP 软件成批地管理、上传、移动网页和文件夹，利用 FTP 的辅助功能还可以远程修改、替换或查找文件等。

下面以"我的 E 站"为例来看一下文件的上传。

1. 已有的 FTP 空间

下面给出的是 FTP 的相关信息，需要把这些信息记录好。

（1）FTP 服务器地址：ftp://10.10.152.156。

（2）账号：administrator。

（3）密码：meiling。

2. FTP 工具软件——FileZilla

FileZilla（如图 7-28 所示）是一种快速、可信赖的 FTP 客户端及服务器端开放源代码程序。可控性、有条理的界面和管理多站点的简化方式使得 FileZilla 客户端版成为一个方便高效的 FTP 客户端工具，而 FileZilla Server 则是一个小巧并且可靠的支持 FTP&SFTP 的 FTP 服务器软件。FileZilla 在 2002 年 11 月获选为当月最佳推荐专案。

图 7-28　FileZilla 图标

打开 FileZilla，可以看到如图 7-29 所示的界面。

输入 FTP 地址、用户名和密码，如图 7-30 所示，单击"快速连接"按钮，出现"记住密码"对话框，选择"记住密码"|"确定"菜单命令，出现如图 7-31 所示的连接状态，当看到图 7-32 所示信息，则表示连接成功。

3. 发布网页

FTP 连接成功后，我们就可以开始发布网页了。

（1）在本地站点中选择要上传的网站对应的文件夹（iezhan），其下可以看到本文件夹中所包含的文件夹及文件，如图 7-33 所示。

（2）选中"iezhan"并单击右键，在弹出的快捷菜单中选择"上传"命令，如图 7-34 所示。

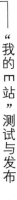

子项目 7 "我的E站"测试与发布

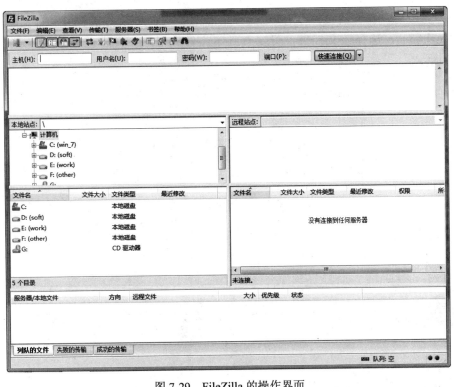

图 7-29　FileZilla 的操作界面

主机(H): 10.10.152.156　用户名(U): administrator　密码(W): ●●●●●●●　端口(P):　　快速连接(Q)

图 7-30　输入 FTP 相关信息

图 7-31　连接状态

图 7-32　连接成功

图 7-33　本地站点图

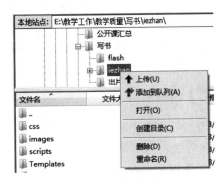

图 7-34　上传本地站点

（3）完成后，可看到"文件上传成功"的提示，并且在服务器端可以看到上传的文件夹（iezhan），选择该文件夹，可以看到本文件夹中的文件夹及文件，如图 7-35 和图 7-36 所示。

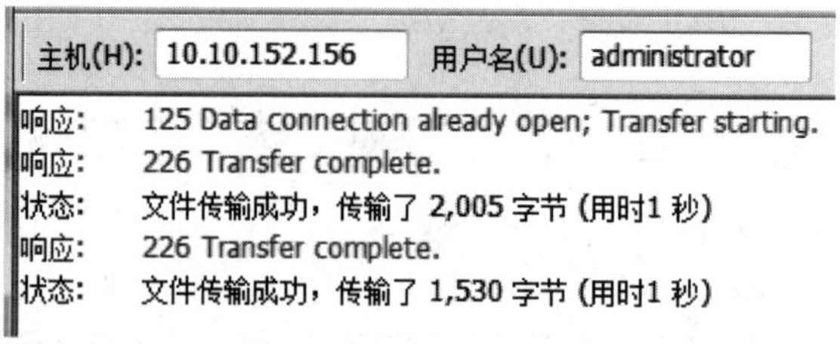

图 7-35　站点上传成功

图 7-36　远程站点中的 iezhan

7.3.2　申请空间

网站发布的第一步就是需要有空间用于存放网站文件，这个空间必须是服务器上的空间，所以我们必须先申请租用一个服务器空间。

可以直接到网上申请空间，空间有免费和收费之分。免费空间的空间较小、频带窄、易堵塞、多数需要义务性广告、随时会被取消服务等。所以在条件允许的情况下，可以申请收费空间。提供收费空间的网站很多，价格也比较合适。申请好网站空间后，接下来就可以将整个网站上传到服务器。

归纳总结

发布站点最主要的工作就是进行网页文件的上传，文件上传一般有两种方式：通过 HTTP 方式将网页发布和使用 FTP 方式发布网页。但不管是用哪种方式上传，要做的第一步工作都是去申请一个空间。

项目训练

根据策划书中的要求，申请空间，将站点上传。交给客户审核，并根据客户的需求进行修改。

7.4 小结

一个网站制作好后，在细节上肯定还有一些需要调整的地方，比如无效链接、脚本、Cookie 错误等，所以网站调试是一个不容忽视的环节。可以借助 Dreamweaver 中的站点管理器、浏览器等工具及小组分工测试等多种手段来完成这项工作。

7.5 技能训练

【操作要求】

将练习素材文件夹中的 S7-5 文件夹复制到考生文件夹下的 root 本地根文件夹中，重命名为 J7-5。在 Dreamweaver 中将 root\J7-4\S7-5.asp 文件重命名为 J7-5.asp。

（1）检查并修改链接。

① 检查链接：在 Dreamweaver 中打开 root\J7-5\J7-5.asp 文档，检查链接。

② 修改链接：在 J7-5.asp 文档中将 http:开头的外部链接修改为 http://www.siit.cn 链接；将 file://开头的外部链接修改为空链接。

（2）搜索并优化源代码。

① 搜索与替换源代码：检查 J7-5\J7-5.asp 文档中的源代码，将该文档代码中的 #CCCCCC 颜色值替换为 #999999 颜色值。

② 优化源代码：清除 J7-5\J7-5.asp 文档源代码中的 <tbody> 和 </tbody> 标记。

子项目 8 网站宣传推广与维护

建立网站的目的就是希望有人来访问，特别是用于宣传的网站，其流量的大小直接影响到该网站的营销策略是否成功。那么如何才能使刚刚发布的网站能够让人知晓并访问呢？网站的宣传和推广是必不可少的，当然网站宣传是一个长期、不断重复的过程，要持之以恒、不断总结、推陈出新，这样网站才能在 Internet 中生存和发展。

一个好的网站，不只是将其制作完成并发布就结束了。互联网的魅力很大程度上在于它能源源不断地提供最及时的信息。如果有一天我们登录门户网站，发现上面全是几年前的信息，到搜索引擎上搜索，只能查到几年前的资料，也许就再也没有人去登录这些门户网站和搜索引擎了。对于一个企业来说其发展状况是在不断变化的，网站的内容也就需要随之调整，给人以常新的感觉，该企业的网站才会更加吸引访问者，给访问者良好的印象。这就要求我们要对站点进行长期的、不间断的维护和更新。特别是在企业推出了新产品、有了新的服务项目内容，或者等有了大的动作或变更的时候，都应该把企业的现有状况及时地在其网站上反映出来，以便让客户和合作伙伴及时地了解它的详细状况，同时企业也可以及时得到相应的反馈信息，以便做出合理的相应处理。

下面就分别介绍如何进行网站的宣传推广和维护。

项目任务 8.1 网站宣传推广

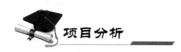

项目分析

网站宣传推广方式是网络营销计划的组成部分。制订网站推广计划本身也是一种网站的推广。推广计划不仅是网站推广的行动指南，同时也是检验推广效果是否达到预期目标的衡量标准，所以合理的网站推广方式也就成为网站推广计划中必不可少的内容。网站推广方式通常是在网站策略阶段就应该完成的，甚至可以在网站建设阶段就开始网站的"推广"工作。

能力要求

（1）了解多种网站宣传推广的方式，能根据实际项目选择合适的推广方案。
（2）了解网站宣传推广计划。
（3）能根据实际的项目提出合理的网站宣传建议。

8.1.1 网站宣传推广方式

1. 向搜索引擎登记网站

很多网站内容丰富，颇有创意，却鲜有来者，原因在于没有针对网站的宣传计划。虽说"好酒不怕巷子深"，但是也要能找到才可以。特别是在如今的网络年代，如果不做宣传，网上营销就很难成功，也就无法从中赢利了。

由于95%的网上用户是通过 Google、Baidu、Yahoo!、Tom.com、21CN、Altavista、Excite、Infoseek、Lycos 等搜索引擎来寻找他们所需要的信息的，因此这些搜索引擎是网站宣传中最重要的部分，在很大程度上决定了网站宣传的成败。

那么如何向搜索引擎登记网站呢？步骤如下。

（1）添加网页标题（title）。网页标题将出现在搜索结果页面的链接上，因此网页标题写得有吸引性才能让搜索者想去点击该链接。标题要简练，5～8 个字即可，要说明该页面、该网站最重要的内容是什么。

网页标题可以在 Dreamweaver 工作界面中的标题中直接输入，可以在页面属性对话框中输入，也可以在网页代码中输入。在代码的<head></head>之间的<title>标签中输入。

例如"我的 E 站"中的 help.html 页面中为其设计的网页标题为"帮助信息"，具体在代码部分为：<titile>帮助信息</titile>；或者在右上角的"标题"文字的右侧的文本框中输入"帮助信息"，即可完成对网页标题的添加或者修改。具体如图 8-1 所示。

（2）添加描述性 meta 标签。除了网页标题，不少搜索引擎会搜索到 meta 标签。这是一句说明性文字，描述网页正文的内容，句中要包含本页使用到的关键词、词组等。这段描述性文字放在网页代码的<head></head>之间，形式是<meta name=" keywords " content="描述性文字"> <meta name="description" content="描述性文字"> 。

如图 8-1 所示，"我的 E 站"中 meta 标签的设计为：

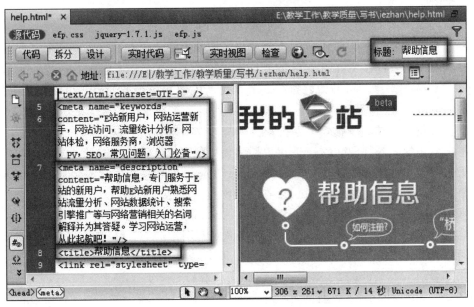

图 8-1　help.html 页面中的网页标题和 meta 标签

<meta name="keywords"　content="E 站新用户，网站运营新手，网站访问，流量统计分析，网站体检，网络服务商，浏览器，PV，SEO，常见问题，入门必备"/>

　　<meta name="description"　content="帮助信息，专门服务于 E 站的新用户，帮助 E 站新用户熟悉网站流量分析、网站数据统计、搜索引擎推广等与网络营销相关的名词解释并为其答疑。学习网络营销，从此起航吧！"/>

　　（3）在网页中的加粗文字中填上关键词。在网页中一般加粗文字是作为文章标题，所以搜索引擎很重视加粗文字，认为这是本页很重要的内容，因此，确保在一两个粗体文字标签中写上关键词，例如，如图 8-2 所示，在"我的 E 站"的"名词解释"条目下的加粗文字也是本页面中的关键词。

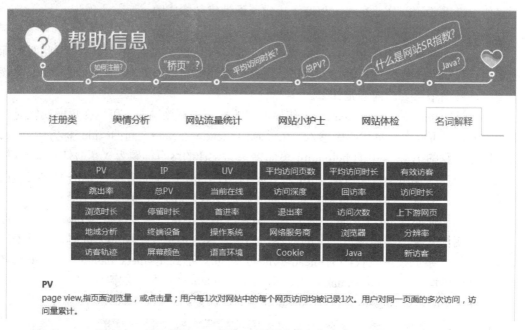

图 8-2　help.html 页面中的加粗文字

　　（4）确保在正文第一段中就出现关键词。搜索引擎希望在第一段文字中就找到关键词，但也不能充斥过多关键词。Google 大概将全文每 100 个字中出现 1.5～2 个关键词视为最佳的关键词密度，可获得好排名。其他可考虑放置关键词的地方可以在代码的 alt 标签或 comment 标签里。

　　（5）导航设计要易于搜索引擎搜索。一些搜索引擎不支持框架结构与框架调用，框架不易搜索引擎收录抓取。Google 可以检索使用网页框架结构的网站，但由于搜索引擎工作方式与一般的网页浏览器不同，因此会造成返回的结果与用户的需求不符，这是搜索引擎所极力要避免的，所以 Google 在收录网页框架结构的网站时还是有所保留的，这也是我们要慎用的框架。而用 JavaScript 和 Flash 制作的导航按钮看起来是很漂亮美观的，但搜索引擎找不到。当然可以通过在页面底部用常规 HTML 链接再做一个导航条，确保可以通过此导航条的链接进入网站每一页。或做一个网站地图，也可以链接每一页面来补救。

　　例如，如图 8-3 所示，"我的 E 站"的导航整体风格是统一的，以"help.html"页面为例是利用<div>和<ul>标签并配合 CSS 来实现的。

图 8-3　help.html 页面导航的实现

（6）向搜索引擎提交网页。在搜索引擎上找到"Add Your URL."（网站登录）的链接。搜索 robot 将自动索引您提交的网页。美国最著名的搜索引擎是 Google、Inktomi、Alta Vista 和 Tehoma。这些搜索引擎向其他主要搜索引擎和门户网站提供搜索内容。

（7）调整重要内容页面以提高排名。将网站中最重要的页面做一些调整，以提高它们的排名。有一些软件可以检查该网站当前的排名，比较与网站关键词相同的竞争者的网页排名，还可以获知搜索引擎对网页的首选统计数据，从而对自己的页面进行调整。

提示： 向搜索引擎登记网页时注意如下几点。

（1）严格遵守每个搜索引擎的规定。如 Yahoo! 规定网站描述不要超过 20 个字，那就千万不要超过 20 个字（包括标点符号）。

（2）只向搜索引擎登记首页和最重要的两至三页，搜索程序会根据首页的链接读出其他页面并收录（建议第一次只登记首页）。

（3）搜索引擎收录网页的时间从几天至几周不等。建议等待一个月后，输入域名中的 yourname 查询。如果网站没有被收录，再次登记直至被收录为止。要注意在一个月内，千万不要频繁地重复登记网页，这也许会导致网页永远不会被收录。

2．战略链接

仅次于向主要搜索引擎登录网站的重要网站宣传措施，即尽可能多地要求和公司网站内容相关的网站相链接。

（1）逐一向建站前准备好的要链接的网站发 E-mail，要求这些网站能够链接该网站。

（2）网站联盟。通过网站联盟就有了最基础的原始流量，可以快速地成长起来。

（3）要不断地寻找链接伙伴，随时和认为好的站点相互链接。

▶3. 网站其他宣传方式

网站的宣传方式还有很多，重点是要找到适合的。
（1）去论坛发帖推广。
（2）加入网摘、图摘、论坛联盟、文字链。
（3）流量交换。
（4）友情链接。
（5）QQ群宣传。
（6）资源互换。
（7）媒体炒作。
（8）购买弹窗，包月广告。
（9）加入网站之家。

8.1.2 网站宣传推广计划

制订网站推广计划本身也是一种网站的推广，至少应包含下列主要内容。

（1）确定网站推广的阶段目标。如在发布后1年内实现每天独立访问用户数量、与竞争者相比的相对排名、在主要搜索引擎的表现、网站被链接的数量、注册用户数量等。

（2）在网站发布运营的不同阶段所采取的网站推广方法。如果可能，最好详细列出各个阶段的具体网站推广方式，如登录搜索引擎的名称、网络广告的主要形式和媒体选择、需要投入的费用等。

（3）网站推广方式的控制和效果评价。如阶段推广目标的控制、推广效果评价指标等。对网站推广方式的控制和评价是为了及时发现网络营销过程中的问题，保证网络营销活动的顺利进行。

下面以案例的形式来说明网站推广方式的主要内容。实际工作中由于每个网站的情况不同，并不一定要照搬这些步骤和方法，而只是作为一种参考。

案例"我的E站"的推广计划（简化版）

前提：为"我的E站"进行推广宣传。

实施：网站的第一个推广年度共分为4个阶段，每个阶段3个月左右，包括网站策划建设阶段、网站发布初期、网站增长期、网站稳定期。推广计划主要包括下列内容。

（1）网站推广方式：计划在网站发布1年后达到每天独立访问用户2000人，注册用户10000人。

（2）网站策划建设阶段的推广：从网站正式发布前就开始的推广准备，在网站建设过程中从网站结构、内容等方面对Google、百度等搜索引擎进行优化设计。

（3）网站发布初期的基本推广手段：登录10个主要搜索引擎和分类目录（列出计划登录网站的名单）、购买2~3个网络实名/通用网址、与部分合作伙伴建立网站链接。

（4）网站增长期的推广：当网站有一定访问量之后，为继续保持网站访问量的增长和品牌提升，在相关行业网站投放网络广告（包括计划投放广告的网站及栏目选择、广告形式等）；与部分合作伙伴进行资源互换。

（5）网站稳定期的推广：推出一些网站运营的比赛，以吸引更多的这方面的爱好者。

（6）推广效果的评价：对主要网站推广措施的效果进行跟踪，定期进行网站流量统计分析，必要时与专业网络顾问机构合作进行网络营销诊断，改进或者取消效果不佳的推广手段，在效果明显的推广策略方面加大投入比重。

本案例仅仅笼统地列出了部分重要的推广内容，不过从这个简单的网站推广方式中，仍然可以得出几个基本结论。

（1）制定网站推广方式有助于在网站推广工作中有的放矢，并且有步骤有目的地开展工作，避免重要的遗漏。

（2）网站推广是在网站正式发布之前就已经开始进行的，尤其是针对搜索引擎的优化工作，在网站设计阶段就应考虑到推广的需要，并做必要的优化设计。

（3）网站推广的基本方法对于大部分网站都是适用的，也就是所谓的通用网站推广方法，一个网站在建设阶段和发布初期通常都需要进行这些常规的推广。

（4）在网站推广的不同阶段需要采用不同的方法，也就是说网站推广方法具有阶段性的特征。有些网站推广方法可能长期有效，有些则仅适用于某个阶段，或者临时性采用，各种网站推广方法往往是结合使用的。

（5）网站推广是网络营销的内容之一，但不是网络营销的全部，同时网站推广也不是孤立的，需要与其他网络营销活动相结合来进行。

（6）网站进入稳定期之后，推广工作不应停止，但由于进一步提高访问量有较大难度，需要采用一些超越常规的推广策略，如上述案例中建设一个行业信息类网站的计划等。

（7）网站推广方式不能盲目进行，需要进行效果跟踪和控制。在网站推广评价方法中，最为重要的一项指标是网站的访问量，访问量的变化情况基本上反映了网站推广的成效，因此网站访问统计分析报告对网站推广的成功具有至关重要的作用。

案例中给出的是网站推广总体计划，除此之外，针对每一种具体的网站推广措施制订详细的计划也是必要的，例如关于搜索引擎推广计划、资源合作计划、网络广告计划等，这样可以更加具体化，对更多的问题提前进行准备，便于网站推广效果的控制。

8.1.3 提出合理的网站推广建议

在正式制订网站推广计划或网站推广效果不佳时，可以先提出几个可行的网站推广途径、要点的方案，再根据实际情况进行修正整合以达到更好推广的目的。具体可以从以下几个方面来做。

（1）首先在网站推广之前，要进行网站的优化，确保网站本身结构、页面、内容的优化，通过对网站结构和布局等的调整，使得网站更适合浏览者和搜索引擎。这样不仅可以吸引更多的访客，而且给予搜索引擎以友好的界面，从而提高网站在各类搜索及目录中的重要性。其次需要调研分析网站的访客来源目标，当然还有竞争对手的网站。知己知彼，才能百战不殆。

（2）链接策略其实已经结合在搜索引擎策略之中，尽量多地在各类网页中出现公司网站的名称及链接，如行业网站、专业目录、互换链接、签名文章等。这样做的目的在于提供访问量的同时，提高链接广泛度。关注到公司已经和哪些网站有了一定的推广活动，如何使这些推广与自身公司及网站挂钩是接着需要处理的问题。

（3）传统方法推广策略，在公司的各类媒介中增加网站链接，比如名片、信纸、宣传册等，虽然不能直接提高网站在网络中的重要性，但非常有效地对潜在客户产生网站品牌影响。

（4）搜索引擎优化。即利用工具或者其他的各种手法使自己的网站符合搜索引擎的搜索规则从而获得较好的网站排名。要做好搜索引擎优化，需要注意以下两点。

① 走出 Flash 和图片的误区。不少企业网站充斥了大量的图片和 Flash 动画，但像 Google、Baidu 等自动收录网站的搜索引擎，对于图片和 Flash 是很不感冒的，它们不能识别这些文件所表达的意思，因而无法收录到搜索引擎中来。所以企业在建设自己网站的过程中就需要注意，图片或 Flash 动画可以要，但不要太泛滥，过犹不及。能够用文字表达的地方，尽量不要用图片来代替，避免把文字做到图片里面，要让文字成为主角，图片只是点缀。企业需要展示和让客户了解的信息反而没有在客户头脑中留下记忆。所以不论是站在搜索引擎优化的角度，还是整体网站诉求的角度，企业网站都必须注意不要让大量的图片和"动画"喧宾夺主，而应当多花一点时间在资料的准备和内容编排上，让客户了解实实在在有用的信息。

② 适当使用关键词。有一些企业网站建设好之后，也会主动登录一些收费搜索引擎，这对于网站被公众所认知是有利的。但它们往往在关键词的选择上并没有非常重视，要么列举出一大堆跟企业有关的字词，要么仅仅把企业的名称作为关键词。这样随便确定的网站关键词，所概括的网站内涵不准确，信息表达有缺失，效果就打折扣了。

网站关键词的选择很大程度上取决于企业建设网站的思路。核心关键词不要太多，一般限定在五个以内。在关键词的选择上，可分三个方面进行：首先是企业简称，其次是产品统称，最后是行业简称。

（5）付费广告。提高网站的知名度和被检索到的概率，除了应用以上这些技巧外，现在许多的搜索引擎还提供网站竞价排名，例如：

① 百度，当用户在百度中搜索注册的关键字信息时，如该网站将出现在搜索结果的前面，具体排名位置自己可设置，收费原则是点击付费，不点击不付费。默认点击 0.30 元/次。

② Google，通过 Google AdWords，可以自行制作广告，当用户在 Google 中搜索注册的关键字信息时，该网站将出现在搜索结果页面的右侧，收费原则是点击付费，不点击不付费。默认点击 0.15 元/次。

③ 搜狐目前有三种服务：固定排序登录（网站将在所付费的关键词搜索页面第 1～10 位出现）、推广型登录（网站将在所在类目和您所付费的两个关键词搜索页面第一页显示）、普通型登录（网站加入到搜狐网站分类目录，不保证在关键词搜索结果中排序位置）。

④ 新浪目前有固定排序登录（网站将在您所付费的关键词搜索页面第 1～10 位出现）、推广型登录（网站将在所在类目和您所付费的两个关键词搜索页面第一页显示）、普通型登录（网站加入到网站分类目录）。

（6）E-mail 推广。虽然电邮推广很容易被视为垃圾邮件，但不可否认邮件的效果是非常有效的，需要做的就是收集相关企业及客户的电邮资料，以及把既有客户的电邮汇总整理，有选择地不频繁地发送公司动态给他们，加深感情联络的同时，也潜意识中增加他们关注公司网站的内容，提高知名度。例如可以建立邮件列表，每隔一段时间向用户发送新闻邮件（电子杂志），与客户建立良好的关系。

归纳总结

网站的宣传推广可以反映出该网站是否能被广大来访者所接受，从而达到宣传企业以及其产品的目的，所以在网站开发的整个过程及后期的跟踪中都是必不可少的。当然网站的宣传是一个长期的、不断重复的过程，要持之以恒、不断总结、推陈出新，这样网站才能在互联网中生存和发展。

项目训练

（1）假如您被聘用到一家大型建材企业的网络营销部工作。有一天，部门经理告诉您，该企业的网站已经建立了半年左右的时间，但访问的人数很不理想，没有达到宣传企业产品和最终实现在线交易的初衷。要求您尽快提出一套网站推广方案，以便付诸实施。请根据该企业的有关情况，提出您的网站推广途径和推广要点。

（2）为您目前正在开发的网站制定出一个合适的网站推广方案。

项目任务 8.2　网站维护

企业网站一旦建成，网站的维护就成了摆在企业经理面前的首要问题了。企业的情况在不断地变化，网站的内容也需要随之调整，这就不可避免地涉及到网站维护的问题。网站维护不仅是网页内容的更新，还包括通过 FTP 软件进行网页内容的上传、asp、cgi-bin 目录的管理、计数器文件的管理、新功能的开发、新栏目的设计、网站的定期推广服务等。

（1）了解网站维护的重要性。
（2）知道网站维护的基本内容有哪些，应该如何进行基本的维护。

8.2.1　网站维护的重要性

根据网络调查，目前国内上网企业中，有 40%的网站自建立起到调查日没有更新过，时长从 2 年多至 3 个月不等；而能够保持经常更新（至少每月一次）的网站不足 10%！这是一组可怕的数字，足够警示我们，在企业上网工程中，还有更多的事情要做。开发一个企业网站，需要的时间为一周到六个月，但在企业经营的过程中，网站的生命应该随着企业的发展而更长久：一年复一年，在网站更新维护上，的确需要持之以恒的力量，以及保持网站新意、吸引力的策略。

网站不更新的原因是相似的，网站更新却各有各的理由，主要是从以下几个方面来考虑的。

1. 需要有新鲜的内容来吸引人

这样的现象我们都没见过：一家商场开张三年从没有添加或减少过一种商品。这样的现象却到处都是：一个网站从制作完成后几年内从没改过一次。这个时代不缺少网站，这个时代缺少的是内容，而且是新鲜的内容。试想当我们花费了时间、精力，投入了资金和热情，寄予了期望的网站，不仅仅是因为缺少推广，而且也因为缺乏维护，当人们第二次光临网站，看到一样的内容、一样的面孔，谁愿意为此而浪费宝贵的时间呢？想让更多的人来访问网站，还是考虑给它加些新鲜的要闻或是不断更新产品、有用的信息，这样才会吸引更多的关注。

2. 让网站充满生命力

一个网站只有不断更新才会有生命力，人们上网无非是要获取所需，只有能不断地提供人们所需要的内容，才能有吸引力。网站好比一个电影院，如果每天上映的都是10年前的老电影，而且总是同一部影片，相信没有人会来第二次。

3. 与推广并进

网站推广会给网站带来访问量，但这很可能只是昙花一现，真正想提高网站的知名度和有价值的访问量，只有靠回头客。网站应当经常有吸引人的有价值的内容，让人能够经常访问。

总之，一个不断更新的网站才会有长远的发展，才会带来真正的效益。

8.2.2 网站维护的基本内容

1. 网站日常维护

网络日常维护包括帮助企业进行网站内容更新调整，网页垃圾信息清理，网络速度提升等网站维护操作；定期检查企业网络和计算机工作状态，降低系统故障率，为企业提供即时的现场与远程技术支持并提交系统维护报告。涉及的具体内容如下。

（1）静态页面维护：包括图片和文字的排列和更换。

（2）更新 JavaScript banner：把相同大小的几张图片用 Java Script 进行切换，达到变换效果。

（3）Flash 的 banner：用 Flash 来表现图片或文字的效果。

（4）制作漂浮窗口：在网站上面制作动态的漂浮图片，以吸引浏览者眼球。

（5）制作弹出窗口：打开网站的时候弹出一个重要的信息或网页图片。

（6）新闻维护：对公司新闻进行增加、修改、删除的操作。

（7）产品维护：对公司产品进行增加、修改、删除的操作。

（8）供求信息维护：对网站的供求信息进行增加、修改、删除的操作。

（9）人才招聘维护：对网站招聘信息进行增加、修改、删除的操作。

2. 网站安全维护

（1）数据库导入导出：对网站 SQL/MySQL 数据库导出备份，导入更新服务。

（2）数据库备份：对网站数据库备份，以电子邮件或其他方式传送给管理员。

（3）数据库后台维护：维护数据库后台正常运行，以便于管理员可以正常浏览。

（4）网站紧急恢复：如网站出现不可预测性错误时，及时把网站恢复到最近备份的状态。

▶3．网站故障恢复

帮助企业建立全面的资料备份及灾难恢复计划，做到有备无患；在企业网站系统遭遇突发严重故障而导致网络系统崩溃后，在最短的时间内进行恢复；在重要的文件资料、数据被误删或遭病毒感染、黑客破坏后，通过技术手段尽力抢救，争取恢复。

▶4．网站内容更新

网站的信息内容应该适时更新，如果现在客户访问企业的网站看到的是企业去年的新闻，或者说客户在秋天看到新春快乐的网站祝贺语，那么他们对企业的印象肯定大打折扣。因此注意适时更新内容是相当重要的。在网站栏目设置上，也最好将一些可以定期更新的栏目如企业新闻等放在首页上，使首页的更新频率更高些。

帮助企业及时更新网站内容，包括文章撰写、页面设计、图形设计、广告设计等服务内容，把企业的现有状况及时地在网站上反映出来，以便让客户和合作伙伴及时了解企业的最新动态，同时也可以及时得到相应的反馈信息，以便做出及时合理的处理。

▶5．网站优化维护

帮助企业网站进行 meta 标记优化、W3C 标准优化、搜索引擎优化等合理优化操作，确保企业网站的页面布局、结构和内容对于访问者和搜索引擎都更加亲和，使得企业网站能够更多地被搜索引擎收录，赢得更多潜在消费者的注目和好感。

▶6．网络基础维护

（1）网站域名维护：如果网站空间变换，及时对域名进行重新解析。

（2）网站空间维护：保证网站空间正常运行，掌握空间最新资料如已有大小等。

（3）企业邮局维护：分配、删除企业邮局用户，帮助企业邮局 Outlook 的设置。

（4）网站流量报告：可统计出地域、关键词、搜索引擎等统计报告。

（5）域名续费：及时提醒客户域名到期日期，防止到期后被别人抢注。

▶7．网站服务与回馈工作要跟上

客户向企业网站提交的各种回馈表单、购买的商品、发到企业邮箱中的电子邮件、在企业留言板上的留言等，企业如果没有及时处理和跟进，不但丧失了机会，还会造成很坏的影响，以致客户不会再相信您的网站。所以给企业设置专门从事网站服务和回馈处理的岗位人员，并对他们进行培训，掌握基本的处理方式，以达到网站服务与回馈工作的及时跟进。

▶8．不断完善网站系统，提供更好的服务

企业初始建网站一般投入较小，功能也不是很强。随着业务的发展，网站的功能也应该不断完善以满足顾客的需要，此时使用集成度高的电子商务应用系统可以更好地实现网上业务的管理和开展，从而将企业的电子商务带向更高的阶段，也将取得更大的收获。

8.2.3 网站维护基本流程

网站维护基本流程图如图 8-4 所示,有如下几个步骤。

(1) 电话交流或面谈,达成网站维护协议。(判断工作量与工作时间)

(2) 收到客户资料。(可通过 E_mail、传真等方式传送,还可以通过 QQ 直接传送资料以达到资料完整性。在资料无法通过以上方式传递时,可上门索取)

(3) 当天核对需求无误,工作进行中。

(4) 负责人验收上传或传送给客户。

(5) 上传后通知客户的负责人验收。

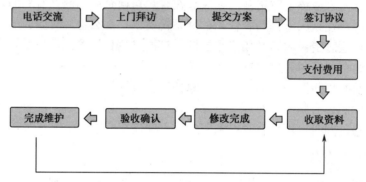

图 8-4 网站维护基本流程图

归纳总结

人们上网无非是要获取所需,所以对于一个网站,只有不断地更新,提供人们所需要的内容才能有吸引力,而企业的发展也使其本身的信息资源不断地丰富,所以在网站更新维护上,的确需要持之以恒的力量,才能保持网站新意和吸引力。

项目训练

分析您目前正在开发的网站,确定哪些内容需要进行维护和更新,并能形成文字,制订计划,确定这些需要维护的内容的维护周期。

8.3 小结

网站的宣传和推广的目的就是希望有越来越多的人来访问,达到产品推销的目的。这与现实其实差不多,我们可以在各个传播媒介中看到海飞丝、奥妙、康师傅等的广告,这便是宣传。对于网站来说,如何提高它的流量,当然也需要宣传,这个就是广告,广而告之。

然而如果是一个毫无新意、一成不变的网站,相信即便宣传做好了,还是会流失大量的客户,所以网站维护的工作需要持之以恒。

子项目 9 "我的 E 站"项目总结

通过前面一段时间的努力，我们已经将"我的 E 站"网站建设项目基本完成。此时就需要对整个项目做最后的总结，包括对项目的成功、效果及取得的教训进行分析，以及这些信息的存档以备将来利用。同时也要对项目做出最后的评价。

项目任务 9.1　文档的书写与整理

文档是过程的踪迹，它提供项目执行过程的客观证据，同时也是对项目有效实施的真实记录。项目文档记录了项目实施轨迹，承载了项目实施及更改过程，并为项目交接与维护提供便利。

文档是在网站开发过程中不断生成的，在开始接手项目时的网站建设策划书，在网站制作过程中小组会议的记录、工作进程的记录，在网站制作完成后的网站说明书，都属于文档的范畴。文档是一种交流的手段，也是网站建设逐步成形的体现。文档的书写及整理在整个网站开发过程中也起着必不可少的作用。

项目应具有真实有效、准确完备的说明文档，便于以后科学、规范地管理。
（1）规范文档写作的格式要求。
（2）明确文档写作的内容。
（3）会进行文档的整理。

▶1. 文档写作

网站作品说明写作方向如下：网站名称，作者，软硬件条件说明，网站基本功能说明，网页设计创意（创作背景、目的、意义）。

创作过程：在 Dreamweaver 中运用了哪些技术和技巧，文字处理是否有特殊方面，图形处理方面运用了哪些技术和技巧，其他，得意之处，原创部分。

"我的 E 站"网站说明书详见附录 C。

2. 文档整理

项目文档是项目实施和管理的工具，用来理清工作条理、检查工作完成情况、提高项目工作效率，所以每个项目都应建立文档管理体系，并做到制作及时、归档及时，同时文档信息要真实有效，文档格式和填写必须规范，符合标准。网站开发完毕后对在其开发期间生成的一些文档进行整理归档。

归纳总结

明确文档在整个项目开发中的地位和作用，不要认为文档是可有可无的。通过文档的书写掌握文档书写的规范。

项目训练

（1）每个小组为自己的主题网站撰写一份网站作品说明书。
（2）整理好网站开发中的文档，并进行装订。

项目任务 9.2　网站展示、交流与评价

经过前期的设计与制作，一个完整的网站已经展现在眼前。作为一个网站，它的好坏并非由网站的设计制作者来判定，网站的最终目的是给广大的浏览者浏览，因此浏览者即客户的评价才是最重要的。

能力要求

（1）培养文字表达能力。
（2）培养分析能力。
（3）培养协作与交流能力。
（4）培养实事求是的精神和挫折感教育。

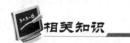
相关知识

1. 讨论交流

（1）小组内部交流。
① 小组交流心得，并完成《网站设计与网页制作》小组成员互评表。
② 通过交流修改完善网站。
③ 每小组选一个代表展示本小组的作品并简单介绍其设计思想、内容、特色等。
④ 小组合作完成作品介绍的演讲稿。
（2）小组间交流。
① 由每个小组的代表上讲台展示并简单介绍作品。

② 各小组发表自己的意见，以供参考。
③ 各小组完成《网站设计与网页制作》小组互评表。

2. 评价指标

（1）小组成员互评标准如表9-1所示。

表9-1 小组成员互评标准表

类 型		内 容
过程考核（40分）	作息制度与卫生（5分）	迟到每次扣1分，早退每次扣1分，旷课每次扣2分
		不能保持自己周围环境的卫生情况每次扣1分
		下课后没有关闭电脑摆放好座椅再走每次扣1分
	课堂表现（5分）	能真实地回答和反映问题根据具体情况每次加1～2分
		上课时打游戏或做其他无关的事情，每次扣1分
	职业素质（10分）	工作态度：5分
		团队协作：3分
		沟通情况：2分
	作业情况（10分）	认真完成个人及小组作业：10分
	答辩分（10分）	答辩分（表达能力、专业技能、工作量）：10分
作品考核（60分）	策划书（5分）	合理的需求分析：1分
		合理的符合客户需求的网站整体结构的设计，包括首页、子页的结构；合理的栏目说明：2分
		合理的网站建设进度安排：1分
		格式规范：1分
	阶段考核（10分）	网站逻辑结构、色彩、简单布局：2分
		网站首页界面设计：2分
		网站首页制作：2分
		网站模板制作：2分
		网站部分子页：2分
	作品评分（35分）	网站评分×30%：30分（评分细则见附表1）
		结合小组成员互评表及小组互评表的意见：5分 好，5分；　一般，2分；较好，3分；　不好，0分
	网站说明书（5分）	对网站软硬件环境的说明：1分
		对网站的基本功能的说明：1分
		对网站页面设计创意等的说明：1分
		原创部分的说明：2分
	小结（5分）	优：5分　良：3分　中：2分　差：1分
附加分（10分）	反馈意见（10分）	特别满意：10分　很满意：8～9分　满意：6～7分 一般：4～5分　　合格：2～3分　不满意：0～1分

(2) 小组自评、互评标准（网站评分细则）如表 9-2 所示。

表 9-2 小组自评、互评标准表

序号	内容	细目
1	网站主题（5 分）	主题鲜明
2	网站内容（25 分）	积极健康向上，与社会、学习生活密切联系
		具有鲜明，独特的风格
		网站的设计规范、合理
		网站结构、栏目设计规范合理
		网站中素材丰富、组织有序、使用合理
3	创造性与实用性（10 分）	网站设计中题材、栏目、页面有创造性
		网站有一定的原创性
4	网站的技术标准（55 分）	对站点内文件及文件夹合理归类、命名合理
		页面布局美观、大方、合理
		作品文本内容使用 CSS 样式定义
		符合三次单击原则
		网站容量 10MB 以内（包括声音、视频）
		网页中的图形处理技术
		网页中的简单动画制作及应用
		规范的导航、正确使用超链接
		合理地使用多媒体技术（音频、视频、动画）
		能合理地应用层、行为、事件
		页面没有错别字、错误资料、网站运行正常
5	网站综合艺术性（5 分）	网站整体的艺术性、网页设计的艺术性

说明：在评比时每项可分为 6 个等级（5 分）（4 分）（3 分）（2 分）（1 分）（0 分），分数在 85～100 分为优秀作品，75～84 分为良，60～74 分为合格，60 分以下为不合格作品。在自评和互评时，如评分人所评定的成绩与本课程最终成绩的等级每相差一个等级，将在自己的本课程最终成绩的分数上扣 2 分，如相差 4 个等级，将扣 8 分。

归纳总结

通过组内与组间交流，可以集大家的智慧对开发的网站进行完善，同时可以发现自身的不足之处。

9.3 小结

子项目 9 主要介绍了项目文档书写与整理的方法及对项目的最终评价标准。文档作为一种日常交流的重要依据和工作成果的总结显得尤为重要，在文档管理的过程中既要注意严肃性，又要兼顾灵活性，要本着在达到正常的规范性的基础上尽可能地方便使用者的使用和交流，提高使用效率。

子项目 10 将页面移植到移动设备

随着移动设备的逐渐普及和 Web 技术的发展,移动设备已逐渐超过桌面设备,成为访问互联网的最常见终端。为了实现针对任意设备对网页内容进行完美布局,使用户获得与设备匹配的视觉效果,需要对网页进行响应式设计。结合 HTML 5、CSS 3 带来的新特性,可以通过阻止移动浏览器自动调整页面大小、媒体查询,以及运用流式布局等技术来实现响应式网页设计,更好地满足使用不同设备的用户。

项目任务 10.1 将"我的 E 站"页面转为响应式设计

前面的项目中,已经完成了"我的 E 站"前端页面的开发制作。随着移动设备的逐渐普及和 Web 技术的发展,越来越多的人使用小屏幕设备上网,因此需要对网站进行移动化改造,使其能够适应不同的设备,给用户带来良好的用户体验。

项目展示

本项目中,将以"我的 E 站"中"关于我们"页面为例,将其适应宽度为 320px、480px、768px、1024px、1382px 等设备。效果如图 10-1~图 10-5 所示。

图 10-1 宽度为"320px"设备中网页效果　　　图 10-2 宽度为"480px" 设备中网页效果

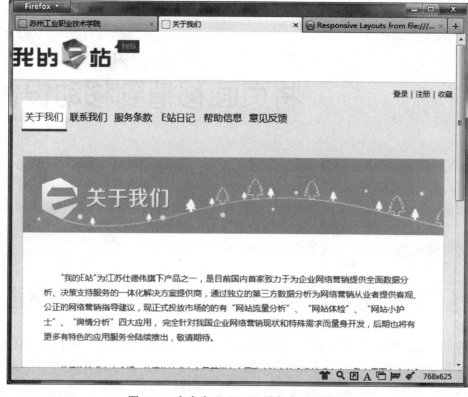

图 10-3　宽度为"768px"设备中网页效果

图 10-4　宽度为"1024px"设备中网页效果

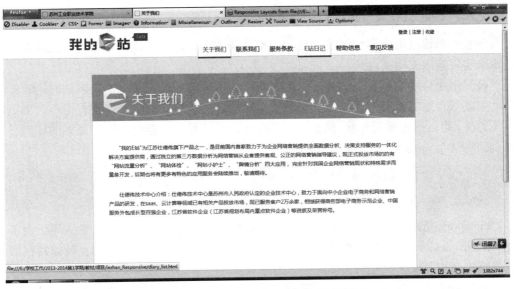

图 10-5　宽度为"1382px"设备中网页效果

（1）掌握响应式设计的定义。
（2）理解媒体查询。
（3）理解流式布局。
（4）学会移动化文本、图像及导航等网页元素。

10.1.1　理解响应式设计

为不同的设备制作不同的网页是目前很多网站的做法，比如可以专门为移动设备提供一个 mobile 版本。这样做可以保证网页在不同设备上的显示效果，但是维护成本却增加了，同时也大大增加了架构设计的复杂度。因此，大多数情况下，根据视口大小为用户提供与之匹配的视觉效果还是优先选择。在这样的情况下，人们提出了响应式网页设计的理念。

1. 响应式网页设计的定义

RWD（Responsive Web Design，响应式网页设计）这个术语，是由 Ethan Marcotte 提出的。它是针对任意（包括将来出现的）设备对网页内容进行完美布局的一种显示机制，而不是针对不同的设备制定不同的版本。真正的响应式设计方法不仅仅是根据视口大小改变网页布局。相反，它是要从整体上颠覆我们当前设计网页的方法。以往我们先是针对桌面电脑进行固定宽度设计，然后将其缩小并针对小屏幕进行内容重排；现在我们应该首先针对小屏幕进行设计，然后逐步增加针对大屏幕的设计和内容。

2. 实现响应式网页设计的技术

一般可以通过阻止移动浏览器自动调整页面大小、媒体查询，以及运用流式布局等技术来实现响应式网页设计。

（1）阻止移动浏览器自动调整页面大小。使用智能手机浏览桌面端网站时，一般会自动缩放到合适的宽度使视口能够显示整个页面，但是这样会使文字变得很小，浏览内容不方便。可以通过设置 meta 标签的 viewport 属性来设定加载网页时以原始的比例显示网页。将这个 meta 标签加到<head>标签里。

```
<meta name="viewport" content="width=device-width, initial-scale=1.0">
```

viewport 是网页默认的宽度和高度，上面代码的意思是，网页宽度默认等于设备宽度（width=device-width），原始缩放比例（initial-scale=1）为 1.0，表示支持该特性的浏览器都将会按照设备宽度的实际大小来渲染网页。

所有主流浏览器都支持这个设置，包括 IE9。对于那些老式浏览器（主要是 IE6、IE7、IE8），需要使用 css3-mediaqueries.js 或者 respond.js 来为 IE 添加 Media Query 支持。

```
<!-[if lt IE 9]>
<script src="http://css3-mediaqueries-js.googlecode.com/svn/trunk/css3-mediaqueries.js"></script>
<![endif]->
```

设置 viewport meta 标签后，任何浏览器都不再缩放页面了，就可以针对不同视口来修正设计效果了。

（2）使用媒体查询。实现响应式设计的关键技术是 CSS 3 的媒体查询模块，它可以让我们根据设备显示器的特性为其设定 CSS 样式。仅使用几行代码，就可以根据诸如视口宽度、屏幕比例、设备方向（横向或纵向）等特性来改变页面内容的显示方式。

① 选择性加载样式文件。媒体查询能使我们根据设备的各种功能特性来设定相应的样式，而不仅仅只针对设备类型，代码如下：

```
<link media="screen and (orientation:portrait)" rel="stylesheet" type="text/css" href=" portrait-screen.css"/>
```

首先，媒体查询表达式询问了媒体类型（你是一块显示屏吗？），然后询问了媒体特性（显示屏是纵向放置的吗？）。任何纵向放置的显示屏设备都会加载 portrait-screen.css 样式表，其他设备则会忽略该文件，从而基于媒体查询实现了选择性加载样式文件。

② CSS 样式表中使用媒体查询。当要针对不同的设备应用不同的样式时，可以在样式文件中用@media 选择应用。如将下面的代码插入样式表，在屏幕宽度小于等于 400 像素的设备上，h1 元素的文字颜色就会变成绿色。

```
media screen and (max-device-width: 400px) {
    h1{color:green}
}
```

③ 使用 CSS 的@import 方式。还可以使用 CSS 的@import 指令在当前样式表中按条件引入其他样式表。例如下面的代码会给视口最大宽度为 360 像素的显示屏设备加载一个名为 phone.css 的样式表。

```
@import url("phone.css") screen and (max-width:360px);
```

但使用 CSS 的@import 方式会增加 HTTP 请求，影响加载速度，所以要慎重使用该方法。

④ 对于老版本浏览器（IE6，IE7，IE8）不兼容 Media Query 的解决方案。对于不支持 Media Query 的浏览器，可以通过 JavaScript 的方法来解决 CSS 3 媒体查询的相关问题。这里主要讨论使用 JavaScript 脚本判断浏览器窗口的宽度及检测设备的类型这两个问题。

● 使用 JavaScript 脚本判断浏览器窗口的宽度。

可以通过引入一个 JavaScript 库——jQuery 来判断浏览器窗口的宽度。从 http://jquery.com/ 上下载到 jQuery 的最新版本，在 HTML 的<head>标签中引入 jQuery，代码如下所示：

```
<script type="text/javascript"src="jquery.js"></script>
```

引入 jQuery 后，可以利用它来获取浏览器窗口的宽度，从而将这个宽度"大于等于或小于等于"某个宽度值，就像使用 CSS 3 媒体查询中的"max-width"或"min-width"属性一样，获取浏览器窗口宽度的代码如下所示：

```
var browserWidth = $(window).width();
```

● 使用 JavaScript 脚本检测设备的类型。

可以通过 JavaScript 获取浏览器所在设备的类型，即可以判断用户所使用的设备是 iOS 设备、Android 设备或是其他设备。获取设备类型后，就可以针对不同的设备类型而提供不同的样式表文件。例如判断 iPad 设备类型的代码如下所示：

```
if(navigator.userAgent.toString().toLowerCase ().indexOf('ipad')!=
1){…}
```

（3）流式布局。在认识到媒体查询威力无比的同时，我们也要看到它的局限性。那些仅使用媒体查询来适应不同视口的固定宽度设计，只会从一组 CSS 媒体查询规则突变到另一组，两者之间没有任何平滑渐变。为了实现更灵活的设计，能在所有视口中完美显示，我们需要使用灵活的百分比布局（这种使用百分比布局也被称之为"流式布局"），这样才能让页面元素根据视口大小在一个又一个媒体查询之间灵活伸缩修正样式。

① 将网页从固定布局修改为百分比布局。如果我们已经拥有了一个固定像素布局的网页，Ethan Marcotte 提供了一个简易可行的公式，可以将固定像素宽度转换对应的百分比宽度：目标元素宽度÷上下文元素宽度=百分比宽度。只要明确了上下文元素，我们可以很方便地将固定像素宽度转换对应的百分比宽度，实现百分比布局。

② 用相对大小的字体。em 的实际大小是相对其上下文的字体大小而言的，如果我们给<body>标签设置文字大小为 16px，给其他文字都使用相对单位 em，那这些文字都会受到 body 上的初始声明的影响。这样做的好处是如果完成了所有文字排版后，客户又要将页面文字统一放大，我们就只需要修改 body 的文字大小，其他文字也会相应变大。

我们同样可以使用公式"目标元素尺寸÷上下文元素尺寸＝百分比尺寸"将文字的像素单位转换为相对单位。

③ 弹性图片。在现代浏览器中要实现图片随着流动布局相应缩放非常简单，只要在 CSS 中作如下声明：

```
img { max-width: 100%;}
```

这行代码对于大多数嵌入网页的视频也有效，所以可以写成：

```
img, object { max-width: 100%;}
```

对于不支持 max-width 的老版本 IE，只能写成：img {width: 100%; }，另外 Windows 平台缩放图片时，可能出现图像失真现象。这时，可以尝试使用 IE 的专有命令：

```
img { -ms-interpolation-mode: bicubic; }
```

或者，使用 Ethan Marcotte 的 imgSizer.js。

```
addLoadEvent(function() {
    var imgs = document.getElementById("content").getElementsByTagName("img");
    imgSizer.collate(imgs);
});
```

这样就可以使图片自动缩放到与其容器 100%匹配。

10.1.2 移动化"关于我们"页面

理解了响应式设计的定义和技术之后，我们来完成"关于我们"这个页面的移动化。

▶1．阻止移动浏览器自动调整页面大小

在完成的 aboutus.html 中，设置 meta 标签的 viewport 属性来设定加载网页时以原始的比例显示网页。将这个 meta 标签加到<head>标签里。

```
<meta name="viewport" content="width=device-width, initial-scale=1.0">
```

▶2．使用媒体查询

使用媒体查询，如果屏幕宽度小于 1024 像素，将引用样式表 mobile.css 的规则来规定网页的定位、单位和尺寸。在这种情况下，在这个样式表中重新定义的所有样式，都可以覆盖之前样式表中定义过的样式。

```
<link href="css/mobile.css" rel="stylesheet" media="screen and (max-width: 1024px)" type="text/css" />
```

▶3．CSS 样式表中使用媒体查询

针对不同的设备宽度应用不同的样式时，可以使用在样式文件中用@media 设置不同

尺寸的页面样式，实现页面效果。

（1）宽度大于768像素小于1024像素时，设置样式如下：

```
@media(max-width:1024px){
    .intro_wrap { width: 85%;}
    .intro_frame {width: 100%;}
    .top_right1 {width:67.5%;}
    .menu li { width: 80px; }
    .menu li a:hover,.menu li a.cur {background: url(../images/menu_bg1.gif) 0 0 no-repeat;}
}
```

效果图如图10-4所示。

（2）宽度大于480像素小于768像素时，设置样式如下：

```
@media(max-width:768px){
    .intro_frame {width: 100%;}
    .top_right1 {width:98%;}
    .menu li { width: 75px; }
    .menu li a:hover,.menu li a.cur {background: url(../images/menu_bg2.gif) 0 0 no-repeat;}
    .intro_wrap { width: 95%;}
    .contact_us { width:90%;}
}
```

效果图如图10-3所示。

（3）宽度大于320像素小于480像素时，设置样式如下：

```
@media(max-width:480px){
    .intro_frame {width:100%;}
    .top_right1 {width:100%;}
    .menu { width: 300px;margin: 0 auto;}
    .menu li { width: 100px; }
    .menu li a:hover,.menu li a.cur {background: url(../images/menu_bg3.gif) 0 0 no-repeat;}
    .footer {width: 270px;text-align: center;margin: 0 auto;}
    .contact_us { width:98%;}
}
```

效果图如图10-2所示。为了有更好的视觉效果，这时候导航由单行变成双行。

（4）宽度大于240像素小于320像素时，设置样式如下：

```
@media(max-width:320px){
    .footer {width: 270px;}
```

```
            .menu li { width: 320px; }
            .menu li a{ text-align: left;padding-left: 30px;}
            .menu li a:hover,.menu li a.cur {background: url(../images/menu_bg4.gif) 0 0 no-repeat;}
            .footer {width: 210px;}
            .footer a { margin: 0 1px 0 0;}
            .intro_title {background:url(../images/intro_pic11.gif) 0 0 no-repeat;height:68px;}
        }
```

效果图如图 10-1 所示。为了有更好的视觉效果，这时候导航由双行变成垂直导航。

归纳总结

本项目任务通过阻止移动浏览器自动调整页面大小、媒体查询，以及运用流式布局等技术来实现"我的 E 站"中"关于我们"页面的响应式设计。使网页在不同设备中给予用户更好的视觉体验。

项目训练

（1）完成"我的 E 站"中其他页面的响应式设计。
（2）将实践项目进行响应式设计。

10.2 小结

子项目 10 主要介绍了响应式设计的定义、实现响应式设计的相关技术。

响应式网页设计是针对任意设备对网页内容进行完美布局的一种显示机制，而不是针对不同的设备制定不同的版本。真正的响应式设计方法不仅仅只是根据视口大小改变网页布局。相反，它是要从整体上颠覆我们当前设计网页的方法。

一般可以通过阻止移动浏览器自动调整页面大小、媒体查询，以及运用流式布局等技术来实现响应式网页设计，更好地满足使用不同设备的用户。

附录 A 常用工具、插件及用户手册

一、Sublime Text 3

Sublime Text 3 是一款跨平台的编辑器，是一款具有代码高亮、语法提示、自动完成且反应快速的编辑器软件，不仅具有华丽的界面，还支持插件扩展机制，用它来写代码，绝对是一种享受。

下载地址：http://www.sublimetext.com/3

二、Emmet（Zen Coding）插件

Emmet 严格意义上来说，并不是一款软件或者工具，它是一款编辑器插件，必须要基于某个编辑器使用。Emmet 可以快速地编写 HTML、CSS 及实现其他的功能。它根据当前文件的解析模式来判断要使用 HTML 语法还是 CSS 语法来解析。

下载地址：http://docs.emmet.io/

三、Koala

Koala 是一个前端预处理器语言图形编译工具，目前已支持 Less、Sass、Compass、CoffeeScript。

下载地址：http://koala-app.com/index-zh.html

四、IETester

IETester 是一款 IE 浏览器多版本测试工具，能很方便在 IE5.5、IE6、IE7、IE8、IE9、IE10 间切换，只需安装一个软件，就可以解决 N 多 IE 浏览器的问题，满足大部分 IE 浏览器兼容性的测试，是测试网页在不同浏览中所出现 BUG 的工具，具有 Office 2007 的可视化界面。支持 Windows 7、Windows Vista 和 Windows XP 系统，并且 IETester 有中文、英文等多国语言支持。

下载地址：http://ietester.cn/

五、Firebug 插件

Firebug 是 Firefox 下的一款开发类插件，现属于 Firefox 的五星级强力推荐插件之一。它集 HTML 查看和编辑、JavaScript 控制台、网络状况监视器于一体，是开发 JavaScript、CSS、HTML 和 Ajax 的得力助手。Firebug 如同一把精巧的瑞士军刀，从各个不同的角度

剖析 Web 页面内部的细节层面，给 Web 开发者带来很大的便利。

下载地址：https://getfirebug.com/

六、LiveReload

LiveReload 是一个很棒的 Web 开发辅助工具，它可以让我们在修改完 HTML、CSS、JavaScript 后，立即在浏览器上看到成果，而不需要重新刷新页面。

下载地址：http://livereload.com/

七、HTML 5、CSS 3 **参考手册**

HTML 5：http://www.w3school.com.cn/html5/html5_reference.asp

CSS 3：http://www.w3school.com.cn/cssref/index.asp

附录 B "我的 E 站"项目策划书

一、需求分析

现在网络的发展已呈现商业化、全民化、全球化的趋势。目前，几乎世界上所有的公司都在利用网络传递商业信息，进行商业活动，从宣传企业、发布广告、招聘雇员、传递商业文件乃至拓展市场、网上销售等，无所不能。如今网络已成为企业进行竞争的战略手段。企业经营的多元化拓展，企业规模的进一步扩大，对于企业的管理、业务扩展、企业品牌形象等提供了更高的要求。在以信息技术为支撑的新经济条件下，越来越多的企业利用起网络这个有效的工具。企业可以通过它建立商业平台，实行全天候销售服务，借助网络推广企业的形象、宣传企业的产品、发布公司新闻，同时通过信息反馈使公司更加了解顾客的心理和需求，网站虚拟公司与实体公司的经营运作有机地结合，将会有利于公司产品销售渠道的拓展，并节省大量的广告宣传和经营运营成本，更好地把握商机。

电子商务发展迅速，最终会逐渐改变人们生活工作各个方面，面对数字时代我们必然都是电子商务的参与者。而通过建立"我的 E 站"网站，利用电子商务的优势，给消费者带来很大的便利之处，就可扩大消费市场，为企业的再发展带来新的商机，也为各地消费者提供便利，而且也降低了商业成本。

"我的 E 站"为江苏仕德伟网络科技股份有限公司旗下的产品之一，江苏仕德伟是目前国内首家致力于为企业网络营销提供全面数据分析、决策支持服务的一体化解决方案提供商，通过独立的第三方数据分析为网络营销从业者提供客观、公正的网络营销指导建议，现正式投放市场的有"网站流量分析"、"网站体检"、"网站小护士"、"舆情分析"四大应用，完全针对我国企业网络营销现状和特殊需求而量身开发，后期也将有更多有特色的应用服务会陆续推出。

二、网站目的及功能定位

▶ 1. 树立全新企业形象

对于一个以提供信息技术服务的企业而言，企业的品牌形象至关重要。特别是对于互联网技术高度发展的今天，大多数客户都是通过网络来了解企业产品、企业形象及企业实力的，因此，企业网站的形象往往决定了客户对企业产品的信心。建立具有国际水准的网站能够极大地提升企业的整体形象。

▶ 2. 提供企业最新信息

充分利用网络快捷、跨地域优势进行信息传递，对企业的新闻进行及时地报道，介绍本行业国内外发展的最新信息和成果，推广国内外先进技术。

▶3．增强销售力

销售的成功与否，除了取决于能否将产品的各项优势充分地传播出去之外，还要看目标对象从中得到的有效信息有多少。由于互联网所具有的"一对一"的特性，目标对象能自主地选择对自己有用的信息。这本身已经决定了消费者对信息已经有了一个感兴趣的前提，使信息的传播不再是主观加给消费者，而是由消费者有选择地主动吸收。同时，产品信息通过网站的先进设计，既有报纸信息量大的优点，又结合了电视声、光、电的综合刺激优势，可以牢牢地吸引住目标对象。因此，产品信息传播的有效性将远远提高，同时即提高了产品的销售力。

▶4．提高附加值

许多人知道，产品的附加值越高，在市场上就越有竞争力，就越受消费者欢迎。因此，企业要赢得市场就要千方百计地提高产品的附加值。在现阶段，传统的售后服务手段已经远远不能满足客户的需要，为消费者提供便捷、有效、即时的 24 小时网上服务，是一个全新体现项目附加值的方向。世界各地的客户在任何时刻都可以通过网站下载自己需要的资料，在线获得疑难的解答，在线提交自己的问题。

三、网站技术解决方案

▶1．界面结构

根据"我的 E 站"的 CI 风格、网站功能，采用最新表现技术全面设计，充分体现"我的 E 站"的企业形象。

▶2．功能模块

网站建设以界面的简洁化、功能模块的灵活变通性为原则，为"我的 E 站"网站设计制作者和维护人员提供一个自主更新维护的动态空间和发挥余地，去完善办好他们的网站，达到一次投资、长期受益、降低成本的根本目的。

▶3．内容主题

设计重心转向以客户为中心，围绕客户的需求层面有针对性地设计实用简洁的栏目及实用的功能，极大地满足了客户了解企业的服务，咨询服务技术支持、问题解答、个性化产品意见提出等一系列需求；做到产品展示、服务技术支持、问题反馈意见等为一体，充分帮助客户体验到"我的 E 站"的全系列服务。

▶4．设计环境与工具

在 Web 平台方面，选用 PC 服务器、Windows 操作系统，保证其稳定性。以 Microsoft IIS 作为 Web 服务器软件，采用 ASP.net 技术，数据库软件采用 SQL Server 2008，有利于更好地维护。可运用 Dreamweaver、Photoshop、Flash 等应用软件，还可同时运用 JavaScript 等技术。在网站安全方面网站人员通过防黑客和防病毒技术维护网站安全。

四、网站整体结构

1. 网站栏目结构图

“我的 E 站”栏目结构如图 B-1 所示。

首页
关于我们
联系我们
服务条款
E站日记
帮助信息
意见反馈
在线申请
详细
详细
详细
……

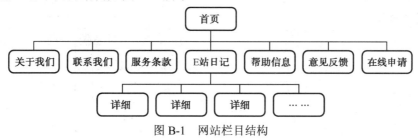

图 B-1　网站栏目结构

2. 栏目说明

栏目规划充分考虑到“我的 E 站”展示企业形象、扩大知名度、网上服务的需要。网站内容及结构框架设计上力求体现简捷性与人性化的思想，在功能设计上配合企业的经营模式、经营思想、发展战略。

页面的设计将充分体现“我的 E 站”企业的形象，在框架编排、色彩搭配及动画的适当穿插都做到恰到好处，使整个网站在保证功能的前提下给使用者带来良好的视觉享受和精神愉悦感。

（1）网站首页。网站首页是网站的第一内容页，整个网站的最新、最值得推荐的内容将在这里展示。在设计风格上体现行业特色，做到特色鲜明，使整个网站同企业形象和谐统一；在制作上采用 ASP.net 动态页面，系统实现实名登录功能；在内容上，首页有网站流量分析、网站体验、网站小护士、排行榜、E 站日志、帮助信息、友情链接等企业提供的最新服务信息。

如图 B-2 所示是首页的页面模型。

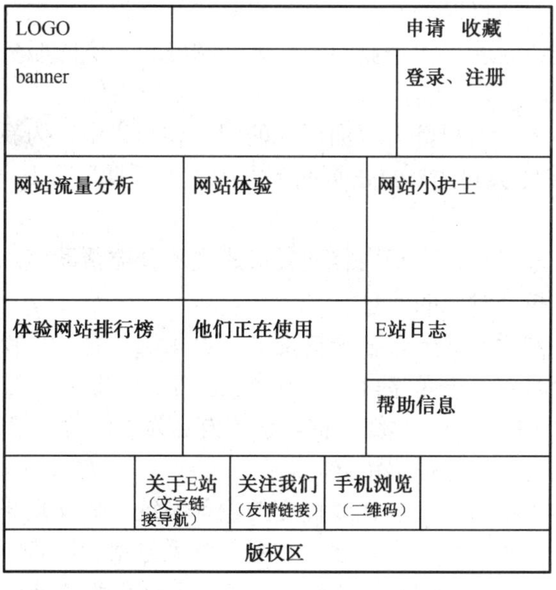

LOGO
申请　收藏
banner
登录、注册
网站流量分析
网站体验
网站小护士
体验网站排行榜
他们正在使用
E站日志
帮助信息
关于E站（文字链接导航）
关注我们（友情链接）
手机浏览（二维码）
版权区

图 B-2　首页的页面模型

（2）关于我们。本栏目以静态页面形式的图文介绍为主，主要为客户提供企业当前的一些基本信息，通过对基本信息的浏览，激发访问者的兴趣，吸引他们的目光，从而使他们进一步地了解企业，使"我的 E 站"提供的服务为更多访问者所知，也使"我的 E 站"网站为更多客户所熟悉、信赖。

如图 B-3 所示是子页"关于我们"的页面模型（为保证网站风格统一，其他子栏目均使用该页面模型）。

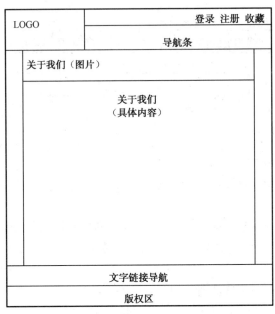

图 B-3　子页"关于我们"的页面模型

（3）联系我们。本栏目以静态页面形式的图文介绍为主，主要为客户提供企业的联系信息，让有意向的访问者能够简单、轻松地和企业取得联系，从而可以进一步深入洽谈。

（4）服务条款。本栏目以静态页面形式的图文介绍为主，主要列出企业为客户提供服务的相关信息，让访问者了解企业的一些规章制度和提供的服务内容，从而能进一步规范自身的言行等。

（5）E 站日记。本栏目以静态页面形式的图文介绍为主，为新闻公告系统，以新闻列表形式，最多展示 11 条日志，点击页面下方的"上一页"、"下一页"或页码，显示相应的新闻列表。

（6）帮助信息。本栏目以二级内容列表形式展示分类帮助信息，让访问者能够根据自己的问题，快速查找到对应的信息。

（7）意见反馈。本栏目是一个在线提交的表单系统，有在线投诉、建议模块两项，提交后平台管理后台可查。表单字段只含两个提交字段：投诉（建议）内容和验证码，投诉（建议）内容输入控件为文本编辑框，初始内容为"请留下您的宝贵意见"，点击提交，页面显示提交成功，或验证码错误。

（8）在线申请。本栏目是一个在线提交的表单系统，提交后平台管理后台可查。表单字段只含四个提交字段：联系人姓名、称呼、联系电话和附言，联系人姓名、联系电话、附言内容输入控件为文本编辑框，称呼内容输入控件为单选框，输入完点击提交。

五、网站测试与维护

除了通过对在用的系统进行必须的监视、维护来保证其正常运作外,管理维护阶段更重要的任务是从正处于实际运营的系统上测试实际的系统性能;在运营中发现系统需要完善和升级的部分;衡量并比对系统商业目的和需求的成功与否。具体实施中包括有相关技术人员在一定时间内对本网站进行测试,在后台有一定的操作对本网站内容进行更新、调整等,会根据顾客所提出的相关要求对网站进行修改以满足他们的需要,会做出相关的网站维护的规定,以便合理地做出要求。

六、网站发布与推广

统计表明,50%以上的自发访问量来自于搜索引擎;有效加注搜索引擎是注意力推广的必备手段之一;加注搜索引擎既要注意措辞和选择好引擎,也要注意定期跟踪加注效果,并做出合理的修正或补充。除广告外还可以用以下方式进行推广:确定网站 CI 形象,宣传标识,口碑传递,参加公益活动,活动赞助,派发小礼品、传单、做小型市场调查,相关单位机构合作、交换广告条、meta 标签的使用、专业论坛宣传。Internet 上各种各样的论坛都有,也可以找一些跟公司产品相关并且访问人数比较多的一些论坛,注册登录并在论坛中输入公司一些基本信息,如网址、产品等。

七、网站建设日程表

网站建设日程表如表 B-1 所示。

表 B-1 网站建设日程表

时间	任务		负责人
第 1 阶段	准备工作	收集素材	
		写策划书	
第 2 阶段	方案设计	网站形象设计	
		利用 Photoshop 进行网页设计	
		Flash 动画制作	
第 3 阶段	网站建设	网页模板制作	
		网页制作	
第 4 阶段	调试	测试站点	
		申请域名空间、上传网站	

八、网站费用预算

根据各项事宜估算出所需费用清单。(注:本网站作为教学案例,省略费用预算。)

附录
"我的 E 站"网站说明书

一、开发目的

电子商务发展迅速,最终会逐渐改变人们生活工作各个方面,面对数字时代我们必然都是电子商务的参与者。而通过建立"我的 E 站"网站,利用电子商务的优势同现有销售模式和流通渠道相结合,就可给消费者带来很大的便利,还可以扩大消费市场,为企业的再发展带来新的商机,也为各地消费者提供便利,而且也降低了商业成本。

二、软、硬件环境

▶ 1. 服务器环境

(1) 硬件环境。
① CPU:PentiumⅢ 800 以上。
② 内存:256MB 以上内存。
③ 硬盘空间:40GB 以上均可。
④ 显示器:VGA 或更高分辨率,建议分辨率为 1024×768 像素。
⑤ 其他:100Mbps 以上网卡或 ISDN128Kbps 以上上网速度(可选)。
(2) 软件环境。
① 操作系统:Windows 2000。
② WEB 服务器:IIS 5.0 以上。
③ 数据库:SQL Server 7.0。
④ 浏览器:IE 4.01(以上)。

▶ 2. 客户端浏览器环境

(1) 硬件环境。
① CPU:Pentium 90 以上。
② 内存:64MB 以上内存。
③ 硬盘空间:1GB 以上硬盘。
④ 其他:10Mbps 以上网卡或 56Kbps 以上调制解调器(可选)。
(2) 软件环境。
① 操作系统:Windows 98 以上的平台(中文版)。
② Web 浏览器:Microsoft Internet Explorer 5.0 以上(中文版)。

三、网站基本功能

"我的 E 站"系统分为"系统平台"和"产品应用"两部分。"系统平台"分为 Web 站点(本教材需要完成的部分)、用户操作平台、平台管理后台 3 个模块。"产品应用"共包含 5 个大类 6 个子应用。每个应用有独立的使用界面和管理后台。

本教材需要完成的部分为系统平台中的 Web 站点部分。

Web 网站的主要作用为:向访客介绍本平台功能及价值;吸引用户注册使用,并提供登录方式。

主要系统模块有:首页、关于我们、联系我们、服务条款、E 站日记、帮助信息、意见反馈、在线申请共 8 个模块。

(1)首页。首页有注册登录、在线申请两个动态模块和网站流量分析、网站体验、网站小护士、E 站日志、帮助信息、友情链接等企业的最新动态信息。此外,在页面下方有网站的文字链接导航,访问者可以点击链接进入相应的子页。

(2)关于我们。"关于我们"主要为客户提供企业当前的一些基本信息,包括企业所提供的服务内容。

(3)联系我们。"联系我们"主要为客户提供企业的联系方式,包括公司名称、公司地址、邮政编码、电话、客服电话、传真、电子邮件等信息。

(4)服务条款。"服务条款"主要列出企业为客户提供的服务条款,包括总则、注册信息和隐私保护、使用规则、服务内容、知识产权和其他合法权益、全国青少年网络文明公约等信息。

(5)E 站日记。"E 站日记"是新闻公告系统,以列表形式显示新闻日志,可以点击页面下方的"上一页"、"下一页"或页码,显示相应的新闻列表。如果访问者想进一步了解某条新闻的详细内容,可以直接点击该新闻,进入下一级页面,进行详细阅读。

(6)帮助信息。以二级内容列表形式展示分类帮助信息,包括注册类、舆情分析、网站流量统计、网站小护士、网站体检、名词解释。如果访问者想了解某方面的帮助信息,可以单击对应的二级目录,进入页面后,单击问题,在下方将显示答案。

(7)意见反馈。"意见反馈"是客户意见反馈区域,包括投诉和提出自己的建议。客户可以单击投诉按钮或建议按钮选择反馈类型,在下方的文本区域内输入自己的建议或意见,再输入正确的验证码,单击提交按钮即可。(注:网站管理后台可查阅和删除表单中提交的信息)

(8)在线申请。"在线申请"是新客户在线申请区域。下方为提交表单,内容有联系人姓名、称呼、联系电话和附言信息。(注:网站管理后台可查阅和删除表单中提交的信息)

四、网站建设基本流程

1. 网站的前期策划

（1）确定网站的用户群和定位网站的主题。"我的 E 站"是一款面向国内中小企业网络营销从业人员的网络营销工具集成平台，它通过集成全面、实用的各种网络营销工具，让用户获得全面、完整、可量身定制的网络营销方法、工具支持，这一切基于它高质量的核心应用及第三方开放平台策略。

（2）整理客户提交的资料。确定好主题后要开始收集与主题相符的资料，包括文字和图片。这些资料直接从用户那里获取，或制作者编写相关文字素材和实地拍摄一些需要的照片，再根据网站的实际需要，对这些最原始的资料进行加工制作，从而获得网站建设中需要的文字素材、图片素材和其他多媒体素材。

（3）网站结构图（网站导航设计）。根据网站的功能和网站要展示的信息，设计出符合用户要求并能体现网站特色的网站结构图，如图 C-1 所示。

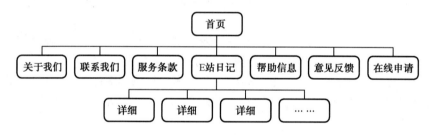

图 C-1 "我的 E 站"网站逻辑结构图

（4）网站形象设计。

① 网站的标志（LOGO）。"我的 E 站"网站的 LOGO 设计如图 C-2 所示。

图 C-2 "我的 E 站"网站的 LOGO

② 网站的色彩搭配。"我的 E 站"网站的色彩搭配和设计网站结构一样，在考虑有关具体工作之前，考虑到传统文化、流行趋势、浏览人群、个人偏好等一些因素确定本网站的色彩搭配为：

- 主色调：白色+灰色。
- 辅色调：橙色+蓝色+绿色。

"我的 E 站"网站的色彩搭配如图 C-3 所示。

③ 网站的标准字体。"我的 E 站"网站的字体设置如下：

- 正文：微软雅黑、14 像素、行高 24 像素、深灰色。
- 标题：微软雅黑、30 像素、深灰色。
- 版块标题：特殊字体处理成图片的格式。

附录C

"我的E站"网站说明书

图 C-3 "我的 E 站"网站的色彩搭配

（5）网页布局图（版式风格）。"我的 E 站"网站的页面布局设计如下。

首页——"三"字形（上、中、下）；中：分三栏（左、中、右），如图 C-4 所示。
子页——关于我们：三字形（上、中、下），如图 C-5 所示。

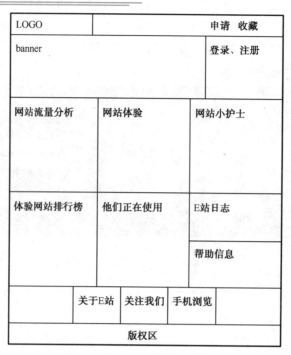

图 C-4 "我的 E 站"首页布局图

图 C-5 "我的 E 站"子页布局图

▶2. 设计首页及二级页面效果

"我的 E 站"网站"首页"设计效果图参见图 C-3。

为了保持网站风格的统一，其他子页面的布局风格基本相似，因此在设计子页效果时并不需要所有页面都设计出来。

"我的 E 站"网站"关于我们"子页效果图如图 C-6 所示。

附录 C "我的 E 站"网站说明书

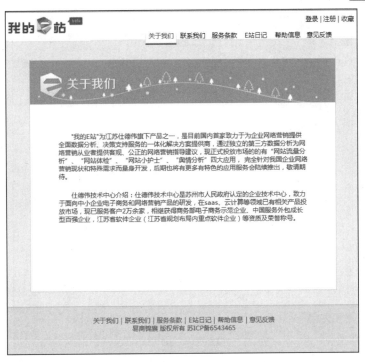

图 C-6 "关于我们"子页效果图

3. 裁切设计稿

"我的 E 站"网站首页、子页裁剪如图 C-7 和图 C-8 所示。

图 C-7 "我的 E 站"网站首页裁剪图

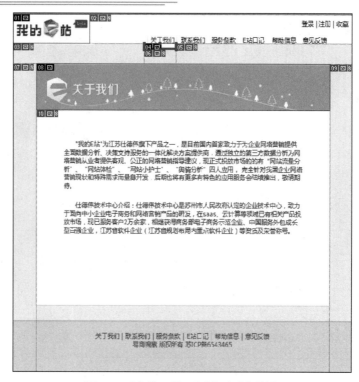

图 C-8 "我的 E 站"网站子页裁剪图

4. 站点的规划与建立

创建 Web 站点的第一步是规划。为了达到最佳效果，在创建任何 Web 站点页面之前，应对站点的结构进行设计和规划。"我的 E 站"的站点结构如图 C-9 所示。

图 C-9 "我的 E 站"站点结构

5. 在网页编辑软件中制作网页

规划好站点相关的文件和文件夹后，选择合适的网页制作工具，开始制作具体的网页。

6. 测试与发布上传

网站创建完毕，要发布到 Web 服务器上，才能够让全世界的人浏览。在上传之前要进行细致周密的测试，以保证上传之后访问者能正常浏览和使用。

7. 后期更新与维护

对于任何一个网站来说，如果要始终保持对访问者有足够的吸引力，定期进行内容的更新是唯一的途径。

五、网站技术解决方案

1. 界面结构

根据"我的 E 站"的 CI 风格、网站功能，采用最新表现技术全面设计，充分体现企业形象。

在 Dreamweaver 中运用 HTML、DIV 层、CSS 样式、应用行为、表单等布局设计网页。对标题等特殊字体文字效果的实现，通过应用 Photoshop 软件，将之加工成图片的格式直接插入到网页界面中。此外，利用 Photoshop 软件将网页中使用的图片进行特定的处理，包括图像统一裁减、图像色彩调整、文字渐变效果等。网页中所用到的动画效果是利用 Flash 的遮罩运动、隐形按钮等设计制作的。

2. 功能模块

网站建设以界面的简洁化、功能模块的灵活变通性为原则，为"我的 E 站"网站设计制作者和维护人员提供了一个自主更新维护的动态空间和发挥余地，去完善办好他们的网站，达到一次投资、长期受益、降低成本的根本目的。

3. 内容主题

设计重心转向以客户为中心，围绕客户的需求层面有针对性地设计实用简洁的栏目及实用的功能，极大地满足了客户了解企业的服务，咨询服务技术支持、问题解答、个性化产品意见提出等一系列需求；做到产品展示、服务技术支持、问题反馈意见等为一体，充分帮助客户体验到"我的 E 站"的全系列服务。

4. 设计环境与工具

在 Web 平台方面，选用 PC 服务器、Windows 操作系统，保证其稳定性。以 Microsoft IIS 作为 Web 服务器软件，采用 ASP.net 技术，数据库软件采用 SQL Server 2008，有利于更好的维护。运用 Dreamweaver、Photoshop、Flash 等应用软件，同时还运用 JavaScript、jQuery 等技术。在网站安全方面网站人员通过防黑客和防病毒技术维护网站安全。

六、进度与费用

网站建设的实际进度与原定计划进度相同，没有延迟也没有提前。网站建设进度表如表 C-1 所示。

表 C-1　网站建设进度表

时间	任务	
第1阶段	准备工作	收集素材
		写策划书
第2阶段	方案设计	网站形象设计
		利用 Photoshop 进行网页设计
		Flash 动画制作
第3阶段	网站建设	网页模板制作
		网页制作
第4阶段	调试	测试站点
		申请域名空间、上传网站

备注：由于本网站作为教学案例，省略费用预算。

实际网站建设必须列出原定计划费用与实际支出费用的对比，包括：

① 工时，以人月为单位，并按不同级别统计；

② 计算机的使用时间，区别 CPU 时间及其他设备时间；

③ 物料消耗、出差费等其他支出。

明确说明经费是超出还是有节余的，分析其主要原因。

附录 D 网站制作规范

一、网站目录规范

1. 目录建立的原则：以最少的层次提供最清晰简便的访问结构。
2. 根目录。
（1）根目录指 DNS 域名服务器指向的索引文件的存放目录。
（2）服务器的 FTP 上传目录默认为 html。
（3）绝对目录为 /usr/home/html/。
3. 根目录文件。
（1）根目录只允许存放 index.html 和 main.html 文件，以及其他必需的系统文件。
（2）每个语言版本存放于独立的目录。
（3）已有版本语言设置为：
- 简体中文 \cn；
- 繁体中文 \chn；
- 英语 \en；
- 日语 \jp。

① 每个主要功能（主菜单）建立一个相应的独立目录。
② 当页面超过 20 页，每个目录下存放各自独立的 images 目录。

例如：\menu1\images
　　　\menu2\images

4. 所有的 js 文件存放在根目录下统一目录 \script。
5. 所有的 CSS 文件存放在各语言版本下的 style 目录。
6. 所有的 CGI 程序存放在根目录并列目录 \cgi_bin 目录。

二、文件命名规范

1. 文件命名的原则：以最少的字母达到最容易理解的意义。
（1）索引文件统一使用 index.html 文件名（小写）。
index.html 文件统一作为"桥页"，不制作具体内容，仅仅作为跳转页和 meta 标签页。主内容页为 main.htm。
（2）按菜单名的英语翻译取单一单词为名称。例如：
- 关于我们 \aboutus；
- 信息反馈 \feedback；

◆ 产品 \product。

（3）所有单英文单词文件名都必须为小写，所有组合英文单词文件名第二个起第一个字母大写。

（4）所有文件名字母间连线都为下划线。

2．图片命名原则以图片英语字母为名，大小写原则同上。

例如：网站标志的图片为 logo.gif。

3．鼠标感应效果图片命名规范为"图片名+_+on/off"。

例如：menu1_on.gif/menu1_off.gif。

4．其他文件命名规范。

（1）js 的命名原则以功能的英语单词为名。

例如：广告条的 js 文件名为 ad.js。

（2）所有的 CGI 文件后缀为.pl/.cgi。

（3）所有 CGI 程序的配置文件为 config.pl /config.cgi。

三、链接结构规范

1．链接结构的原则：用最少的链接，使得浏览最有效率。
2．首页和一级页面之间用星状链接结构，一级和二级页面之间用树状链接结构。
3．超过三级页面，在页面顶部设置导航条。

四、尺寸规范

1．页面标准按 1024px×768px 分辨率制作，实际尺寸为 960px×720px。
2．每个标准页面为 A4 幅面大小，即 8.5 英寸×11 英寸。
3．大 banner 为 468px×60px，小 banner 为 88px×31px。

五、首页 head 区规范

1．head 区是指首页 HTML 代码的<head>和</head>之间的内容。
2．必须加入的标签。

（1）公司版权注释。

<!-- The site is designed by Maketown,Inc 06/2000 -->

（2）网页显示字符集。

◆ 简体中文：<meta http-equiv="Content-Type" content="text/html; charset=gb2312">

◆ 繁体中文：<meta http-equiv="Content-Type" content="text/html; charset=BIG5">

◆ 英语：<meta http-equiv="Content-Type" content="text/html; charset=iso-8859-1">

（3）网页制作者信息。

<meta name="author" content="webmaster@maketown.com">

（4）网站简介。

`<meta name="description" content="xxxxxxxxxxxxxxxxxxxxxx">`

（5）搜索关键字。

`<meta name="keywords" content="xxxx,xxxx,xxx,xxxxx,xxxx,">`

（6）网页的 CSS 规范。

`<link href="style/style.css" rel="stylesheet" type="text/css">`

（参见网站目录规范及文件命名规范）

（7）网页标题。

`<title>xxxxxxxxxxxxxxxxxxx</title>`

3．可以选择加入的标签。

（1）设定网页的到期时间。一旦网页过期，必须到服务器上重新调阅。

`<meta http-equiv="expires" content="Wed, 26 Feb 1997 08:21:57 GMT">`

（2）禁止浏览器从本地客户机的缓存中调阅页面内容。

`<meta http-equiv="Pragma" content="no-cache">`

（3）用来防止别人在框架里调用您的页面。

`<meta http-equiv="Window-target" content="_top">`

（4）时间停留 5 秒自动跳转。

`<meta http-equiv="Refresh" content="5;URL=http://www.siit.cn">`

（5）网页搜索机器人向导，用来告诉搜索机器人哪些页面需要索引，哪些页面不需要索引。

`<meta name="robots" content="none">`

其中 content 的参数有 all、none、index、noindex、follow、nofollow。默认是 all。

（6）收藏夹图标。

`<link rel = "Shortcut Icon" href="favicon.ico">`

（7）所有的 JavaScript 的调用尽量采取外部调用。

`<script language="JavaScript" src="script/xxxxx.js"></script>`

参 考 文 献

[1] 许莉．HTML 与 CSS 前台页面设计．北京：中国水利水电出版社，2011.1.

[2] [美]Adobe 公司．Adobe Dreamweaver CS5 中文版经典教程．北京：人民邮电出版社，2011.1.

[3] 刘心美，王东恩，沙继东．网站设计基础与实例教程（职业版）．北京：电子工业出版社，2010.5.

[4] 吴以欣，陈小宁．动态网页设计与制作——HTML+CSS+JavaScript（第 2 版）．北京：人民邮电出版社，2013.2.

[5] 全国计算机信息高新技术考试教材编写委员会．Dreamweaver MX Fireworks MX Flash MX 试题汇编（高级网页制作员级）．北京：北京希望电子出版社，2004.7.

[6] [英]弗雷恩，著．响应式 Web 设计：HTML5 和 CSS3 实战．王永强，译．北京：人民邮电出版社，2013.1.

[7] [美]Kristofer Layon．移动 Web 实现指南——面向移动设备的网站优化、开发和设计．张晶珏，译．北京：人民邮电出版社，2012.8.

[8] 单东林，张晓菲，魏然．锋利的 jQuery（第 2 版）．北京：人民邮电出版社，2012.7.

[9] 兰立伟，徐亮，王磊．网页设计完全学习手册（Dreamweaver CS5+Flash CS5+Photoshop CS5）．北京：中国铁道出版社，2012.2.

[10] 孙素华．中文版 Dreamweaver CS5 / Flash CS5 / Photoshop CS5 网页设计从入门到精通．北京：中国青年出版社，2011.1.